JN424315

방송통신설비기술기준 이해

채 해 수 저

도서출판 상 학 당

이 책의 머리말

방송통신기사, 정보통신기사, 통신선로산업기사 자격증 취득 준비생들이 필기시험에 도움이 되도록 기술기준의 각 조항별로 예상문제 출제와 정보통신기술자, 정보통신감리원, 통신설비운영자, 정보통신사용전검사 담당 공무원들에게 방송통신설비기술기준을 이해하기 쉽도록 편집을 하였다.

통신분야의 설계업무, 시공업무, 감리업무, 운영업무를 담당하는 자에게 방송통신설비기술기준을 준수하도록 "방송통신발전기본법 제28조(기술기준)①항에서는 방송통신설비를 설치 · 운영하는 자는 그 설비를 대통령령으로 정하는 기술기준에 적합하게 하여야 한다"라고 규정하고 있다.

제28조에 따른 대통령령으로는 방송통신설비의 기술기준에 관한 규정과 세부기술기준으로는 접지설비 · 구내통신설비 · 선로설비 및 통신공동구 기술기준을 고시하고 있다.

"정보통신공사업법 제6조(기술기준의 준수) ①항과 ②항에서도 공사를 설계하는 자는 대통령령으로 정하는 기술기준에 적합하게 설계하여야 하고, 감리원은 설계도서 및 관련 규정에 적합하게 공사를 감리하여야 한다"라고 규정하고 있으며, "정보통신공사업법 제76조에서 정보통신공사업법 제6조의 기술기준을 위반하여 설계 또는 감리를 한 자는 500만원 이하의 벌금에 처한다"라고 규정하고 있다.

위의 규정과 같이 방송통신설비기술기준은 매우 중요하기 때문에 정부는 「정보통신공사업법」 제36조에서 공사의 발주자는 착공 전에 설계도면의 기술기준 준수를 확인을 받도록 하여 기초지방자치단체장에게 도면을 제출하고 공사가 완료된 때에는 사용전검사를 받도록 통신민원업무를 시행하고 있다.

이러한 업무를 수행하고 있는 1,100여 통신분야 설계용역업체와 통신감리용역업체 기술자들 그리고 8,300여 정보통신공사업체의 기술자들께서 이 도서를 활용하여 업무수행에 많은 도움이 되었으면 한다.

전국 처음으로 방송통신설비기술기준 과목의 수험준비서를 출판하였으며, 그동안 이 책이 출판되도록 협조해주신 도서출판 상학당 남승우 대표님께 감사드리며 무궁한 발전을 기원한다.

저자 씀

이 책의 차 례

제1장

방송통신설비의 기술기준에 관한 규정

1.1 근거규정

「방송통신발전기본법」 제28조제1항, 「전기통신사업법」 제61조 · 제68조제2항 · 제69조제2항, 「전파법」 제58조의2 제1항 및 「주택건설기준 등에 관한 규정」 제32조에 따라 방송통신설비 · 관로 · 구내통신선로설비 및 방송통신기자재 등의 기술기준을 규정(대통령령 제24445호)

1.1.1 방송통신발전기본법 제28조제1항의 내용

제28조(기술기준) ① 방송통신설비를 설치 · 운영하는 자는 그 설비를 대통령령으로 정하는 기술기준에 적합하게 하여야 한다.

1.1.2 전기통신사업법 제61조의 내용

제61조(전기통신설비의 유지 · 보수) 전기통신사업자는 그가 제공하는 전기통신역무의 안정적인 공급을 위하여 해당 전기통신설비를 대통령령으로 정하는 기술기준에 적합하도록 유지 · 보수하여야 한다.

1.1.3 전기통신사업법 제68조제2항의 내용

제68조 ② 기간통신사업자가 제1항에 따른 공동구 또는 관로 등의 설치에 관하여 제시하는 의견은 대통령령으로 정하는 관로 설치기준에 적합하여야 한다.

1.1.4 전기통신사업법 제69조제2항의 내용

제69조(구내용 전기통신선로설비 등의 설치) ① 「건축법」 제2조제1항제2호에 따른 건축물에는 구내용(構內用) 전기통신선로설비 등을 갖추어야 하며, 전기통신회선설비와의 접속을 위한 일정 면적을 확보하여야 한다.

② 건축물의 범위, 전기통신선로설비 등의 설치기준 및 전기통신회선설비와의 접속을 위한 면적확보 등에 관한 사항은 대통령령으로 정한다.

「건축법」 제2조제1항제2호 내용

"건축물"이란 토지에 정착(定着)하는 공작물 중 지붕과 기둥 또는 벽이 있는 것과 이에 딸린 시설물, 지하나 고가(高架)의 공작물에 설치하는 사무소 · 공연장 · 점포 · 차고 · 창고, 그 밖에 대통령령으로 정하는 것을 말한다.

1.1.5 주택건설기준 등에 관한 규정 제32조의 내용

제32조(통신시설) ① 주택에는 세대마다 전화설치장소(거실 또는 침실을 말한다)까지 구내통신선로설비를 설치하여야 하되, 구내통신선로설비의 설치에 필요한 사항은 따로 대통령령으로 정한다.

② 경비실을 설치하는 공동주택의 각 세대에는 경비실과 통화가 가능한 구내전화를 설치하여야 한다.

③ 주택에는 세대마다 초고속 정보통신을 할 수 있는 구내통신선로설비를 설치하여야 한다.

1.1.6 전파법 제58조의2제1항의 내용

제58조의2(방송통신기자재 등의 적합성 평가) ① 방송통신기자재와 전자파장해를 주거나 전자파로부터 영향을 받는 기자재(이하 "방송통신기자재 등"이라 한다)를 제조 또는 판매하거나 수입하려는 자는 해당 기자재에 대하여 다음 각 호의 기준(이하 "적합성 평가기준"이라 한다)에 따라 제2항에 따른 적합인증, 제3항 및 제4항에 따른 적합등록 또는 제7항에 따른 잠정인증(이하 "적합성 평가"라 한다)을 받아야 한다.

1. 제37조 및 제45조에 따른 기술기준
2. 제47조의2에 따른 전자파 인체보호기준
3. 제47조의3제1항에 따른 전자파 적합성기준
4. 「방송통신발전 기본법」 제28조에 따른 기술기준
5. 「전기통신사업법」 제61조 · 제68조 · 제69조에 따른 기술기준
6. 「방송법」 제79조에 따른 기술기준
7. 다른 법률에서 방송통신기자재 등과 관련하여 미래창조과학부장관이 정하도록 한 기술기준이나 표준

1.2 일반적 조건

1.2.1 분계점

① 방송통신설비가 다른 사람의 방송통신설비와 접속되는 경우에는 그 건설과 보전에 관한 책임 등의 한계를 명확하게 하기 위하여 분계점이 설정되어야 한다.

② 각 설비 간의 분계점은 다음 각 호와 같다.

1. 사업용방송통신설비의 분계점은 사업자 상호 간의 합의에 따른다. 다만, 미래창조과학부장관이 분계점을 고시한 경우에는 이에 따른다.
2. 사업용방송통신설비와 이용자방송통신설비의 분계점은 도로와 택지 또는 공동주택단지의 각 단지와의 경계점으로 한다. 다만, 국선과 구내선의 분계점은 사업용방송통신설비의 국선접속설비와 이용자방송통신설비가 최초로 접속되는 점으로 한다.

[근거규정] 방송통신설비의 기술기준에 관한 규정 제4조

1.2.2 분계점에서의 접속기준

① 분계점에서의 접속방식은 간단하게 분리·시험할 수 있어야 하며, 미래창조과학부장관이 그 접속방식을 정하여 고시한 경우에는 이에 따른다.

② 방송통신망 간 접속기준은 사업자 상호 간의 합의에 따른다. 다만, 미래창조과학부장관이 접속기준을 고시한 경우에는 이에 따른다.

③ 사업자는 이용자로부터 단말장치의 접속을 요청받은 경우 기술기준에 부적합하거나 그 밖에 특별한 경우를 제외하고는 이를 거부하여서는 아니된다.

[근거규정] 방송통신설비의 기술기준에 관한 규정 제5조

1.2.3 위해 등의 방지

① 방송통신설비는 이에 접속되는 다른 방송통신설비를 손상시키거나 손상시킬 우려가 있는 전압 또는 전류가 송출되는 것이어서는 아니된다.

② 방송통신설비는 이에 접속되는 다른 방송통신설비의 기능에 지장을 주거나 지장을 줄 우려가 있는 방송통신콘텐츠가 송출되는 것이어서는 아니된다.

③ 전력선통신을 행하기 위한 방송통신설비는 다음 각 호의 기능을 갖추어야 한다.

1. 전력선과의 접속부분을 안전하게 분리하고 이를 연결할 수 있는 기능
2. 전력선으로부터 이상전압이 유입된 경우 인명·재산 및 설비자체를 보호할 수 있는 기능

④ 전력선통신을 행하기 위한 방송통신설비의 위해방지 등에 대한 세부기술기준은 미래창조과학부장관이 정하여 고시한다.

[근거규정] 방송통신설비의 기술기준에 관한 규정 제6조

1.2.4 보호기 및 접지

① 낙뢰 또는 강전류전선과의 접촉 등으로 이상전류 또는 이상전압이 유입될 우려가 있는 방송통신설비에는 과전류 또는 과전압을 방전시키거나 이를 제한 또는 차단하는 보호기가 설치되어야 한다.

② 보호기와 금속으로 된 주배선반·지지물·단자함 등이 사람 또는 방송통신설비에 피해를 줄 우려가 있을 경우에는 접지되어야 한다.

③ 방송통신설비의 보호기성능 및 접지에 대한 세부기술기준은 미래창조과학부장관이 정하여 고시한다.

[근거규정] 방송통신설비의 기술기준에 관한 규정 제7조

1.2.5 전송설비 및 선로설비의 보호

① 전송설비 및 선로설비는 다른 사람이 설치한 설비나 사람·차량 또는 선박 등의 통행에 피해를 주거나 이로부터 피해를 받지 아니하도록 하여야 하며, 시공상 불가피한 경우에는 그 주위에 설비에 관한 안전표지를 설치하는 등의 보호대책을 마련하여야 한다.

② 전송설비 및 선로설비 설치방법에 대한 세부기술기준은 미래창조과학부장관이 정하여 고시한다.

[근거규정] 방송통신설비의 기술기준에 관한 규정 제8조

1.2.6 전력유도의 방지

① 전송설비 및 선로설비는 전력유도로 인한 피해가 없도록 건설·보전되어야 한다.

② 전력유도의 전압이 다음 각 호의 제한치를 초과하거나 초과할 우려가 있는 경우에는 전력유도 방지조치를 하여야 한다.

1. 이상 시 유도위험전압 : 650볼트. 다만, 고장 시 전류제거시간이 0.1초 이상인 경우에는 430볼트로 한다.
2. 상시 유도위험종전압 : 60볼트
3. 기기 오동작 유도종전압 : 15볼트. 다만, 해당 방송통신설비의 통신선로가 왕복 2개의 선으로 구성되어 있는 경우에는 적용하지 아니하되, 통신선로의 2개의 선 중 1개의 선이 대지를 통하도록 구성되어 있는 경우(대지귀로방식)에는 적용한다.
4. 잡음전압 : 0.5밀리볼트. 다만, 전철시설로 인한 잡음전압이 0.5밀리볼트보다 크고 2.5밀리볼트보다 작은 경우에는 1분 동안에 0.5밀리볼트보다 크고, 2.5밀리볼트보다 작은 잡음전압과 그 잡음전압이 지속되는 시간(초)을 곱한 전압의 총 합계가 30밀리볼트 · 초를 초과하지 아니하여야 한다.

③ 전력유도전압의 구체적 산출방법에 대한 세부기술기준은 미래창조과학부장관이 정하여 고시한다.

[근거규정] 방송통신설비의 기술기준에 관한 규정 제9조

1.2.7 전원설비

① 방송통신설비에 사용되는 전원설비는 그 방송통신설비가 최대로 사용되는 때의 전력을 안정적으로 공급할 수 있는 용량으로서 동작전압과 전류의 변동률을 정격전압 및 정격전류의 ±10퍼센트 이내로 유지할 수 있는 것이어야 한다.

② 전원설비가 상용전원을 사용하는 사업용방송통신설비인 경우에는 상용전원이 정전된 경우 최대 부하전류를 공급할 수 있는 축전지 또는 발전기 등의 예비전원설비가 설치되어야 한다. 다만, 상용전원의 정전 등에 따른 방송통신서비스 중단의 피해가 경미하고 예비전원설비를 설치하기 곤란한 경우에는 그러하지 아니하다.

③ 사업용방송통신설비 외의 방송통신설비에 대한 전원설비의 설치기준에 필요한 세부기술기준은 미래창조과학부장관이 정하여 고시한다.

[근거규정] 방송통신설비의 기술기준에 관한 규정 제10조

1.2.8 전기안전기준

이 영에서 정한 사항 외의 방송통신설비의 전기안전기준은 국제전기기술위원회의 국제기준에 따라 미래창조과학부장관이 정하여 고시한다.

[근거규정] 방송통신설비의 기술기준에 관한 규정 제11조

1.2.9 절연저항

선로설비의 회선 상호 간, 회선과 대지 간 및 회선의 심선 상호 간의 절연저항은 직류 500볼트 절연저항계로 측정하여 10메가옴 이상이어야 한다.

[근거규정] 방송통신설비의 기술기준에 관한 규정 제12조

1.2.10 누 화

평형회선은 회선 상호 간 방송통신콘텐츠의 내용이 혼입되지 아니하도록 두 회선사이의 근단누화 또는 원단누화의 감쇠량은 68데시벨 이상이어야 한다. 다만, 미래창조과학부장관이 별도로 세부기술기준을 고시한 경우에는 이에 따른다.

[근거규정] 방송통신설비의 기술기준에 관한 규정 제13조

1.3 이용자방송통신설비

1.3.1 단말장치의 기술기준

① 미래창조과학부장관은 방송통신설비의 운용자와 이용자의 안전 및 방송통신서비스의 품질향상을 위하여 다음의 사항에 관한 단말장치의 기술기준을 정할 수 있다.

1. 방송통신망 및 방송통신망 운용자에 대한 위해방지에 관한 사항
2. 방송통신망의 오용 및 요금산정기기의 고장방지에 관한 사항
3. 방송통신망 또는 방송통신서비스에 대한 장애인의 용이한 접근에 관한 사항
4. 비상방송통신서비스를 위한 방송통신망의 접속에 관한 사항

5. 방송통신망과 단말장치 간 또는 단말장치와 단말장치 간의 상호작동에 관한 사항
6. 전송품질의 유지에 관한 사항
7. 전화역무 간의 상호운용에 관한 사항
8. 그 밖에 방송통신망의 보호를 위하여 필요한 사항

② 미래창조과학부장관은 단말장치의 세부기술기준을 정한 때에는 이를 고시하여야 한다.

③ 기간통신사업자는 제1항 각 호의 사항에 관하여 제2항에 따른 기술기준 외의 기술기준을 정할 수 있으며, 그 기준을 정한 경우에는 미래창조과학부장관의 승인을 받아 이를 공시하여야 한다.

[근거규정] 방송통신설비의 기술기준에 관한 규정 제14조

1.3.2 전자파장해 방지기준

단말장치의 전자파장해 방지기준 및 전자파장해로부터의 보호기준 등은 전파에 관한 법령이 정하는 바에 따른다.

[근거규정] 방송통신설비의 기술기준에 관한 규정 제15조

1.3.3 전파를 사용하는 단말장치

전파를 사용하거나 전파를 사용하는 기능이 부가되어 있는 단말장치의 기술기준에 관하여 이 영에서 정한 것 외에는 전파에 관한 법령이 정하는 바에 따른다.

[근거규정] 방송통신설비의 기술기준에 관한 규정 제16조

1.3.4 구내통신선로설비의 설치대상

①「전기통신사업법」 제69조제2항에 따라 구내통신선로설비 등을 갖추어야 하는 건축물은「건축법」 제11조제1항에 따라 허가를 받아 건축하는 건축물로 한다. 다만, 야외음악당 · 축사 · 차고 · 창고 등 통신수요가 예상되지 아니하는 비주거용 건축물의 경우에는 그러하지 아니하다.

②「전기통신사업법」 제69조제2항에 따라 구내통신선로설비 등을 갖추어야 하는 건축물로「건축법」 제11조제1항에 따라 허가를 받아 건축하는 건축물 중 다음

에 해당하는 건축물에는 이동통신구내선로설비를 설치하여야 한다.

1. 공중이 이용하는 지하도 · 터널 · 지하상가 및 지하에 설치하는 주차장 등 지하건축물의 각 층 중 바닥면적이 1천제곱미터 이상인 층

1의2. 건축물(군사시설 및 제1호에 따른 지하건축물은 제외한다)의 지하층. 다만, 단독주택의 지하주차장 등 통신수요가 거의 없다고 미래창조과학부장관이 인정하는 건축물의 지하층에는 이동통신구내선로설비를 설치하지 아니할 수 있다.

2. 그 밖에 미래창조과학부장관이 정하여 고시하는 건축물

[근거규정] 방송통신설비의 기술기준에 관한 규정 제17조

「건축법」 제11조(건축허가) ① 건축물을 건축하거나 대수선하려는 자는 특별자치시장 · 특별자치도지사 또는 시장 · 군수 · 구청장의 허가를 받아야 한다. 다만, 21층 이상의 건축물 등 대통령령으로 정하는 용도 및 규모의 건축물을 특별시나 광역시에 건축하려면 특별시장이나 광역시장의 허가를 받아야 한다.

「전기통신사업법」 제69조 ② 제1항에 따른 건축물의 범위, 전기통신선로설비 등의 설치기준 및 전기통신회선설비와의 접속을 위한 면적확보 등에 관한 사항은 대통령령으로 정한다.

1.3.5 설치 및 철거방법

① 구내통신선로설비 및 이동통신구내선로설비는 그 구성과 운영 및 사업용방송통신설비와의 접속이 쉽도록 설치하여야 한다.

② 구내통신선로설비의 국선 등 옥외회선은 지하로 인입하여야 한다. 다만, 같은 구내에 5회선 미만의 국선을 인입하는 경우에는 그러하지 아니하다.

③ 건축주가 제4조제2항제2호의 분계점과 사업자가 이용하는 인입맨홀 · 핸드홀 또는 인입주까지 지하인입배관을 설치한 경우에는 지하로 인입하여야 한다.

④ 구내통신선로설비 및 이동통신구내선로설비를 구성하는 배관시설은 설치된 후 배선의 교체 및 증설시공이 쉽게 이루어질 수 있는 구조로 설치하여야 한다.

⑤ 사업자는 「전기통신사업법」 제28조에 따른 이용약관에 따라 체결된 서비스 이용계약이 해지된 경우에는 국립전파연구원장이 정하여 고시하는 기간(30일) 이내에 설치된 옥외회선을 철거하여야 한다. 다만, 서비스의 일부만 해지된 경우에는 그러하지 아니하다.

⑥ 구내통신선로설비 및 이동통신구내선로설비의 구체적인 설치 및 철거방법 등에 대한 세부기술기준은 미래창조과학부장관이 정하여 고시한다.

[근거규정] 방송통신설비의 기술기준에 관한 규정 제18조

제4조제2항제2호 사업용방송통신설비와 이용자방송통신설비의 분계점은 도로와 택지 또는 공동주택단지의 각 단지와의 경계점으로 한다. 다만, 국선과 구내선의 분계점은 사업용방송통신설비의 국선접속설비와 이용자방송통신설비가 최초로 접속되는 점으로 한다.

「전기통신사업법」 제28조(이용약관의 신고 등) ① 기간통신사업자는 그가 제공하려는 전기통신서비스에 관하여 그 서비스별로 요금 및 이용조건(이하 "이용약관"이라 한다)을 정하여 미래창조과학부장관에게 신고하여야 한다.

1.3.6 구내통신실의 면적확보

「전기통신사업법」 제69조제2항에 따른 전기통신회선설비와의 접속을 위한 면적기준은 다음 각 호와 같다.

1. 업무용건축물에는 국선·국선단자함 또는 국선배선반과 초고속통신망장비, 이동통신망장비 등 각종 구내통신선로설비를 설치하기 위한 공간(이하 "집중구내통신실"이라 한다) 및 각 층에 구내통신선로설비를 설치하기 위한 공간(이하 "층구내통신실"이라 한다)을 확보하여야 한다. 이 경우 최소한 확보하여야 하는 면적의 기준은 〈표 1-1〉과 같다.
2. 주거용건축물 중 공동주택에는 집중구내통신실을 확보하여야 한다. 이 경우 최소한 확보하여야 하는 면적의 기준은 〈표 1-2〉와 같다.

「전기통신사업법」 제69조(구내용 전기통신선로설비 등의 설치) ① 「건축법」 제2조제1항제2호에 따른 건축물에는 구내용(構內用) 전기통신선로설비 등을 갖추어야 하며, 전기통신회선설비와의 접속을 위한 일정 면적을 확보하여야 한다.
② 제1항에 따른 건축물의 범위, 전기통신선로설비 등의 설치기준 및 전기통신회선설비와의 접속을 위한 면적확보 등에 관한 사항은 대통령령으로 정한다.

〈표 1-1〉 업무용건축물의 구내통신실 면적확보기준(제19조제1호 관련)〈개정 2011.1.4〉

건축물 규모	확보대상	확보면적
1. 6층 이상이고 연면적 5천제곱미터 이상인 업무용건축물	가. 집중구내통신실	10.2제곱미터 이상으로 1개소 이상
	나. 층구내통신실	1) 각 층별 전용면적이 1천제곱미터 이상인 경우에는 각 층별로 10.2제곱미터 이상으로 1개소 이상 2) 각 층별 전용면적이 800제곱미터 이상인 경우에는 각 층별로 8.4제곱미터 이상으로 1개소 이상 3) 각 층별 전용면적이 500제곱미터 이상인 경우에는 각 층별로 6.6제곱미터 이상으로 1개소 이상 4) 각 층별 전용면적이 500제곱미터 미만인 경우에는 5.4제곱미터 이상으로 1개소 이상
2. 제1호 외의 업무용건축물	집중구내통신실	건축물의 연면적이 500제곱미터 이상인 경우 10.2제곱미터 이상으로 1개소 이상. 다만, 500제곱미터 미만인 경우는 5.4제곱미터 이상으로 1개소 이상.

〈비고〉

1. 같은 층에 집중구내통신실과 층구내통신실을 확보하여야 하는 경우에는 집중구내통신실만을 확보할 수 있다.
2. 층별 전용면적이 500제곱미터 미만인 경우로서 각 층별로 통신실을 확보하기가 곤란한 경우에는 하나의 층구내통신실에 2개층 이상의 통신설비를 통합하여 수용할 수 있다. 이 경우 층구내통신실 확보면적은 통합 수용된 각 층의 전용면적을 합하여 위 표 제1호 중 층구내통신실의 확보면적란의 기준을 적용한다.
3. 같은 층에 층구내통신실을 2개소 이상으로 분리 설치하려는 경우에는 층구내통신실의 면적은 최소 5.4제곱미터 이상이어야 한다.
4. 집중구내통신실은 외부환경에 영향이 적은 지상에 확보되어야 한다. 다만, 부득이한 사유로 지상확보가 곤란한 경우에는 침수우려가 없고 습기가 차지 아니하는 지하층에 설치할 수 있다.
5. 집중구내통신실에는 조명시설과 통신장비전용의 전원설비를 갖추어야 한다.
6. 각 통신실의 면적은 벽이나 기둥 등을 제외한 면적으로 한다.
7. 집중구내통신실의 출입구에는 시건장치를 설치하여야 한다.

〈표 1-2〉 공동주택의 구내통신실 면적확보기준(제19조제2호 관련) 〈개정 2011.1.4〉

건축물 규모	확보대상	확보면적
1. 50세대 이상 500세대 이하 단지	집중구내통신실	10제곱미터 이상으로 1개소
2. 500세대 초과 1,000세대 이하 단지	집중구내통신실	15제곱미터 이상으로 1개소
3. 1,000세대 초과 1,500세대 이하 단지	집중구내통신실	20제곱미터 이상으로 1개소
4. 1,500세대 초과 단지	집중구내통신실	25제곱미터 이상으로 1개소

〈비고〉

1. 집중구내통신실은 외부환경에 영향이 적은 지상에 확보되어야 한다. 다만, 부득이한 사유로 지상확보가 곤란한 경우에는 침수우려가 없고 습기가 차지 아니하는 지하층에 설치할 수 있다.
2. 집중구내통신실에는 조명시설과 통신장비전용의 전원설비를 구비하여야 한다.
3. 각 통신실의 면적은 벽이나 기둥 등을 제외한 면적으로 한다.
4. 집중구내통신실의 출입구에는 시건장치를 설치하여야 한다.

[근거규정] 방송통신설비의 기술기준에 관한 규정 제19조

1.3.7 회선 수

① 구내통신선로설비에는 다음의 사항에 지장이 없도록 충분한 회선을 확보하여야 한다.

1. 구내로 인입되는 국선의 수용
2. 구내회선의 구성

〈표 1-3〉 구내통신 회선 수 확보기준(제20조제2항 관련)〈개정 2011.1.4〉

대상건축물	회선 수 확보기준
1. 주거용건축물	국선단자함에서 세대단자함 또는 인출구구간까지 단위세대당 1회선(4쌍 꼬임케이블 기준) 이상 또는 광섬유케이블 2코어 이상
2. 업무용건축물	국선단자함에서 세대단자함 또는 인출구구간까지 각 업무구역(10제곱미터)당 1회선(4쌍 꼬임케이블 기준) 이상 또는 광섬유케이블 2코어 이상

〈비고〉

1. 위 표 제1호 및 제2호 외의 건축물은 건축물의 용도를 고려하여 위 표 제1호 또는 제2호에 따른 회선 수 확보기준을 신축적으로 적용할 수 있다.
2. 위 표에서 "세대단자함"이란 세대에 인입되는 통신선로 등의 배선을 효율적으로 분배·접속하기 위하여 이용자의 전용공간에 설치되는 분배함을 말한다.

[근거규정] 방송통신설비의 기술기준에 관한 규정 제20조

3. 단말장치 등의 증설

② 제1항의 규정에 따라 확보하여야 하는 최소 회선 수의 기준은 〈표 1-3〉과 같다.

1.3.8 종합유선방송 구내전송선로설비

종합유선방송 구내전송선로설비 및 텔레비전 공동시청안테나시설의 설치방법에 대한 세부기술기준은 「방송법」 제79조 및 「건축법 시행령」 제87조 및 「주택건설기준 등에 관한 규정」에서 각각 정하는 바에 따른다.

[근거규정] 방송통신설비의 기술기준에 관한 규정 제21조

제79조(유선방송국설비 등에 관한 기술기준과 준공검사 등) ① 미래창조과학부장관은 유선방송국설비(종합유선방송국 및 중계유선방송·음악유선방송을 행하기 위한 설비를 포함한다. 이하 같다)의 설치 및 유지에 관한 사항과 전송·선로설비의 분계점 등에 필요한 기술기준(이하 "기술기준"이라 한다)을 정하여 고시하여야 한다.

② 종합유선방송사업자·중계유선방송사업자 및 음악유선방송사업자는 대통령령이 정하는 기한까지 기술기준이 정하는 바에 의하여 유선방송국설비를 설치하고 미래창조과학부장관의 준공검사를 받아야 한다. 설치한 유선방송국설비를 변경한 때에도 또한 같다.

③ 종합유선방송사업자·중계유선방송사업자 및 음악유선방송사업자는 전송·선로설비를 자체적으로 설치하거나 전송망사업자의 전송·선로설비 또는 「전기통신사업법」에 따른 기간통신사업자의 전기통신설비를 이용할 수 있으며, 종합유선방송사업자와 중계유선방송사업자는 전송·선로설비를 상호 이용할 수 있다.

④ 종합유선방송사업자·중계유선방송사업자 및 음악유선방송사업자는 천재·지변 기타 불가피한 사유로 대통령령이 정하는 기한까지 유선방송국설비를 설치할 수 없는 때에는 대통령령이 정하는 바에 의하여 미래창조과학부장관에게 설비 설치기한의 연기를 요청할 수 있다. 〈개정 2008.2.29., 2013.3.23.〉

「건축법 시행령」 제87조(건축설비 설치의 원칙) ④ 건축물에는 방송수신에 지장이 없도록 공동시청 안테나, 유선방송 수신시설, 위성방송 수신설비, 에프엠(FM)라디오방송 수신설비 또는 방송 공동수신설비를 설치할 수 있다. 다만, 다음 각 호의 건축물에는 방송 공동수신설비를 설치하여야 한다. 〈개정 2009.7.16., 2012.12.12.〉

1. 공동주택
2. 바닥면적의 합계가 5천제곱미터 이상으로서 업무시설이나 숙박시설의 용도로 쓰는 건축물

⑤ 제4항에 따른 방송수신설비의 설치기준은 미래창조과학부장관이 정하여 고시하는 바에 따른다.

1.4 사업용방송통신설비

1.4.1 안전성 및 신뢰성

① 사업자는 이용자가 안전하고 신뢰성 있는 방송통신 서비스를 제공받을 수 있도록 다음의 사항을 구비하여 운용한다.

1. 방송통신설비를 수용하기 위한 건축물 또는 구조물의 안전 및 화재대책 등에 관한 사항
2. 방송통신설비를 이용 또는 운용하는 자의 안전확보에 필요한 사항
3. 방송통신설비의 운용에 필요한 시험·감시 및 통제를 할 수 있는 기능에 관한 사항
4. 그 밖에 방송통신설비의 안전성 및 신뢰성 확보를 위하여 필요한 사항

② 방송통신서비스에 사용되는 방송통신설비가 갖추어야 할 안전성 및 신뢰성에 대한 세부기술기준은 미래창조과학부장관이 정하여 고시한다.

[근거규정] 방송통신설비의 기술기준에 관한 규정 제22조

1.4.2 사업용방송통신설비와 단말장치 간의 상호연동

방송통신사업자는 사업용방송통신설비를 단말장치와 상호연동이 되도록 설치·운용하여야 한다.

[근거규정] 방송통신설비의 기술기준에 관한 규정 제23조

1.4.3 국선접속설비

① 기간통신사업자 및 별정통신사업자는 해당 역무에 사용되는 방송통신설비가 낙뢰 또는 강전류전선과의 접촉 등으로 그에 접속된 이용자방송통신설비 등에 피해를 줄 우려가 있는 경우에는 이를 방지하기 위하여 국선접속설비 또는 그 주변에 제7조에 따른 보호기를 설치하여야 한다.

② 기간통신사업자는 국선을 5회선 이상으로 인입하는 경우에는 케이블로 국선수용단자반에 접속·수용하여야 한다.

[근거규정] 방송통신설비의 기술기준에 관한 규정 제24조

제7조(보호기 및 접지) ① 낙뢰 또는 강전류전선과의 접촉 등으로 이상전류 또는 이상전압이 유입될 우려가 있는 방송통신설비에는 과전류 또는 과전압을 방전시키거나 이를 제한 또는 차단하는 보호기가 설치되어야 한다.
② 보호기와 금속으로 된 주배선반·지지물·단자함 등이 사람 또는 방송통신설비에 피해를 줄 우려가 있을 경우에는 접지되어야 한다.
③ 방송통신설비의 보호기성능 및 접지에 대한 세부기술기준은 미래창조과학부장관이 정하여 고시한다.

1.4.4 통신공동구 등의 설치기준

① 통신공동구·맨홀 등은 통신케이블의 수용과 설치 및 유지·보수 등에 필요한 공간과 부대시설을 갖추어야 하고, 관로는 차도의 경우 지면으로부터 1미터 이상의 깊이에 매설하여야 한다.

② 통신공동구 또는 관로를 「국토의 계획 및 이용에 관한 법률」 제2조제7호에 따른 도시·군계획시설 또는 「도로법」 제2조에 따른 도로 등에 설치하는 경우 관련 법령에 그 설치기준이 규정된 경우에는 그 법령에서 정한 기준을 적용한다.

③ 통신공동구 또는 관로를 다른 법령에 따라 설치된 설비에 덧붙여 설치하는 경우에는 이 영에서 정한 기준에도 불구하고 다른 법령의 기준을 적용할 수 있다.

④ 통신공동구, 관로, 맨홀 등의 설치에 대한 세부기술기준은 미래창조과학부장관이 이를 정하여 고시한다.

[근거규정] 방송통신설비의 기술기준에 관한 규정 제25조

「국토의 계획 및 이용에 관한 법률」 제2조제7호 "도시·군계획시설"이란 기반시설 중 도시·군관리계획으로 결정된 시설을 말한다.

「도로법」 제2조 1. "도로"란 차도, 보도(步道), 자전거도로, 측도(側道), 터널, 교량, 육교 등 대통령령으로 정하는 시설로 구성된 것으로서 「도로법」 제10조에 열거된 것을 말하며, 도로의 부속물을 포함한다.

「도로법」 제10조(도로의 종류와 등급) 도로의 종류는 다음 각 호와 같고, 그 등급은 다음 각 호에 열거한 순서와 같다.

1. 고속국도(고속국도의 지선 포함)
2. 일반국도(일반국도의 지선 포함)
3. 특별시도(特別市道)·광역시도(廣域市道)
4. 지방도
5. 시도
6. 군도
7. 구도

「도로법 시행령」 제2조(도로) 「도로법」(이하 "법"이라 한다) 제2조제1호에서 "차도, 보도(步道), 자전거도로, 측도(側道), 터널, 교량, 육교 등 대통령령으로 정하는 시설"이란 다음 각 호의 시설이나 공작물을 말한다.
1. 차도 · 보도 · 자전거도로 및 측도
2. 터널 · 교량 · 지하도 및 육교(해당 시설에 설치된 엘리베이터를 포함한다)
3. 궤도
4. 옹벽 · 배수로 · 길도랑 · 지하통로 및 무넘기시설
5. 도선장 및 도선의 교통을 위하여 수면에 설치하는 시설

1.4.5 전송망사업용설비

① 전송망사업용설비와 수신자설비의 분계점에서 수신자에게 종합유선방송신호를 전송하기 위한 전송설비 및 선로설비에 대한 세부기술기준은 미래창조과학부장관이 정하여 고시한다.

② 전송망사업용설비에는 전송되는 종합유선방송신호가 정상적으로 제공되고 있는지를 확인할 수 있도록 전송선로시설의 감시장치를 설치하여야 한다.

③ 전송망사업용설비에 관하여 이 영에서 정하는 것 외에는 전파에 관한 법령에서 정한 기준을 적용한다.

④ 「방송법」 제79조제3항에 따라 종합유선방송사업자 및 중계유선방송사업자가 자체적으로 설치하는 전송설비 및 선로설비의 설치 및 철거 등에 관하여는 제1항부터 제3항까지(중계유선방송사업자의 경우에는 제3항만 해당한다) 및 제18조를 준용한다.

[근거규정] 방송통신설비의 기술기준에 관한 규정 제26조

「방송법」 제79조(유선방송국설비 등에 관한 기술기준과 준공검사 등) ③ 종합유선방송사업자 · 중계유선방송사업자 및 음악유선방송사업자는 전송 · 선로설비를 자체적으로 설치하거나 전송망사업자의 전송 · 선로설비 또는 「전기통신사업법」에 따른 기간통신사업자의 전기통신설비를 이용할 수 있으며, 종합유선방송사업자와 중계유선방송사업자는 전송 · 선로설비를 상호 이용할 수 있다.

「방송통신설비의 기술기준에 관한 규정」 제18조 ① 구내통신선로설비 및 이동통신구내선로설비는 그 구성과 운영 및 사업용방송통신설비와의 접속이 쉽도록 설치하여야 한다.
② 구내통신선로설비의 국선 등 옥외회선은 지하로 인입하여야 한다. 다만, 같은 구내에 5회선 미만의 국선을 인입하는 경우에는 그러하지 아니하다.
③ 건축주가 제4조제2항제2호의 분계점과 사업자가 이용하는 인입맨홀 · 핸드홀 또

는 인입주까지 지하인입배관을 설치한 경우에는 지하로 인입하여야 한다.
④ 구내통신선로설비 및 이동통신구내선로설비를 구성하는 배관시설은 설치된 후 배선의 교체 및 증설시공이 쉽게 이루어질 수 있는 구조로 설치하여야 한다.
⑤ 사업자는 「전기통신사업법」 제28조에 따른 이용약관에 따라 체결된 서비스 이용계약이 해지된 경우에는 국립전파연구원장이 정하여 고시하는 기간(30일) 이내에 설치된 옥외회선을 철거하여야 한다. 다만, 서비스의 일부만 해지된 경우에는 그러하지 아니하다.

1.4.6 통신규약

① 사업자는 정보통신설비와 이에 연결되는 다른 정보통신설비 또는 이용자설비와의 사이에 정보의 상호전달을 위하여 사용하는 통신규약을 인터넷, 언론매체 또는 그 밖의 홍보매체를 활용하여 공개하여야 한다.

② 제1항에 따라 사업자가 공개하여야 할 통신규약의 종류와 범위에 대한 세부기술기준은 미래창조과학부장관이 정하여 고시한다.

[근거규정] 방송통신설비의 기술기준에 관한 규정 제27조

1.4.7 준용규정

자가방송통신설비에 관하여는 제22조를 준용한다. 이 경우 “사업자”는 “자가방송통신설비설치자”로, “방송통신설비”는 “자가방송통신설비”로 본다.

[근거규정] 방송통신설비의 기술기준에 관한 규정 제28조

「방송통신설비의 기술기준에 관한 규정」 제22조(안정성 및 신뢰성) ① 사업자는 이용자가 안전하고 신뢰성 있는 방송통신서비스를 제공받을 수 있도록 다음의 사항을 구비하여 운용한다.
1. 방송통신설비를 수용하기 위한 건축물 또는 구조물의 안전 및 화재대책 등에 관한 사항
2. 방송통신설비를 이용 또는 운용하는 자의 안전확보에 필요한 사항
3. 방송통신설비의 운용에 필요한 시험·감시 및 통제를 할 수 있는 기능에 관한 사항
4. 그 밖에 방송통신설비의 안전성 및 신뢰성 확보를 위하여 필요한 사항

② 방송통신서비스에 사용되는 방송통신설비가 갖추어야 할 안전성 및 신뢰성에 대한 세부기술기준은 미래창조과학부장관이 정하여 고시한다.

연습문제

1. 낙뢰 또는 강전류전선과의 접촉 등에 의하여 이상전류 또는 이상전압이 유입될 우려가 있는 전기통신설비에는 과전류 또는 과전압을 방전시키거나 이를 제한 또는 차단하는 (　　　　)가 설치되어야 한다.

   답 보호기

   [근거규정] 방송통신설비의 기술기준에 관한 규정 제7조

2. 보호기와 금속으로 된 주배선반·지지물·단자함 등이 사람 또는 전기통신설비에 피해를 줄 우려가 있을 때에는 (　　　　)되어야 한다.

   답 접지

   [근거규정] 방송통신설비의 기술기준에 관한 규정 제7조

3. 전력유도의 전압이 다음의 제한치를 초과하거나 초과할 우려가 있는 경우에는 전력유도 방지조치를 하여야 한다. 그 규정값 설명 중 틀린 것은?

   가. 이상 시 유도위험전압 : 60볼트

   나. 상시 유도위험종전압 : 30볼트

   다. 기기 오동작 유도종전압 : 15볼트

   라. 잡음전압 : 0.5볼트

   답 나. 상시 유도위험종전압 : 60볼트

   [근거규정] 방송통신설비의 기술기준에 관한 규정 제9조

4. 선로설비의 회선 상호간, 회선과 대지간 및 회선의 심선 상호간의 절연저항은 직류 500볼트 절연저항계로 측정하여 (　　　　) 이상이어야 한다.

   답 10메가옴

   [근거규정] 방송통신설비의 기술기준에 관한 규정 제12조

5. 전화급 평형회선은 회선 상호간 전기통신신호의 내용이 혼입되지 아니하도록 두 회선사이의 근단누화 또는 원단누화의 감쇠량은 (　　)데시벨 이상이어야 한다.

   답 60

   [근거규정] 방송통신설비의 기술기준에 관한 규정 제17조

6. 구내통신선로설비 설치대상에 대한 설명 중 틀린 것은?

가. 구내통신선로설비 등을 갖추어야 하는 건축물은 건축법 제11조제1항에 따라 허가를 받아 건축하는 건축물로 한다.

나. 야외음악당 · 축사 · 차고 · 창고의 경우에는 구내통신선로설비를 갖추지 않아도 된다.

다. 구내통신선로설비 등을 갖추어야 하는 건축물은 건축법 제14조제1항에 따라 허가를 받아 건축하는 건축물로 한다.

라. 통신수요가 예상되지 아니하는 비주거용 건축물의 경우에는 구내통신선로설비를 갖추지 않아도 된다.

답 다. 구내통신선로설비 등을 갖추어야 하는 건축물은 건축법 제11조제1항에 따라 허가를 받아 건축하는 건축물로 한다.

[근거규정] 방송통신설비의 기술기준에 관한 규정 제17조

7. 건축법 제11조제1항에 따라 허가를 받아 건축하는 건축물로서 이동통신선로설비 설치대상이 아닌 것은?

가. 공중이 이용하는 지하도 · 터널 · 지하상가 및 지하에 설치하는 주차장 등 지하 건축물의 각 층 중 바닥면적이 5천제곱미터 이상인 층이다.

나. 건축물의 지하층은 모두 해당이 된다.

다. 군사시설은 제외한다.

다. 단독주택의 지하주차장 등 통신수요가 거의 없다고 미래창조과학부장관이 인정하는 건축물의 지하층에는 이동통신구내선로설비를 설치하지 아니할 수 있다.

답 가. 공중이 이용하는 지하도 · 터널 · 지하상가 및 지하에 설치하는 주차장 등 지하 건축물의 각 층 중 바닥면적이 1천제곱미터 이상인 층

[근거규정] 방송통신설비의 기술기준에 관한 규정 제17조

8. 구내통신선로설비의 국선의 인입의 조건에 대하여 기술한 것은?

가. 구내통신선로설비의 국선 등 옥외회선은 지하로 인입하여야 한다.

나. 건축주가 분계점과 사업자가 이용하는 인입맨홀 · 핸드홀 또는 인입주까지 지하인입배관을 설치한 경우에는 지하로 인입하여야 한다.

다. 구내통신선로설비 및 이동통신구내선로설비를 구성하는 배관시설은 설치된 후 배선의 교체 및 증설시공이 쉽게 이루어질 수 있는 구조로 설치하여야 한다.

라. 건축주는 전기통신사업법 이용약관에 따라 체결된 서비스 이용계약이 해지된 경우에는 설치된 옥외회선을 철거하여야 한다.

답 라. 사업자는 전기통신사업법 이용약관에 따라 체결된 서비스 이용계약이 해지된 경우에는 설치된 옥외회선을 철거하여야 한다.

[근거규정] 방송통신설비의 기술기준에 관한 규정 제18조

9. 6층 이상이고 연면적 5천제곱미터 이상인 업무용건축물로서 10.2제곱미터 이상의 경우 집중구내통신실(　　　) 이상을 설치하여야 한다.

답 1개소

[근거규정] 방송통신설비의 기술기준에 관한 규정 제19조

10. 6층 이상이고 연면적 5천제곱미터 이상인 업무용건축물로서 층구내통신실을 설치하는 확보면적 중 틀린 것은?

가. 각 층별 전용면적이 1천제곱미터 이상인 경우에는 각 층별로 10.2제곱미터 이상으로 1개소 이상

나. 각 층별 전용면적이 800제곱미터 이상인 경우에는 각 층별로 8.4제곱미터 이상으로 1개소 이상

다. 각 층별 전용면적이 500제곱미터 이상인 경우에는 각 층별로 5.6제곱미터 이상으로 1개소 이상

라. 각 층별 전용면적이 500제곱미터 미만인 경우에는 5.4제곱미터 이상으로 1개소 이상

답 다. 각 층별 전용면적이 500제곱미터 이상인 경우에는 각 층별로 6.6제곱미터 이상으로 1개소 이상

[근거규정] 방송통신설비의 기술기준에 관한 규정 제19조

11. 6층 이상이고 연면적 5천제곱미터 미만인 업무용건축물로서 집중구내통신실을 설치하여야 한다. 각 층별 전용면적이 500제곱미터 이상인 경우에는 (　　　)제곱미터 이상으로 1개소 이상 확보하여야 한다.

답 10.2

[근거규정] 방송통신설비의 기술기준에 관한 규정 제19조

12. 6층 이상이고 연면적 5천제곱미터 미만인 업무용건축물로서 집중구내통신실을 설치하여야 한다. 각 층별 전용면적이 500제곱미터 미만인 경우에는 (　　　)제곱미터 이상으로 1개소 이상 확보하여야 한다.

답 5.4

[근거규정] 방송통신설비의 기술기준에 관한 규정 제19조

13. 집중구내통신실과 층구내통신실을 확보에 관한 설명 중 틀린 것은?

가. 같은 층에 집중구내통신실과 층구내통신실을 확보하여야 하는 경우에는 집중구내통신실만을 확보할 수 있다.

나. 층별 전용면적이 500제곱미터 미만인 경우로서 각 층별로 통신실을 확보하기가 곤란한

경우에는 하나의 층구내통신실에 2개층 이상의 통신설비를 통합하여 수용할 수 있으며, 층구내통신실 확보면적은 통합 수용된 각 층의 전용면적을 합하여 층구내통신실의 확보면적란의 기준을 적용한다.

다. 같은 층에 층구내통신실을 2개소 이상으로 분리 설치하려는 경우에는 층구내통신실의 면적은 최소 5.4제곱미터 이상이어야 한다.

라. 각 통신실의 면적은 벽이나 기둥을 포함한 면적으로 한다.

답 라. 각 통신실의 면적은 벽이나 기둥을 제외한 면적으로 한다.

[근거규정] 방송통신설비의 기술기준에 관한 규정 제19조

14. 주거용건축물 중 공동주택에는 집중구내통신실을 확보하여야 한다.
50세대 이상 500세대 이하 단지에는 (확보면적 :   ) 1개소 확보하여야 한다.

답 10제곱미터 이상

[근거규정] 방송통신설비의 기술기준에 관한 규정 제19조

15. 주거용건축물 중 공동주택에는 집중구내통신실을 확보하여야 한다.
500세대 초과 1,000세대 이하 단지에는 (확보면적 :   ) 1개소 확보하여야 한다.

답 15제곱미터 이상

[근거규정] 방송통신설비의 기술기준에 관한 규정 제19조

16. 주거용건축물 중 공동주택에는 집중구내통신실을 확보하여야 한다.
1,000세대 초과 1,500세대 이하 단지에는 (확보면적 :   ) 1개소 확보하여야 한다.

답 20제곱미터 이상

[근거규정] 방송통신설비의 기술기준에 관한 규정 제19조

17. 주거용건축물 중 공동주택에는 집중구내통신실을 확보하여야 한다.
1500세대초과 단지에는 (확보면적 :   ) 1개소 확보하여야 한다.

답 25제곱미터 이상

[근거규정] 방송통신설비의 기술기준에 관한 규정 제19조

18. 구내통신회선을 확보기준에서 주거용건물은 국선단자함에서 세대단자함 또는 인출구구간까지 단위세대당 4쌍 꼬임케이블을 설치하고자 할 때는 (   )회선 이상 확보하여야 한다.

답 1

[근거규정] 방송통신설비의 기술기준에 관한 규정 제20조

19. 구내통신회선을 확보기준에서 주거용건축물 국선단자함에서 세대단자함 또는 인출구구간까지 광섬유케이블을 설치하고자 할 때는 ( )코어 이상 확보하여야 한다.

답 2

[근거규정] 방송통신설비의 기술기준에 관한 규정 제20조

20. 구내통신회선을 확보기준에서 업무용건축물은 국선단자함에서 세대단자함 또는 인출구구간까지 각 업무구역 (10제곱미터)당 4쌍 꼬임케이블을 설치하고자 할 때는 ( )회선 이상 확보하여야 한다.

답 1

[근거규정] 방송통신설비의 기술기준에 관한 규정 제20조

21. 구내통신회선을 확보기준에서 업무용건축물은 국선단자함에서 세대단자함 또는 인출구구간까지 각 업무구역(10제곱미터)당 광섬유케이블을 설치하고자 할 때는 ( )코어 이상 확보하여야 한다.

답 2

[근거규정] 방송통신설비의 기술기준에 관한 규정 제20조

22. 역무에 사용되는 방송통신설비가 낙뢰 또는 강전류전선과의 접촉 등으로 그에 접속된 이용자방송통신설비 등에 피해를 줄 우려가 있는 경우에는 이를 방지하기 위하여 국선접속설비 또는 그 주변에 보호기를 누가 설치하여야 하는가?

가. 기간통신사업자나 별정통신사업자
나. 정보통신공사 시공자
다. 정보통신 감리자
라. 건축주

답 가. 기간통신사업자나 별정통신사업자

[근거규정] 방송통신설비의 기술기준에 관한 규정 제24조

23. 국선을 5회선 이상으로 인입하는 경우에는 케이블로 국선수용단자반에 접속 · 수용하여야 하는데 누가 접속하여야 하는가?

가. 건축주
나. 정보통신공사 시공자
다. 정보통신 감리자
라. 기간통신사업자

답 라. 기간통신사업자

[근거규정] 방송통신설비의 기술기준에 관한 규정 제24조

24. 전송망사업용설비에는 전송되는 종합유선방송신호가 정상적으로 제공되고 있는지를 확인할 수 있도록 전송선로시설의 ( )장치를 설치하여야 한다.

답 감시

[근거규정] 방송통신설비의 기술기준에 관한 규정 제26조

제2장

접지설비 · 구내통신설비 · 선로설비 및 통신공동구 기술기준

2.1 근거규정
2.2 보호기성능 및 접지설비 설치방법
2.3 선로설비 설치방법
2.4 구내통신설비 설치
2.5 이동통신구내선로설비
2.6 통신공동구 · 관로 및 맨홀 등의 설치방법
- 연습문제

2.1 근거규정

「방송통신설비의 기술기준에 관한 규정」 제7조제3항 · 제8조제2항 · 제10조제3항 · 제18조제6항 및 제25조제4항의 규정에 의한 접지설비 · 구내통신설비 · 선로설비 및 통신공동구 등에 대한 기술기준(국립전파연구원고시 제2014-10호)

제7조(보호기 및 접지) ③ 방송통신설비의 보호기성능 및 접지에 대한 세부기술기준은 미래창조과학부장관이 정하여 고시한다.

제8조(전송설비 및 선로설비의 보호) ② 전송설비 및 선로설비 설치방법에 대한 세부기술기준은 미래창조과학부장관이 정하여 고시한다.

제10조(전원설비) ③ 사업용방송통신설비 외의 방송통신설비에 대한 전원설비의 설치기준에 필요한 세부기술기준은 미래창조과학부장관이 정하여 고시한다.

제18조(설치 및 철거방법 등) ⑥ 구내통신선로설비 및 이동통신구내선로설비의 구체적인 설치 및 철거방법 등에 대한 세부기술기준은 미래창조과학부장관이 정하여 고시한다.

제25조(통신공동구 등의 설치기준) ④ 통신공동구, 관로 맨홀 등의 설치에 대한 세부기술기준은 미래창조과학부장관이 이를 정하여 고시한다.

2.1.1 적용범위

① 「방송통신설비의 기술기준에 관한 규정」 제7조 규정에 의한 방송통신설비의 보호기 및 접지설비

② 「방송통신설비의 기술기준에 관한 규정」 제8조 규정에 의한 전송설비 및 선로설비

③ 「방송통신설비의 기술기준에 관한 규정」 제10조 규정에 의한 전원설비

④ 「방송통신설비의 기술기준에 관한 규정」 제17조 및 「주택건설기준 등에 관한 규정」 제32조 · 제32조의2 · 제42조의 규정에 의한 건축물에 설치하는 구내통신선로설비 · 이동통신구내선로설비 및 방송공동수신설비 · 홈네트워크설비

⑤ 「방송통신설비의 기술기준에 관한 규정」 제25조 규정에 의한 통신공동구 · 관로 · 맨홀 등의 설비

제17조(구내통신선로설비의 설치대상 등) ① 「전기통신사업법」 제69조제2항에 따라 구내통신선로설비 등을 갖추어야 하는 건축물은 「건축법」 제11조제1항에 따라 허가를 받아 건축하는 건축물로 한다. 다만, 야외음악당 · 축사 · 차고 · 창고 등 통신수요가 예상되지 아니하는 비주거용 건축물의 경우에는 그러하지 아니하다.

② 제1항 본문에 따른 건축물 중 다음 각 호의 어느 하나에 해당하는 건축물에는 이동통신구내선로설비를 설치하여야 한다.

1. 공중이 이용하는 지하도 · 터널 · 지하상가 및 지하에 설치하는 주차장 등 지하건축물의 각 층 중 바닥면적이 1천제곱미터 이상인 층

1의2. 건축물(군사시설 및 제1호에 따른 지하건축물은 제외한다)의 지하층. 다만, 단독주택의 지하주차장 등 통신수요가 거의 없다고 미래창조과학부장관이 인정하는 건축물의 지하층에는 이동통신구내선로설비를 설치하지 아니할 수 있다.

2. 그 밖에 미래창조과학부장관이 정하여 고시하는 건축물

「주택건설기준 등에 관한 규정」 제32조(통신시설) ① 주택에는 세대마다 전화설치장소(거실 또는 침실을 말한다)까지 구내통신선로설비를 설치하여야 하되, 구내통신선로설비의 설치에 필요한 사항은 따로 대통령령으로 정한다.

② 경비실을 설치하는 공동주택의 각 세대에는 경비실과 통화가 가능한 구내전화를 설치하여야 한다.

③ 주택에는 세대마다 초고속 정보통신을 할 수 있는 구내통신선로설비를 설치하여야 한다.

제32조의2(지능형 홈네트워크설비) 주택에 지능형 홈네트워크설비(주택의 성능과 주거의 질 향상을 위하여 세대 또는 주택단지 내 지능형 정보통신 및 가전기기 등의 상호 연계를 통하여 통합된 주거서비스를 제공하는 설비를 말한다)를 설치하는 경우에는 국토교통부장관, 산업통상자원부장관 및 미래창조과학부장관이 협의하여 공동으로 고시하는 지능형 홈네트워크설비 설치 및 기술기준에 적합하여야 한다.

「주택건설기준 등에 관한 규정」 제42조(방송수신을 위한 공동수신설비의 설치 등) ① 공동주택에는 미래창조과학부장관이 정하여 고시하는 바에 따라 텔레비전방송 · 에프엠(FM)라디오방송 공동수신안테나 및 그 부속설비와 종합유선방송의 구내전송선로설비를 설치하여야 한다.

② 공동주택의 각 세대에는 제1항의 규정에 의한 텔레비전방송 및 에프엠(FM)라디오방송 공동수신안테나와 연결된 단자를 2개소 이상 설치하여야 한다. 다만, 세대당 전용면적이 60제곱미터 이하인 주택의 경우에는 1개소로 할 수 있다.

[근거규정] 접지설비 · 구내통신설비 · 선로설비 및 통신공동구 기술기준 제2조

2.2 보호기성능 및 접지설비 설치방법

2.2.1 보호기성능

① 보호기의 기본회로도는 [그림 1]과 같으며 보호기의 성능은 제2항 내지 제4항의 조건을 만족하여야 한다.

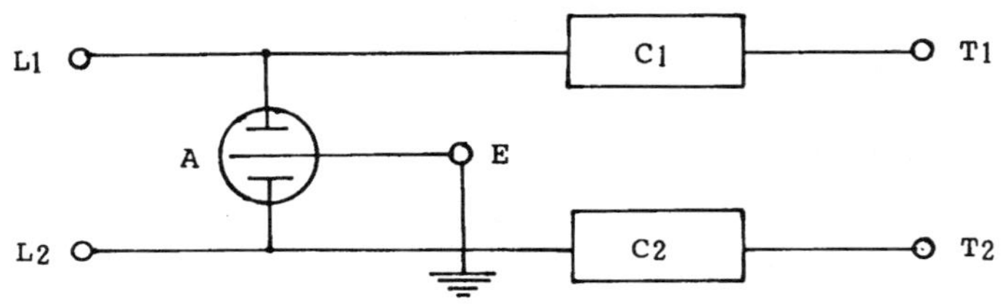

(주) L1, L2 : 외선측 단자
T1, T2 : 내선측 단자
E : 접지선 단자
A : 과전압방전소자
C1, C2 : 과전류제한소자

[근거규정] 접지설비·구내통신설비·선로설비 및 통신공동구 기술기준 제4조

[그림 1] 보호기의 기본회로도(제4조제1항 관련)

② 보호기의 과전압 성능은 다음과 같아야 한다.

1. 보호기는 직류 100V/sec의 상승전압을 L1-E, L2-E간에 인가할 때 184V 이상 280V 이하에서 접지를 통하여 방전이 개시되어야 한다.
2. 보호기는 100V/㎲의 상승전압을 L1-E, L2-E간에 인가할 때 180V 이상 600V 이하에서 접지를 통하여 방전되어야 한다.
3. 보호기는 1000V/㎲의 상승전압을 L1-E, L2-E간에 인가할 때 180V 이상 700V 이하에서 접지를 통하여 방전되어야 한다.

③ 보호기의 과전류 성능은 다음과 같아야 한다.

1. 보호기는 L1-T1, L2-T2간에 교류 110V 250mA를 인가할 때 1분 이내, 교류 110V 1A를 인가할 때 2초 이내에 동작하여 부동작 전류 이하로 전류를 제한

하고, 과전류가 제거되면 자기 복구되어야 한다.

2. 보호기는 L1-T1, L2-T2간에 직류 150mA를 3시간 인가할 때 과전류 제한소자는 동작하지 않아야 한다.

④ 보호기의 발화방지 성능은 다음과 같아야 한다.

1. 보호기는 L1-E, L2-E간에 60Hz, 5A를 15분간 인가할 때 과전압 방전소자의 발화방지장치가 동작하여 보호기의 발화 및 변형이 없어야 한다.
2. 보호기는 과전압 방전소자가 삽입되지 않은 상태에서 L1-T1, L2-T2간에 교류 220V, 3A을 15분간 인가할 때 과전류 제한소자가 손상되지 않아야 하며, 보호기의 발화 및 변형이 없어야 한다.

2.2.2 접지저항

① 교환설비 · 전송설비 및 통신케이블과 금속으로 된 단자함(구내통신단자함, 옥외분배함 등) · 장치함 및 지지물 등이 사람이나 방송통신설비에 피해를 줄 우려가 있을 때에는 접지단자를 설치하여 접지하여야 한다.

② 통신관련시설의 접지저항은 10Ω 이하를 기준으로 한다. 다만, 다음의 경우는 100Ω 이하로 할 수 있다.

1. 선로설비 중 선조 · 케이블에 대하여 일정 간격으로 시설하는 접지(단, 차폐케이블은 제외)
2. 국선수용회선이 100회선 이하인 주배선반
3. 보호기를 설치하지 않는 구내통신단자함
4. 구내통신선로설비에 있어서 전송 또는 제어신호용 케이블의 쉴드 접지
5. 철탑 이외 전주 등에 시설하는 이동통신용 중계기
6. 암반지역 또는 산악지역에서의 암반지층을 포함하는 경우 등 특수 지형에의 시설이 불가피한 경우로서 기준 저항값 10Ω을 얻기 곤란한 경우
7. 기타 설비 및 장치의 특성에 따라 시설 및 인명 안전에 영향을 미치지 않는 경우

③ 통신회선 이용자의 건축물, 전주 또는 맨홀 등의 시설에 설치된 통신설비로서 통신용 접지시공이 곤란한 경우에는 그 시설물의 접지를 이용할 수 있으며, 이 경우 접지저항은 해당 시설물의 접지기준에 따른다. 다만, 「전파법 시행령」 제24조의 규정에 의하여 신고하지 아니하고 시설할 수 있는 소출력중계기 또는 무선국의 경

우, 설치된 시설물의 접지를 이용할 수 없을 시 접지하지 아니할 수 있다.

④ 접지선은 접지저항값이 10Ω 이하인 경우에는 2.6mm 이상, 접지저항값이 100Ω 이하인 경우에는 직경 1.6mm 이상의 피 · 브이 · 씨 피복 동선 또는 그 이상의 절연효과가 있는 전선을 사용하고 접지극은 부식이나 토양오염 지를 고려한 도전성 재료를 사용한다. 단, 외부에 노출되지 않는 접지선의 경우에는 피복을 아니할 수 있다.

⑤ 접지체는 가스, 산 등에 의한 부식의 우려가 없는 곳에 매설하여야 하며, 접지체 상단이 지표로부터 수직 깊이 75cm 이상 되도록 매설하되 동결심도보다 깊도록 하여야 한다.

⑥ 사업용방송통신설비와「전기통신사업법」제64조의 규정에 의한 자가전기통신설비 설치자는 접지저항을 정해진 기준치를 유지하도록 관리하여야 한다.

⑦ 다음 각 호에 해당하는 방송통신 관련 설비의 경우에는 접지를 아니할 수 있다.

1. 전도성이 없는 인장선을 사용하는 광섬유케이블의 경우
2. 금속성 함체이나 광섬유 접속 등과 같이 내부에 전기적 접속이 없는 경우

[근거규정] 접지설비 · 구내통신설비 · 선로설비 및 통신공동구 기술기준 제5조

2.3 선로설비 설치방법

2.3.1 사용 가능한 통신선의 종류

방송통신설비에 사용하는 통신선은 절연전선 또는 케이블이어야 한다. 다만, 절연전선이나 케이블을 사용하기가 곤란한 경우에 있어서 타인이 설치한 방송통신설비에 방해를 줄 염려가 없고 인체 또는 물건에 손상을 줄 염려가 없는 경우에는 예외로 할 수 있다.

[근거규정] 접지설비 · 구내통신설비 · 선로설비 및 통신공동구 기술기준 제6조

2.3.2 가공통신선의 지지물과 가공강전류전선 간의 이격거리

① 가공통신선의 지지물은 가공강전류전선 사이에 끼우거나 통과하여서는 아니된다. 다만, 인체 또는 물건에 손상을 줄 우려가 없을 경우에는 예외로 할 수 있다.

② 가공통신선의 지지물과 가공강전류전선 간의 이격거리는 다음과 같다.

1. 가공강전류전선의 사용전압이 저압 또는 고압일 경우의 이격거리는 〈표 2-1〉과 같다.

〈표 2-1〉

가공강전류전선의 사용전압 및 종별		이격거리
저 압		30cm 이상
고 압	강전류케이블	30cm 이상
	기타 강전류전선	60cm 이상

2. 가공강전류전선의 사용전압이 특고압일 경우의 이격거리는 〈표 2-2〉와 같다.

〈표 2-2〉

가공강전류전선의 사용전압 및 종별		이격거리
35,000V 이하의 것	강전류케이블	50cm 이상
	특고압 강전류절연전선	1m 이상
	기타 강전류전선	2m 이상
35,000V를 초과하고 60,000V 이하의 것		2m 이상
60,000V를 초과하는 것		2m에 사용전압이 60,000V를 초과하는 10,000V마다 12cm를 더한 값 이상

[근거규정] 접지설비 · 구내통신설비 · 선로설비 및 통신공동구 기술기준 제7조

2.3.3 전주의 안전계수

① 전주의 안전계수는 〈표 2-3〉과 같다. 다만, 철근콘크리트주 및 철주는 제1호, 제2호, 제3호의 경우 1.0 이상으로 하고, 제4호의 경우 1.5 이상으로 할 수 있다.

〈표 2-3〉

전주의 구별	안전계수
1. 도로상 또는 도로로부터 전주 높이의 1.2배에 상당하는 거리내의 장소에 설치하는 전주	1.2
2. 다음에 해당하는 가공통신선을 가설하는 전주 가. 구조물로부터 그 전주의 높이에 상당하는 거리내에 접근하는 가공통신선 나. 타인의 가공통신선 또는 가공강전류전선과 교차되거나 그 전주의 높	1.2

전주의 구별	안전계수
이에 상당하는 거리내에 접근하는 가공통신선	
다. 철도 또는 궤도로부터 그 전주의 높이에 상당하는 거리내에 접근하거나 도로, 철도 또는 궤도를 횡단하는 가공통신선	
3. 가공통신선과 저압 또는 고압의 가공강전류전선을 공가하는 전주	1.5
4. 가공통신선과 특고압의 가공강전류전선을 공가하는 전주	2.0

② 전주에 지선 또는 지주를 설치하는 경우에는 그 전체의 안전계수를 전주의 안전계수로 보고 제1항의 규정을 적용한다.

③ 전주의 안전계수는 그 전주에 개설하는 시설물의 인장하중, 제9조의 규정에 의한 풍압하중 및 그 시설장소에서 통상 예상되는 기상의 변화 등 기타 외부 환경의 영향이 가하여진 것으로 하여 이를 계산한다.

[근거규정] 접지설비 · 구내통신설비 · 선로설비 및 통신공동구 기술기준 제8조

2.3.4 풍압하중

① 옥외통신설비에 대한 기본풍압하중은 〈표 2-4〉와 같다.

〈표 2-4〉

풍압을 받는 시설물			시설물의 수직투영면적 $1m^2$에 대한 풍압
전주류	목주 또는 철근콘크리트주		80kg
	철주	원통주	80kg
		삼각주 또는 사각주	190kg
		각주(강관에 의하여 구성된 것에 한한다)	150kg
		기타의 것	240kg
무선시설류	철탑	강관에 의하여 구성된 것	170kg
		기타의 것	290kg
	철탑에 부착 시설되는 안테나류		200kg
	마이크로웨이브 안테나		200kg
기타	통신선 또는 보조선		100kg
	완철류 또는 함류		160kg

주 : 설계풍속 40m/s를 적용한 것임

② 강풍지역의 시가지에서는 전주 및 기타 시설류에 대하여 제1항에 의한 풍압하중의 1/2배를 적용할 수 있다.

③ 강풍지역에서는 과거 기상자료를 바탕으로 하여 제1항의 풍압하중 이상을 적용한다.

④ 무선시설류는 제1항에 의한 풍압하중의 2배 이상을 적용한다. 다만, 건물 옥상에 시설하는 철탑의 경우 제1항의 풍압하중을 적용하고 철탑붕괴 시 인명 및 재산피해를 방지할 수 있도록 지선설치 등의 보강조치를 하여야 한다.

⑤ 다설지역에서는 제1항의 풍압하중 또는 통신선 또는 보조선에 비중 0.9의 빙설을 6mm의 두께로 부착한 경우에 상기 제1항 규정에 의한 풍압하중의 1/2배를 적용한 하중 중 큰 것을 적용한다.

⑥ 통신선 및 보조선을 고정하는 클램프 등의 자재는 통신선에 대한 제1항의 풍압하중 인가시 설계장력을 유지할 수 있어야 한다. 단, 이 기준 이외의 다른 기준에 의한 전주류에 설치되는 통신선의 경우에는 해당 기준에 의한 풍압하중을 적용한다.

[근거규정] 접지설비 · 구내통신설비 · 선로설비 및 통신공동구 기술기준 제9조

2.3.5 가공통신선 지지물의 등주방지

가공통신선의 지지물에는 취급자가 오르내리는데 사용하는 발디딤쇠 등을 지표상으로부터 1.8m 이상의 높이에 부착하여야 한다. 다만, 다음과 같은 경우에는 예외로 할 수 있다.

① 발디딤쇠 등이 지지물의 내부로 들어가는 구조인 경우

② 지지물 주위에 취급자 이외의 자가 들어갈 수 없도록 시설하는 경우

③ 지지물을 사람이 쉽게 접근할 수 없는 장소에 설치한 경우

[근거규정] 접지설비 · 구내통신설비 · 선로설비 및 통신공동구 기술기준 제10조

2.3.6 가공통신선의 높이

① 설치장소 여건에 따른 가공통신선의 높이는 다음과 같다.

1. 도로상에 설치되는 경우에는 노면으로부터 4.5m 이상으로 한다. 다만, 교통에 지장을 줄 우려가 없고 시공상 불가피할 경우 보도와 차도의 구별이 있는 도로의 보도상에서는 3m 이상으로 한다.

2. 철도 또는 궤도를 횡단하는 경우에는 그 철도 또는 궤조면으로부터 6.5m 이상으로 한다. 다만, 차량의 통행에 지장을 줄 우려가 없는 경우에는 그러하지 아니하다.
3. 7,000V를 초과하는 전압의 가공강전류전선용 전주에 가설되는 경우에는 노면으로부터 5m 이상으로 한다.
4. 제1호 내지 제3호 및 제2항 이외의 기타지역은 지표상으로부터 4.5m 이상으로 한다. 다만, 교통에 지장을 줄 염려가 없고 시공상 불가피한 경우에는 지표상으로부터 3m 이상으로 할 수 있다.

② 가공선로설비가 하천 등을 횡단하는 경우에는 선박 등의 운행에 지장을 줄 우려가 없는 높이로 설치하여야 하며, 헬리콥터 등의 안전운항에 지장이 없도록 안전표지(항공표지 등)가 설치되어야 한다.

[근거규정] 접지설비 · 구내통신설비 · 선로설비 및 통신공동구 기술기준 제11조

2.3.7 전주의 안전계수와 가공통신선의 지지물에 대한 예외

비상사태하에 있어서 재해의 예방과 구조, 교통, 통신, 전력의 공급과 확보 또는 질서의 유지에 필요한 통신을 행하기 위하여 설치하는 선로에 관하여는 절연전선 또는 케이블을 사용하는 것에 한하여 그 설치한 날로부터 1월내에는 제8조의 규정을 적용하지 아니한다.

[근거규정] 접지설비 · 구내통신설비 · 선로설비 및 통신공동구 기술기준 제12조

2.3.8 보호망

① 가공통신선이 가공강전류전선과 교차하거나 가공강전류전선과의 수평거리가 그 가공통신선 또는 가공강전류전선의 지지물 중 높은 것에 해당하는 거리 이하로 접근할 경우에 설치하는 보호망의 종류 및 구성은 다음과 같다.

1. 제1종 보호망
   가. 특별보안접지공사(접지저항이 10Ω 이하가 되도록 하는 접지공사를 말한다. 이하같다)를 한 금속선을 망상으로 할 것
   나. 보호망의 바깥둘레를 구성하는 금속선은 직경 3.5mm 이상의 동복강선 또는 직경 5mm의 경동선이나 이와 동등 이상의 강도의 것을 사용하고, 기타의 부분을 구성하는 금속선은 직경 3.5mm 이상의 동복강선 또는 직

경 4mm의 경동선이나 이와 동등 이상의 강도의 것을 사용할 것

다. 병행하는 금속선 상호간의 거리는 각각 1.5m 이하로 할 것

2. 제2종 보호망

가. 보안접지공사(접지저항이 100Ω 이하가 되도록 하는 접지공사를 말한다. 이하같다)를 한 금속선을 망상으로 할 것

나. 세로선은 직경 3.5mm 이상의 동복강선 또는 직경 4mm의 경동선이나 이와 동등 이상의 강도를 가진 것을 사용할 것

다. 가로선은 직경 2.6mm의 경동선이나 이와 동등 이상의 강도를 가진 것을 사용할 것

라. 병행하는 금속선 상호간의 거리는 각각 1.5m 이하로 할 것

② 제1항의 규정에 의한 보호망의 설치는 다음과 같이 한다.

1. 보호망과 가공통신선 및 가공강전류전선 간의 수직이격거리는 각각 60cm 이상으로 한다. 다만, 제2종 보호망에 있어서 공사상 부득이한 경우에는 그 수직거리를 30cm 이상으로 할 수 있다.
2. 보호망이 가공통신선 및 가공강전류전선의 밖으로 펼쳐지는 폭은 보호망과 가공통신선 간의 수직거리의 1/2에 상당하는 길이(그 길이가 30cm 미만이 되는 경우는 30cm) 이상으로 한다.
3. 제2종 보호망은 제1종 보호망으로 대체할 수 있으나 제1종 보호망은 제2종 보호망으로 대체할 수 없다.

[근거규정] 접지설비 · 구내통신설비 · 선로설비 및 통신공동구 기술기준 제13조

2.3.9 보호선

① 가공통신선이 가공강전류전선과 교차하거나 가공강전류전선과의 수평거리가 그 가공통신선 또는 가공강전류전선의 지지물 중 높은 것에 해당하는 거리 이하로 접근할 경우에 설치하는 보호선의 종류 및 구성은 다음과 같다.

1. 제1종 보호선

가. 직경 3.5mm 이상의 동복강선 또는 직경 5mm의 경동선이나 이와 동등 이상의 강도를 가진 것을 2조 이상으로 구성하고, 보안접지공사를 할 것

나. 보호선의 금속선 상호간의 간격은 75cm 이하로 할 것

2. 제2종 보호선

가. 직경 3.5mm 이상의 동복강선 또는 직경 4mm의 경동선이나 이와 동등 이상의 강도를 가진 것을 2조 이상으로 구성하고, 보안접지공사를 할 것

② 제1항의 규정에 의한 보호선의 설치는 다음과 같이 하여야 한다.

1. 가공통신선과 45°를 넘는 각도로 교차하여야 한다.
2. 보호선과 가공통신선 간의 수직이격거리는 60cm 이상으로 한다.
3. 보호선이 가공통신선의 밖으로 펼쳐지는 길이는 보호선과 가공통신선 간 수직거리의 1/2에 상당하는 길이(그 길이가 30cm 미만일 경우에는 30cm) 이상으로 한다.
4. 제2종 보호선은 제1종 보호선으로 대체할 수 있으나, 제1종 보호선은 제2종 보호선으로 대체할 수 없다.

[근거규정] 접지설비 · 구내통신설비 · 선로설비 및 통신공동구 기술기준 제14조

2.3.10 가공통신선과 저압 또는 고압의 가공강전류전선과의 접근 또는 교차

① 가공통신선이 저압 또는 고압의 가공강전류전선과 교차하거나 가공강전류전선과의 수평거리가 그 가공통신선 또는 가공강전류전선의 지지물 중 높은 것에 해당하는 거리 이하로 접근할 경우의 이격거리는 〈표 2-5〉와 같다. 다만, 가공통신선은 가공강전류전선 아래에 설치하여야 한다.

〈표 2-5〉

가공강전류전선의 사용전압 및 종별		이격거리
저 압	고압 강전류절연전선, 특고압 강전류절연전선 또는 케이블	30cm 이상(강전류전선설치자의 승낙을 얻었을 경우에는 15cm 이상)
	강전류절연전선	60cm 이상(강전류전선설치자의 승낙을 얻었을 경우에는 30cm 이상)
고 압	강전류케이블	40cm 이상
	고압 강전류절연전선, 특고압 강전류절연전선	80cm 이상

② 가공통신선이 저압 또는 고압의 가공강전류전선과의 수평거리가 그 가공통신선 또는 가공강전류전선의 지지물 중 높은 것에 해당하는 거리 이하로 접근할 경우, 다음과 같은 규정에 의해 가공통신선을 가공강전류전선 위에 설치할 수 있다.

1. 공사상 부득이 하고, 가공통신선의 지지물이 다음의 규정에 의해 설치될 경우
   가. 가공통신선과 가공강전류전선 간의 이격거리가 제1항의 규정에 의할 경우
   나. 목주의 경우에는 말구경이 12cm 이상이며 안전계수가 1.3 이상일 경우
   다. 가공통신선이 5° 이하의 수평각도를 이루는 직선부분을 지지하는 지지물 간의 거리차가 크거나 5° 이상의 수평각도를 이루는 개소 또는 전주의 안전계수가 1.2 미만인 경우, 이를 보강할 수 있는 지선 또는 지주를 설치할 경우
2. 가공통신선과 가공강전류전선 간의 수평거리가 2.5m 이상이고, 가공통신선 지지물이 도괴시에 가공강전류전선과 접촉할 우려가 없는 경우

[근거규정] 접지설비 · 구내통신설비 · 선로설비 및 통신공동구 기술기준 제15조

2.3.11 가공통신선과 특고압의 가공강전류전선과의 접근

① 가공통신선이 특고압의 가공강전류전선과의 수평거리가 그 가공통신선 또는 가공강전류전선의 지지물 중 높은 것에 해당하는 거리 이하로 접근할 경우에 다음과 같은 규정에 의해 가공통신선을 가공강전류전선 아래에 설치하여야 한다.

1. 가공통신선과 가공강전류전선과의 수평거리가 3m 이상인 경우의 이격거리는 제7조제2항제2호의 규정에 의하여 설치하여야 한다.
2. 가공통신선과 가공강전류전선과의 수평거리가 3m 미만인 경우에는 다음의 규정에 의하여 설치하여야 한다.
   가. 가공통신선과 가공강전류전선과의 이격거리는 제7조제2항제2호의 규정에 의하여야 한다.
   나. 가공통신선과 가공강전류전선과의 수평이격거리는 2m 이상으로 한다. 다만, 다음의 규정에 의할 경우에는 예외로 할 수 있다.
      (1) 가공통신선이 직경 5mm의 경동선이나 이와 동등 이상의 강도를 가진 절연전선 또는 케이블일 경우
      (2) 가공통신선을 직경 4mm의 아연도금 철선이나 이와 동등 이상의 강도의 것으로 조가하여 설치한 경우
      (3) 가공통신선이 15m 이하의 인입선일 경우
      (4) 가공통신선과 가공강전류전선과의 수직거리가 6m 이상인 경우
      (5) 가공통신선과 가공강전류전선 사이에 제2종 보호선을 설치하는 경우.

다만, 가공강전류전선이 제2종 특별보안공사(「전기사업법」 제67조 규정에 의하여 고시된 기술기준에 의한다. 이하 같다)를 하지 않은 경우에 제1종 보호망을 설치하는 경우

(6) 가공강전류전선이 특고압 강전류절연전선 또는 강전류케이블이며, 그 사용전압이 35,000V 이하인 경우

3. 가공통신선과 가공강전류전선과의 수평거리가 3m 미만이 되는 길이가 연속하여 50m 이하로 설치되어야 한다.
4. 가공강전류전선의 전주와 전주사이에서 가공통신선과 가공강전류전선과의 수평거리가 3m 미만으로 되는 부분의 길이의 합계가 50m 이하로 설치하여야 한다.
5. 제3호, 제4호 규정에도 불구하고 다음과 같은 경우에는 50m를 초과하여 설치할 수 있다.
   가. 가공강전류전선의 전압이 35,000V 이하이고 제2종 특별보안공사에 의해 설치된 경우
   나. 가공강전류전선의 전압이 35,000V를 초과하고 제1종 특별보안공사(「전기사업법」 제67조 규정에 의하여 고시된 기술기준에 의한다. 이하 같다)에 의해 설치된 경우
6. 제2호의 제2종 보호선 또는 제1종 보호망과 특고압의 가공강전류전선과의 수직이격거리는 제7조제2항제2호의 규정에 의한다.

② 가공통신선과 가공강전류전선 간의 수평거리가 3m 이상이고, 가공통신선의 지지물이 도괴 시에 가공강전류전선과 접촉할 우려가 없거나 다음과 같은 규정에 의할 경우에는 가공통신선을 위에 설치할 수 있다.

1. 가공통신선과 가공강전류전선의 이격거리를 제7조제2항제2호에 의할 경우
2. 가공통신선과 그 지지물이 다음과 같은 규정에 의해 설치되는 경우. 다만, 가공강전류전선이 케이블이고, 그 사용전압이 35,000V 이하인 경우에는 포함되지 아니한다.
   가. 가공통신선이 케이블 또는 직경 5mm의 연동선이나 이와 동등 이상의 강도를 가진 절연전선인 경우
   나. 목주는 말구경이 12cm 이상이며 안전계수가 1.5 이상인 경우
   다. 가공강전류전선과 접근하는 반대쪽에 지선을 설치한 경우

라. 가공통신선이 5° 이하의 수평각도를 이루는 직선부분을 지지는 지지물 간의 거리차가 크거나, 5° 이상의 수평각도를 이루는 개소 또는 전주의 안전계수가 1.5 미만인 경우에는 이를 보강할 수 있는 지선 또는 지주를 설치하는 경우

[근거규정] 접지설비 · 구내통신설비 · 선로설비 및 통신공동구 기술기준 제16조

2.3.12 가공통신선과 특고압의 가공강전류전선과의 교차

① 가공통신선이 특고압의 가공강전류전선과 교차하는 경우에는 다음의 규정에 의해 가공강전류전선의 아래에 설치하여야 한다.

1. 가공통신선과 가공강전류전선의 이격거리는 제7조제2항제2호의 규정에 의한다.
2. 가공강전류전선에 제2종 특별보안공사가 되어 있는 경우에는 가공통신선과 가공강전류전선 사이에 제2종 보호선을 설치하여야 한다. 다만, 다음과 같은 경우에는 제2종 보호선을 설치하지 아니하여도 된다.
   가. 가공통신선(2 이상의 통신선이 수직으로 있는 경우에는 맨위의 것)이 케이블이거나 3.5mm의 동복강선, 직경 5mm의 경동선이거나 이와 동등 이상의 강도를 가진 것으로 조가하는 것일 경우
   나. 가공통신선이 전주로부터 15m 이하의 인입선일 경우
   다. 가공통신선과 가공강전류전선과의 수직거리가 6m 이상일 경우
   라. 가공통신선과 가공강전류전선 사이에 제1종 보호망을 설치할 경우
   마. 가공강전류전선이 강전류케이블 또는 특고압 강전류절연전선이며, 그 사용전압이 35,000V 이하인 것일 경우
3. 가공강전류전선에 제2종 특별보안공사가 되어 있지 않은 경우에는 가공통신선과 가공강전류전선 사이에 제2종 보호망을 설치하여야 한다.
4. 가공통신선 중 가공강전류전선과의 수평거리가 3m 미만으로 설치되는 부분의 길이가 연속하여 50m 이하로 설치되어야 한다. 다만, 다음과 같은 경우에는 예외로 할 수 있다.
   가. 가공강전류전선의 전압이 35,000V 이하이고, 제2종 특별보안공사가 되어 있는 경우
   나. 가공강전류전선의 전압이 35,000V를 초과하고, 제1종 특별보안공사가 되어 있는 경우

② 제1항제1호 내지 제2호 및 다음과 같은 규정에 의할 때는 가공통신선은 가공강전류전선의 위에 설치할 수 있다.

1. 가공강전류전선이 강전류케이블이고, 그 사용전압이 35,000V 이하인 경우
2. 가공강전류전선에 견고한 방호장치를 하며, 그 금속에 보안접지공사를 하고, 그 사용전압이 35,000V 이하인 경우

[근거규정] 접지설비 · 구내통신설비 · 선로설비 및 통신공동구 기술기준 제17조

2.3.13 가공통신선과 전차선과의 접근 또는 교차

① 가공통신선이 저압 또는 고압의 가공직류전차선 또는 이와 전기적으로 접속하는 조가용선(이하 "전차선 등"이라고 한다)과의 수평거리가 그 가공통신선 또는 전차선 등의 지지물 중 높은 것에 해당하는 거리 이하로 접근 또는 교차할 경우에는 다음의 규정에 의하여야 한다.

1. 가공통신선과 전차선 등과의 수평이격거리는 전차선이 저압일 경우는 60cm 이상, 고압일 경우에는 1.2m 이상으로 한다. 다만, 전차선 등의 설치자의 승낙을 얻는 경우에는 예외로 할 수 있다.
2. 가공통신선이 고압의 전차선 등과 45° 이하의 수평각도로 교차하거나 고압의 전차선 등과의 수평거리가 2.5m 이하인 경우에는 가공통신선과 전차선 등 사이에 제2종 보호망을 설치하여야 한다. 다만, 다음과 같은 경우에는 제2종 보호망을 설치하지 아니하여도 된다.
   가. 가공통신선과 고압의 전차선 등과의 수평거리가 1.2m 이상이고, 수직거리가 그 수평거리의 1.5배 이하인 경우
   나. 가공통신선과 전차선 등과의 수직거리가 6m 이상이고, 가공통신선이 케이블 또는 직경 5mm의 경동선이나 이와 동등 이상의 강도를 가진 절연전선인 경우
3. 가공통신선이 전차선 등과 45°를 초과하는 수평각도로 교차하는 경우에는 그 사이에 제1종 보호선을 설치하여야 한다. 다만, 전차선 등의 설치자의 승낙을 얻는 경우에는 예외로 할 수 있다.
4. 전차선 등과 보호선 또는 보호망과의 수직이격거리는 60cm 이상으로 한다. 다만, 전차선 등의 관리책임자의 승낙을 얻었을 때에는 30cm까지 할 수 있다.

② 가공통신선과 교류전차선의 수평거리가 그 가공통신선과 교류전차선의 지지물 중 높은 것에 해당하는 거리 이하로 접근할 경우에는 다음의 규정에 의하여야 한다.

1. 가공통신선과 교류전차선이 접근하는 경우에 수평거리는 3m 이상으로 하여야 하며, 가공통신선 또는 교류전차선의 절단이나 이들의 지지물이 도괴 시에는 접촉되지 않도록 설치하여야 한다.
2. 가공통신선과 교류전차선이 교차하는 경우에는 다음과 같이 설치하여야 한다.
   가. 가공통신선 또는 그 지지물과 교류전차선과의 이격거리는 2m 이상일 것
   나. 가공통신선은 케이블을 사용하고, 단면적이 38mm² 이상의 아연도금강연선으로서 인장하중이 3,000kg 이상인 것을 설치할 것
3. 목주는 말구경이 12cm 이상으로서 안전계수가 2.0 이상이여야 한다.
4. 전주(철탑은 제외)에는 통신선방향으로 교차하는 측의 반대측 및 통신선과 직각의 방향으로 그 양측에 지선을 설치한다.
5. 가공통신선이 5° 이하의 수평각도를 이루는 직선부분을 지지하는 지지물간의 거리차가 크거나, 5° 이상의 수평각도를 이루는 개소 또는 전주의 안전계수가 1.5 미만인 경우에는 이를 보강할 수 있는 지선 또는 지주를 설치하는 경우

[근거규정] 접지설비 · 구내통신설비 · 선로설비 및 통신공동구 기술기준 제18조

2.3.14 가공강전류전선과 동일의 지지물에 가설하는 가공통신선

① 가공통신선을 저압 또는 고압의 가공강전류전선과 2 이상 동일의 지지물에 연속하여 가설할 경우에는 다음과 같이 하여야 한다.

1. 가공통신선을 가공강전류전선 아래에 설치하여야 하고, 가공강전류전선의 완철과는 별도의 완철류에 설치하여야 한다. 다만, 가공강전류전선이 저압으로서 고압 강전류절연전선, 특고압 강전류절연전선, 강전류케이블이거나 가공통신선의 도체가 가공강전류전선에 내장 또는 외접하여 설치하는 광섬유인 때는 예외로 할 수 있다.
2. 가공통신선과 가공강전류전선의 이격거리는 〈표 2-6〉과 같다.

〈표 2-6〉

가공강전류전선의 사용전압 및 종별		이격거리
저 압	고압 강전류절연전선, 특고압 강전류절연전선 또는 강전류케이블	30cm 이상
	강전류절연전선	75cm 이상(설치자의 승낙을 얻었을 경우에는 60cm 이상)
고 압	강전류케이블	50cm 이상(설치자의 승낙을 얻었을 경우에는 30cm 이상)
	기타 강전류전선	1.5m 이상(설치자의 승낙을 얻었을 경우에는 1m 이상)

② 가공통신선을 저압 또는 고압의 가공강전류전선과 1의 동일의 지지물에 한하여 가설하는 경우의 이격거리는 제15조제1항의 규정에 의하여야 한다. 다만, 가공강전류전선 설치자의 승낙을 얻고, 그 사용전압이 고압으로서 케이블인 경우에는 30cm 이상, 고압강전류절연전선 또는 고압강전류절연전선인 경우에는 60cm 이상으로 할 수 있다.

③ 가공통신선을 저압 또는 고압 강전류전선과 동일의 지지물에 설치하는 경우, 가공통신선의 수직배선(지지물의 길이방향으로 설치되는 통신선, 강전류전선 및 그 부속물을 말한다. 이하 같다)은 가공강전류전선의 수직배선과 지지물을 사이에 두고 설치하여야 한다. 다만, 가공통신선의 수직배선이 가공강전류전선의 수직배선으로부터 1m 이상 떨어져 있거나 가공통신선의 수직배선이 케이블이고 가공강전류전선의 수직배선이 강전류케이블인 경우에 그들이 직접 혼촉할 염려가 없도록 지지물에 견고하게 설치할 때에는 지지물과 같은 방향으로 설치할 수 있다.

④ 가공통신선 [전력보안용(「전기사업법」 제67조 규정에 의하여 고시된 기술기준을 준용한다) 및 전기철도의 전용부지 내에 설치하는 전기철도인 것은 제외한다. 이하 이 항에서는 같다]은 특고압 가공강전류전선과 동일의 지지물에 설치하여서는 아니된다. 다만, 다음에 해당하는 경우에는 그러하지 아니할 수 있다.

1. 다음의 조건을 모두 만족하는 것일 것
   가. 가공강전류전선의 사용전압이 35,000V 이하일 것
   나. 가공강전류전선은 케이블 또는 단면적이 55mm^{2}의 경동연선이나 이와 동등 이상의 강도를 가진 연선을 사용할 것
   다. 가공강전류전선 아래에 별도의 완철류에 설치할 것

라. 가공통신선과 가공강전류전선과의 이격거리는 2m 이상으로 할 것

2. 가공통신선의 도체가 가공강전류전선에 내장 또는 외접하여 설치하는 광섬유일 것

[근거규정] 접지설비 · 구내통신설비 · 선로설비 및 통신공동구 기술기준 제19조

2.3.15 강전류전선에 중첩하는 전기통신회선의 보안

강전류전선에 중첩하는 전기통신회선은 [그림 2]와 같은 보안장치이거나 이와 동등한 보안기능을 가지는 장치로 한다.

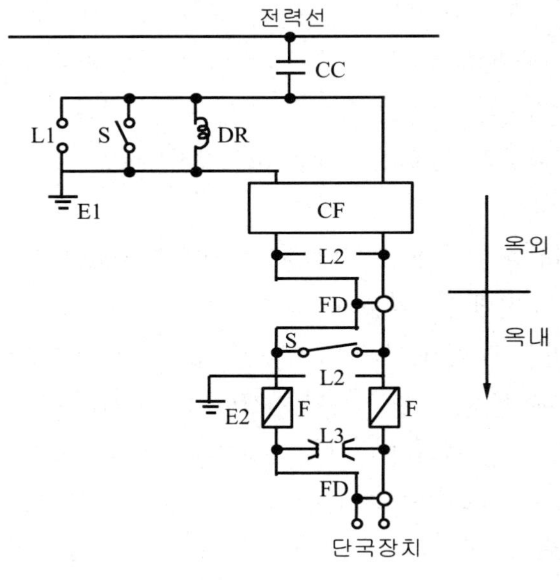

주 : CC : 결합콘덴서(결합안테나를 포함한다)
CF : 결합필터
L_1 : 동작개시전압이 교류 2,000V 이상 3,000V 이하로 조정된 구상방전캡
L_2 : 동작개시전압이 교류 1,300V 이상 1,600V 이하로 조정된 구상방전캡
L_3 : 교류 300V 이하에서 동작하는 피뢰기
F : 정격전류 10A 이하의 포장퓨즈
S : 접지용 개폐기
DR : 전류용량 2A 이상의 배류선륜
FD : 동축케이블
E_1 및 E_2 : 각각 단독의 접지

[근거규정] 접지설비 · 구내통신설비 · 선로설비 및 통신공동구 기술기준 제20조

[그림 2]

2.3.16 지중통신선

① 지중통신선을 지중강전류전선으로부터 30cm(지중강전류전선이 특고압일 경우에는 60cm) 이내의 거리에 설치하는 경우에는 지중통신선과 지중강전류전선 간에는 설치장소에서 발생할 수 있는 화염에 견딜 수 있는 격벽을 설치하여야 한다. 다만, 전기용품안전관리법에 의한 전기용품기술기준 중 수직트레이 불꽃시험에 적합한 보호피복을 사용하고 상호 접촉되지 아니하도록 설치하는 경우로서 지중강전류전선 설치자의 승낙을 얻은 경우에는 예외로 할 수 있다.

② 지중통신선의 금속체의 피복 또는 관로는 지중강전류전선의 금속체의 피복 또는 관로와 전기적 접촉이 있어서는 아니된다. 다만, 전기철도 또는 전기궤도의 귀선으로부터 누출되는 직류전선에 의한 부식 또는 강전류설비로부터 방송통신설비에 유입되는 위험전류를 방지하거나 제한하기 위하여 퓨즈 · 개폐기 또는 이와 유사한 보안장치를 통하여 접속하는 경우에는 예외로 할 수 있다.

[근거규정] 접지설비 · 구내통신설비 · 선로설비 및 통신공동구 기술기준 제21조

제22조(해저통신선) 해저통신선은 해저 강전류전선으로부터 500m 이내의 거리에 접근하여 설치하여서는 아니된다. 다만, 인체 또는 물건에 대한 위해방지설비를 하는 경우에는 예외로 할 수 있다.

[근거규정] 접지설비 · 구내통신설비 · 선로설비 및 통신공동구 기술기준 제22조

2.3.17 옥내통신선 이격거리

① 옥내통신선은 300V 초과 전선과의 이격거리는 15cm 이상, 300V 이하 전선과의 이격거리는 6cm 이상(애자사용 전기공사 시 전선과 이격거리는 10cm 이상)으로 하고 도시가스배관과는 혼촉되지 않도록 한다.

② 제1항의 규정에도 불구하고 다음의 경우에는 그러하지 아니할 수 있다.

1. 옥내통신선이 절연선 또는 케이블이거나 광섬유케이블(전도성 인장선이 없는 것)일 경우(전선 또는 전선관과 접촉이 되지 아니하여야 함).
2. 전선이 케이블(캡타이어 케이블을 포함한다)일 경우(옥내통신선과 접촉되지 아니하여야 함)
3. 전선이 57V(15.4W) 이하의 직류 전원을 공급하는 경우
4. 전선(300V 이하로서 케이블이 아닌 경우)과 옥내통신선 간에 절연성의 격벽

을 설치할 때 또는 전선을 전선관(절연성 · 난연성 및 내수성을 갖춘 것)에 수용하여 설치한 경우

5. 통신선과 전선을 별도의 배관에 수용하여 설치하는 경우

③ 옥내통신선과 전선을 동일의 관 · 덕트 · 트레이 · 함 또는 인출구(이하 "관 등"이라 한다)에 수용할 경우에는 그 관 등의 내부에 옥내통신선과 전선을 분리하기 위하여 견고한 격벽(난연성을 갖춘것)을 설치하여야 하고, 그 관 등의 금속제의 부분에는 제5조 규정에 준하여 접지를 한다.

[근거규정] 접지설비 · 구내통신설비 · 선로설비 및 통신공동구 기술기준 제23조

2.3.18 지하관로 공수

① 사업자가 설치하는 지하관로의 공수는 "수용케이블 조수+예비관 공수"로 적용한다

② 제1항의 규정에 의한 수용케이블 조수는 "계획케이블 조수×환경배율"로 적용한다.

1. 계획케이블 조수

종 류	조수산출(단위 : 조)	비 고
시내케이블	1. 종국용량 1,000회선 이하 국소=1 2. 종국용량 10,000회선 미만 국소 =종국용량×피더케이블 공급배율÷1,200 3. 종국용량 10,000회선 이상 국소 가. 특별시, 광역시, 인구과밀지역 =종국용량×피더케이블 공급배율÷2,700 나. 인구과밀지역을 제외한 중소도시 =종국용량×피더케이블 공급배율÷2,400 다. 군 이하 지역 =종국용량×피더케이블 공급배율÷1,500	1. 종국용량은 15년 후의 예상수요수로 한다. 2. 신규서비스계획 또는 선로유지보수 등에 필요한 관로의 수요 발생은 계획케이블조수 산출시에 추가 반영한다. 3. 피더케이블 공급배율은 일반적으로 1.43을 적용한다.
중계 및 시외케이블과 기타 수요	장기계획에 의해 적용	

2. 환경배율

적용 구간	배 율
사유지, 수요변동이 적은 외딴섬, 벽지 등	1
일반도로, 보도구간	1.3
고속도로, 유료도로, 고급 보도블록도로 및 철근으로 보강 또는 동상방지된 도로로서 재굴착이 극히 어려운 도로	2
교량첨가, 터널, 궤도횡단, 간선도로횡단, 지하철, 지하상가, 지하에 설치하는 주차장 및 공동구로 지정된 구간으로서 영구시설물 등 때문에 장래 증설이 극히 어려운 구간	2

③ 제1항의 규정에 의한 예비관 공수는 다음과 같이 산출한다.

수용케이블 조수	예비관 공수
1 이상 10 이하	1
11 이상 20 이하	2
21 이상	3

[근거규정] 접지설비 · 구내통신설비 · 선로설비 및 통신공동구 기술기준 제24조

2.3.19 지하관로의 관경

사업자가 설치하는 지하관로의 관경은 다음과 같이 사용한다. 다만, 지하관로를 사용하지 않고 직접 매설할 수 있는 광섬유케이블 보호관의 관로관경은 예외로 할 수 있다.

용 도	지하관로 적용관경
주관로, 배선관로	100mm 이상
인상분선관로(인수공과 전주간)	36mm 내지 80mm

[근거규정] 접지설비 · 구내통신설비 · 선로설비 및 통신공동구 기술기준 제25조

2.4 구내통신설비 설치

2.4.1 국선의 인입

① 국선인입을 위한 관로, 맨홀, 핸드홀 및 전주 등 구내통신선로설비는 사업자의 맨홀, 핸드홀 또는 인입주로부터 건축물의 최초 접속점까지의 인입거리가 가능한 최단거리가 되도록 설치하여야 한다.

② 국선을 지하로 인입하는 경우에는 배관, 맨홀 및 핸드홀 등을 〈표 2-7〉 제1호에 준하여 설치하여야 한다. 다만, 다음의 하나에 해당하는 경우에는 구내의 맨홀 또는 핸드홀을 설치하지 아니하고 〈표 2-8〉 제2호에 준하여 설치할 수 있다.

1. 인입선로의 길이가 246m 미만이고 인입선로상에서 분기되지 않는 경우
2. 5회선 미만의 국선을 인입하는 경우

③ 건축주가 5회선 미만의 국선을 지하로 인입시키기 위해 사업자가 이용하는 인입맨홀 · 핸드홀 또는 인입주까지 지하배관을 설치하는 경우에는 별표 2의1 표준도에 준하여 설치하여야 한다.

④ 국선을 가공으로 인입하는 경우에는 〈표 2-9〉의 표준도에 준하여 설치하며, 사업자는 국선을 인입배관으로 인입하고 이용자가 서비스 이용계약을 해지한 후 30일 이내에 인입선로를 철거하여야 한다.

⑤ 종합유선방송설비의 인입을 위한 배관의 공수는 1공 이상으로 하며, 인입관로상 맨홀 및 핸드홀 등은 구내통신선로설비의 맨홀 및 핸드홀 등과 공용으로 사용할 수 있다.

[근거규정] 접지설비 · 구내통신설비 · 선로설비 및 통신공동구 기술기준 제26조

〈표 2-7〉 지하인입관로의 표준도(제26조제2항 관련)

1. 맨홀을 설치하여 국선단자함에 수용하는 경우

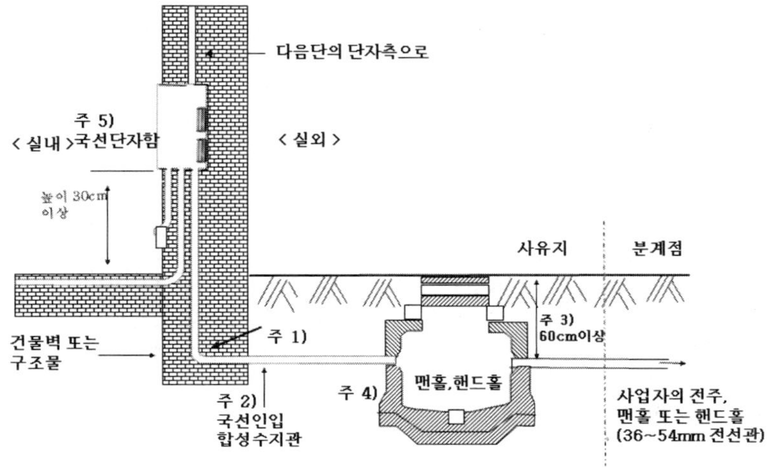

주 : 1) R≥6ϕ(ϕ는 관내경으로서 선로외경의 2배 이상일 것)
2) 내부식성 금속관 또는 KS C 8455 동등규격 이상의 합성수지관
3) 토피의 두께는 60cm 이상일 것(차도의 경우에는 100cm 이상일 것)
4) 맨홀 또는 핸드홀은 외부하중 및 충격에 충분히 견딜 수 있는 강도와 내구성을 갖출 것
5) 국선단자함은 실내에 설치할 것

2. 맨홀을 설치하지 않고 국선단자함에 수용하는 경우

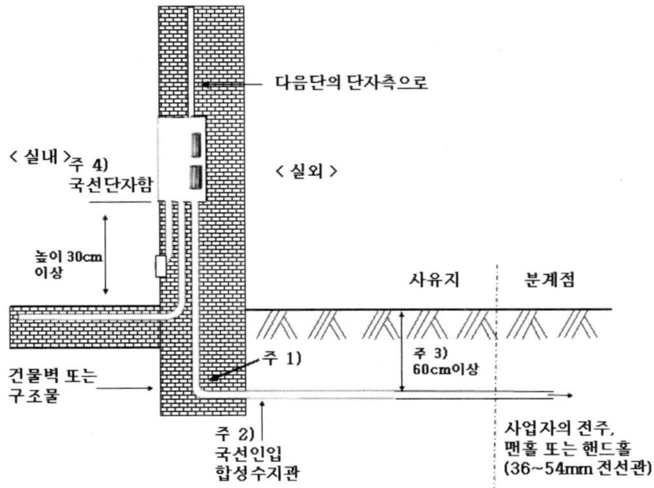

주 : 1) R≥6ϕ(ϕ는 관내경으로서 선로외경의 2배 이상일 것)
2) 내부식성 금속관 또는 KS C 8455 동등규격 이상의 합성수지관
3) 토피의 두께는 60cm 이상일 것(차도의 경우에는 100cm 이상일 것)
4) 국선단자함은 실내에 설치할 것

〈표 2-8〉 지하인입관로의 사업자 설비 연결표준도(제26조제3항 관련)

1. 사업자의 맨홀에 연결하는 경우

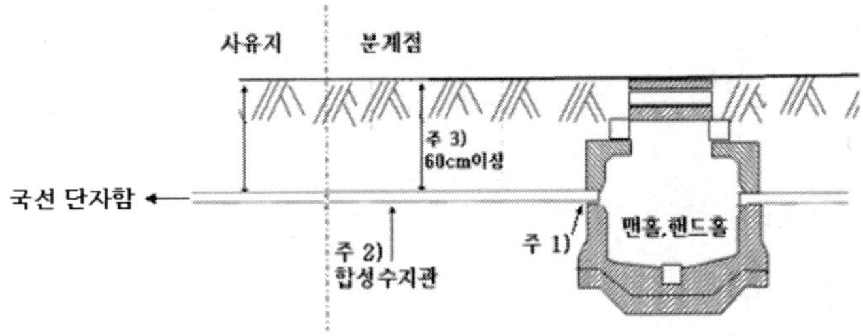

주 : 1) 맨홀 및 핸드홀 연결방법은 사업자와 협의하여 결정
2) 내부식성 금속관 또는 KS C 8455 동등규격 이상의 합성수지관
3) 토피의 두께는 60cm 이상일 것(차도의 경우에는 100cm 이상일 것)

2. 사업자의 전주에 연결하는 경우

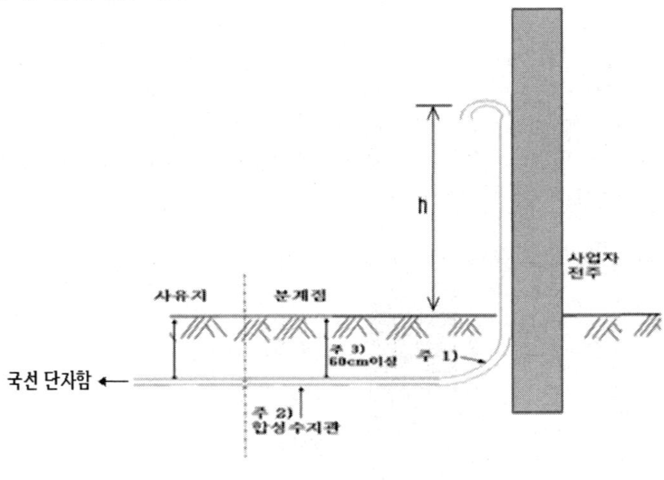

주 : 1) R≥6ϕ(ϕ는 관내경으로서 선로외경의 2배 이상일 것)
2) 내부식성 금속관 또는 KS C 8455 동등규격 이상의 합성수지관
3) 토피의 두께는 60cm 이상일 것(차도의 경우에는 100cm 이상일 것)
4) '인입배관의 높이(h)'는 20cm 이상 50cm 이하일 것

〈표 2-9〉 가공인입의 표준도(제26조제4항 관련)

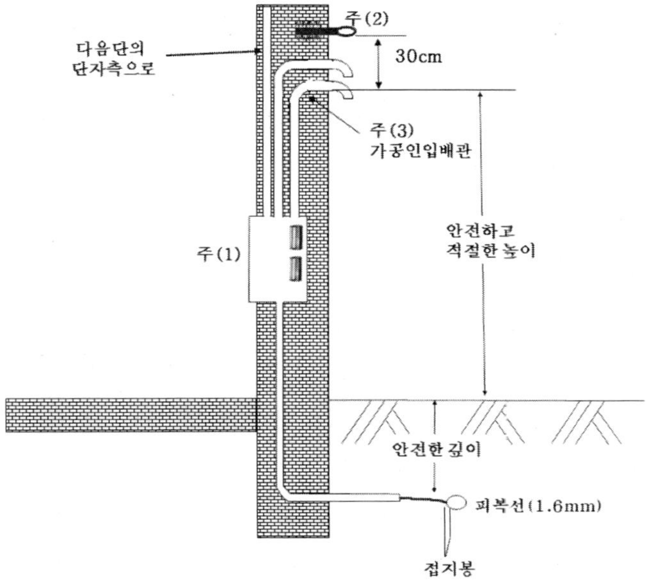

주 : 1) 국선단자함
2) 인입배선 지지용 용융아연도금 앙카볼트(직경 16mm 이상)
3) 인입케이블 또는 인입선용의 관으로 양측에는 절연부싱이 있어야 하고 인입측은 침수되지 아니하도록 곡처리되어야 한다.

2.4.2 국선의 인입배관

국선의 인입배관은 국선의 수용 및 교체, 증설이 용이하게 시공될 수 있는 구조로서 다음과 같이 설치되어야 한다.

① 배관의 내경은 선로외경(다조인 경우에는 그 전체의 외경)의 2배 이상이 되어야 하며, 주거용건축물 중 공동주택의 인입배관의 내경은 다음 각 목의 기준을 만족하여야 한다.

1. 20세대 이상의 공동주택 : 최소 54mm 이상
2. 20세대 미만의 공동주택 : 최소 36mm 이상

② 국선 인입배관의 공수는 주거용 및 기타건축물의 경우에는 1공 이상의 예비공을 포함하여 2공 이상, 업무용건축물의 경우에는 2공 이상의 예비공을 포함하여 3공 이상으로 설치하여야 한다. 다만, 통신구 또는 트레이 등의 설비를 설치할 경우에는 향후 증설을 고려하여 여유공간을 확보한다.

[근거규정] 접지설비 · 구내통신설비 · 선로설비 및 통신공동구 기술기준 제27조

2.4.3 구내배관

① 구내에 설치되는 건물의 옥내 · 외에는 선로를 용이하게 설치하거나 철거할 수 있도록 한국산업표준 규격의 배관, 덕트 또는 트레이 등의 시설을 설치하여야 하고 주택에 홈네트워크설비를 설치하는 경우 세대단자함과 홈네트워크 주장치간에는 홈네트워크용 배관을 1공 이상 설치하여야 한다. 다만 제5항제2호의 규정보다 통신용 배관에 여유가 있는 경우에는 공동으로 사용할 수 있으며 통신소통에 지장이 없도록 하여야 한다.

② 구내간선계 및 건물간선계의 배관 공수는 동등 이상 내경을 가진 예비공 1공 이상을 포함하여 2공 이상을 설치하여야 한다. 다만, 트레이 및 덕트 등을 설치할 경우에는 향후 증설을 고려하여 여유공간을 확보한다.

③ 수평배선계의 배관은 성형구조 또는 성형배선이 가능한 구조이어야 한다.

④ 업무용건축물로서 구내선이 7.5m를 넘는 실내(고정된 벽 등으로 반영구적으로 구분된 장소)에는 다음과 같이 바닥덕트 또는 배관을 설치하여야 한다.

1. 바닥덕트 또는 배관은 실내의 용도와 규모를 고려하여 성형 또는 망형 등으로 설치하여야 한다.
2. 바닥덕트 또는 배관의 매구간 교차점 또는 완곡부에는 각 1개씩의 실내접속함을 설치하여야 하며 실내접속함의 간격은 7.5m 이내가 되도록 하여야 한다. 다만, 직선관로로서 선로작업에 지장이 없는 경우에는 간격을 12.5m 이내로 할 수 있다.
3. 접속함 및 인출구는 상면에 돌출되거나 침수되지 않도록 설치하여야 한다.

⑤ 구내에 설치되는 옥내 · 외 배관의 요건은 다음과 같다.

1. 배관은 외부의 압력 또는 충격 등으로부터 선로를 보호할 수 있는 기계적 강도를 가진 내부식성 금속관 또는 한국산업표준 KS C 8454(지하에 매설되는 배관의 경우에는 KS C 8455) 동등규격 이상의 합성수지제 전선관을 사용하여야 한다.
2. 배관의 내경은 배관에 수용되는 케이블단면적의 총합계가 배관단면적의 32% 이하가 되도록 하여야 한다.
3. 배관의 굴곡은 가능한 완만하게 처리하여야 하되, 곡률반경은 배관내경의 6배 이상으로 한다. 이 경우 엘보우 등 부가장치를 사용하여서는 아니된다.
4. 배관의 1구간에 있어서 굴곡개소는 3개소 이내이어야 하며, 1개소의 굴곡 각

도는 90°(도) 이내로 하며 3개소의 합계는 180°(도) 이내이어야 한다.

⑥ 옥내에 설치하는 덕트의 요건은 다음과 같다.

1. 덕트는 선로를 용이하게 수용할 수 있는 구조와 유지 · 보수를 위한 충분한 공간을 갖추어야 하며, 수직으로 설치된 덕트의 주변에는 선로의 포설, 유지 및 보수의 작업을 용이하게 할 수 있는 디딤대 등을 설치하여야 한다.
2. 덕트의 내부에는 선로의 포설에 필요한 선로 받침대를 60cm 내지 150cm의 간격으로 설치하여야 한다. 다만, 선로용 배관을 따로 설치하는 경우에는 그러하지 아니하다.
3. 덕트의 내부에는 유지 · 보수 작업용 조명 또는 전기콘센트가 설치되어야 한다. 다만, 바닥덕트의 경우에는 그러하지 아니하다.

[근거규정] 접지설비 · 구내통신설비 · 선로설비 및 통신공동구 기술기준 제28조

2.4.4 국선수용 및 국선단자함

① 구내로 인입된 국선은 구내선과의 분계점에 설치된 주단자함 또는 주배선반(이하 "국선단자함"이라 한다)에 수용하여야 한다.

② 국선단자함은 다음과 같이 구분하여 설치하여야 한다. 다만, 구내교환기를 설치하는 경우에는 주배선반에 수용하여야 한다.

1. 광섬유케이블 또는 300회선 미만의 동케이블을 수용하는 경우 : 주단자함 또는 주배선반
2. 300회선 이상의 동케이블을 수용하는 경우 : 주배선반

③ 국선단자함은 다음 각 호와 같이 설치 및 관리를 하여야 한다.

1. 이용자는 국선단자함 및 구내케이블을 수용하기 위한 단자를 설치하고 운영 · 관리를 하여야 한다.
2. 사업자는 국선을 수용하기 위한 단자 및 보호기를 국선단자함에 설치하여야 한다. 다만, 국선이 광케이블인 경우는 보호기를 설치하지 아니할 수 있다.
3. 사업자는 보호기를 설치하는 경우 국선단자함에서 보호기를 통하여 국선과 이용자 구내케이블간의 회선접속을 하여야 하며, 이용자가 회선접속 정보를 요구할 경우에는 관련 정보를 제공하여야 한다.

④ 국선단자함은 다음의 요건을 갖추어야 하며 세부사항은 〈표 2-10〉과 같다.

〈표 2-10〉 국선단자함 등의 요건(제29조제4항 관련)

구 분		주배선반 또는 주단자함	
		동케이블	광섬유케이블
전기적 특성	절연저항	50MΩ 이상	–
	접속저항	0.01Ω 이하	–
구성 요건	보호 및 지지물	함체 또는 지지대	
	단자 또는 접속어댑터	배선 케이블 등급과 동등 이상의 성능	삽입손실 0.5dB 이하3)
	회선표시물	각인 또는 표시판	
	개폐장치	잠금장치가 구비된 문	
	보호장치	휴지기능, 피뢰기능 및 접지기능	접지기능
	전원시설	AC 전원단자	
	크기	$0.2m^2$ 이상(깊이 80mm 이상)4)	

주 : 1) 절연저항 측정조건 : 상온 및 상습상태에서 보호 · 지지물과 접속자 간 및 접속자 상호간
2) 접속저항 측정조건 : 정상 배선연결 시 접속자와 배선 간
3) 삽입손실은 광섬유케이블 접속에 대한 손실임
4) 함체의 크기는 필요한 기기 또는 보호장치를 수용할 수 있고, 작업에 지장이 없도록 한 변의 길이는 400mm 이상일 것
5) 외부에 노출되게 설치되는 주배선반은 잠금장치를 구비할 것
6) 국선단자함과 장치함을 별도로 설치하는 경우에는 국선단자함과 장치함 구간에 28mm 이상 배관 1개 이상을 설치할 수 있다.

[근거규정] 접지설비 · 구내통신설비 · 선로설비 및 통신공동구 기술기준 제29조

1. 국선단자함은 국선수용 단자, 단자반 및 보호기를 설치할 수 있는 충분한 공간 및 구조를 갖추어야 하며 관로의 분계점과 가장 가까운 곳에 설치한다.
2. 국선단자함은 실내에 설치하고 다음 각 목의 장소에 설치하여서는 아니되며, 선로를 수용할 단자함의 하부는 바닥으로부터 30cm 이상에 시설되어야 한다.
   가. 세면실, 화장실, 보일러실, 발전기계실
   나. 분진 · 유해가스 및 부식증기를 접하는 장소
   다. 소화 호수시설을 갖춘 벽장 내

2.4.5 중간단자함 및 세대단자함

① 선로를 용이하게 수용하기 위한 접속함(선로간을 직접 연결하기 위한 함) 또는 중간단자함(국선단자함과 세대단자함의 사이에 설치하는 단자함) 등은 국선단

자함으로부터 세대단자함까지의 구간 중에서 다음에 해당하는 장소에 설치되어야 한다.

1. 제28조제5항제4호의 규정에 부적합한 배관의 굴곡점
2. 선로의 분기 및 접속을 위하여 필요한 곳

② 주거용건축물 중 공동주택의 경우에는 세대별로 배선의 인입 및 분기가 용이하도록 세대단자함을 설치하여야 한다. 단, 세대 내에서 분기가 없는 기숙사 및 「주택법 시행령」 제3조제1항제2호에서 규정하는 원룸형 주택의 모든 요건을 갖춘 주택은 제외한다.

③ 제1항 및 제2항의 규정에 의한 중간단자함 및 세대단자함의 요건은 〈표 2-11〉과 같다.

〈표 2-11〉 중간단자함 또는 세대단자함 등의 요건(제30조제3항)

구 분		중간단자함 또는 세대단자함	
		동케이블	광섬유케이블
전기적 특성	절연저항	50MΩ 이상	–
	접속저항	0.01Ω 이하	–
구성 요건	보호 및 지지물	함체 또는 지지대	
	단자 또는 접속어댑터	배선 케이블 등급과 동등 이상의 성능	삽입손실 0.5dB 이하[5)]
	회선표시물	각인 또는 표시판	
	개폐장치	문[6)]	
	보호장치	접지기능[7)]	접지기능
	전원시설	AC전원 단자[8)]	AC전원 단자

주 : 1) 절연저항 측정조건 : 상온 및 상습상태에서 보호 · 지지물과 접속자 간 및 접속자 상호간
2) 접속저항 측정조건 : 정상 배선연결 시 접속자와 배선 간
3) 함체의 크기는 필요한 용량을 충분히 수용할 수 있고 작업에 지장이 없을 것
4) 보호장치의 접지기능은 함체가 금속으로 된 경우에 한한다.
5) 삽입손실은 단자함 내의 광섬유케이블 접속에 대한 손실임
6) 중간단자함과 외부에 노출되게 설치되는 세대단자함은 잠금장치를 구비할 것
7) 세대단자함의 보호장치는 홈네트워크설비를 설치하는 경우에 한한다.
8) 중간단자함과 세대단자함의 전원시설은 홈네트워크설비를 설치하는 경우에 한한다.

[근거규정] 접지설비 · 구내통신설비 · 선로설비 및 통신공동구 기술기준 제30조

2.4.6 회선종단장치

① 주거용건축물의 통신용 인출구는 모듈러잭이나 동축커넥터 또는 광인출구 등으로 종단하여야 한다.

② 업무용 및 기타건축물의 경우에는 각 실별(고정된 벽 등으로 반영구적으로 구분된 장소) 단위로 제1항의 통신용 인출구 또는 통신용 단자함으로 종단하여야 한다.

③ 인출구의 효율적인 사용을 위하여 통신용선로, 방송공동수신설비, 홈네트워크설비 등을 하나의 인출구로 종단할 경우에는 선로상호간 누화로 인한 통신소통에 지장이 없도록 하여야 한다.

[근거규정] 접지설비 · 구내통신설비 · 선로설비 및 통신공동구 기술기준 제31조

2.4.7 구내통신선의 배선

구내통신선은 다음과 같은 선로로 설치하여야 한다.

① 옥내에 설치하는 통신선은 100MHz 이상의 전송대역을 갖는 꼬임케이블(이하 "꼬임케이블"이라 한다), 광섬유케이블, 동축케이블을 사용하여야 한다.

② 옥외에 설치하는 선로는 옥외용 꼬임케이블, 옥외용 광섬유케이블, 동축케이블을 사용하여야 한다.

[근거규정] 접지설비 · 구내통신설비 · 선로설비 및 통신공동구 기술기준 제32조

2.4.8 구내배선 요건

① 주거용건축물에 설치하는 구내배선은 다음의 기준에 적합하게 설치되어야 한다.

1. 두 개 이상의 공동주택이 하나의 단지를 형성할 때는 국선단자함이 설치된 공동주택에서 각 공동주택별로 구내간선케이블을 설치하여 동단자함에 배선하여야 한다.
2. 세대단자함에서 각 인출구까지는 성형배선 방식으로 하여야 한다.
3. 국선단자함에서 세대 내 인출구까지 꼬임케이블을 배선할 경우에 구내배선설비의 링크성능은 100MHz 이상의 전송특성이 유지되도록 하여야 한다. 다만, 동단자함이 설치된 경우에는 링크성능 구간은 동단자함에서 세대 내 인출구

까지로 한다.

4. 홈네트워크설비를 설치하는 경우에는 홈네트워크 주장치와 홈네트워크 기기 간에 꼬임케이블, 신호전송용케이블 등을 사용하여 통신소통에 지장이 없도록 하여야 한다.

② 업무용 및 기타건축물에 설치하는 구내배선은 다음의 기준에 적합하게 설치되어야 한다.

1. 층단자함에서 각 인출구까지는 성형배선 방식으로 하여야 한다.
2. 층단자함에서 인출구까지 꼬임케이블을 배선할 경우에 구내배선설비의 링크성능은 100MHz 이상의 전송특성이 유지되도록 하여야 한다.

③ 제1항제3호 및 제2항제2호의 링크성능 기준은 〈표 2-12〉와 같다.

④ 통신용선로, 방송공동수신설비, 홈네트워크설비 등을 동일 배관에 함께 수용할 경우에는 선로상호간 누화로 인하여 통신소통에 지장이 없도록 하여야 한다.

⑤ 구내배선에 사용하는 접속자재는 배선케이블 등급과 동등 이상의 제품을 사용하여야 한다.

〈표 2-12〉 링크성능 기준(제33조제3항 관련)

1. 동케이블의 링크성능 기준

측정항목	측정값(MHz)	기준값
반사손실 (dB)	1	17.0 이상
	16.0	17.0 이상
	100.0	10.0 이상
감쇠 (dB)	1.0	2.2 이하
	16.0	9.1 이하
	100.0	24.0 이하
근단누화손실 (dB)	1.0	60.0 이상
	16.0	43.6 이상
	100.0	30.1 이상
근단누화 전력합 손실 (dB)	1.0	57.0 이상
	16.0	40.6 이상
	100.0	27.1 이상
원단감쇠 대 누화비 (dB)	1.0	57.4 이상
	16.0	33.3 이상
	100.0	17.4 이상

측정항목	측정값(MHz)	기준값
원단감쇠 대 누화비전력합 (dB)	1.0	54.4 이상
	16.0	30.3 이상
	100.0	14.4 이상
전달지연(ns)	10.0	555 이하
전달지연변이(ns)	10.0	50 이하

2. 광섬유케이블의 링크성능 기준

가. 공동주택 및 업무용건축물

종 류	파 장(nm)	채널손실
단일모드	1,310	7dB 이하
	1,550	7dB 이하
다중모드	850	13dB 이하
	1,300	9dB 이하

주 : 링크성능은 집중구내통신실에서 광섬유케이블의 종단(세대단자함 또는 인출구)까지의 기준임

나. 공동주택 외 주거용 건축물 및 기타건축물

종 류	파 장(nm)	채널손실
단일모드	1,310	3.45dB 이하
	1,550	3.45dB 이하

주 : 링크성능은 국선단자함에서 광섬유케이블의 종단(세대단자함 또는 인출구)까지의 기준임

[근거규정] 접지설비 · 구내통신설비 · 선로설비 및 통신공동구 기술기준 제33조

2.4.9 폐쇄회로 텔레비전장치의 설치

공동주택의 구내에 폐쇄회로 텔레비전장치를 설치하는 경우에는 배관은 제28호 제5항과 구내선의 배선은 제23조 및 제32조의 규정을 준용하여 설치하여야 한다.

(1) 제28조⑤항 구내에 설치되는 옥내 · 외 배관의 요건

① 배관은 외부의 압력 또는 충격 등으로부터 선로를 보호할 수 있는 기계적 강도를 가진 내부식성 금속관 또는 한국산업표준 KS C 8454(지하에 매설되는 배관의 경우에는 KS C 8455) 동등규격 이상의 합성수지제 전선관을 사용하여야 한다.

② 배관의 내경은 배관에 수용되는 케이블단면적의 총합계가 배관단면적의 32% 이하가 되도록 하여야 한다.

③ 배관의 굴곡은 가능한 완만하게 처리하여야 하되, 곡률반경은 배관내경의 6배 이상으로 한다. 이 경우 엘보우 등 부가장치를 사용하여서는 아니된다.

④ 배관의 1구간에 있어서 굴곡개소는 3개소 이내이어야 하며, 1개소의 굴곡각도는 90°이내로 하며 3개소의 합계는 180° 이내이어야 한다.

(2) 제23조 옥내통신선 이격거리

① 옥내통신선은 300V 초과 전선과의 이격거리는 15cm 이상, 300V 이하 전선과의 이격거리는 6cm 이상(애자사용 전기공사 시 전선과 이격거리는 10cm 이상)으로 하고 도시가스배관과는 혼촉되지 않도록 한다.

② 제1항의 규정에도 불구하고 다음의 경우에는 그러하지 아니할 수 있다.

1. 옥내통신선이 절연선 또는 케이블이거나 광섬유케이블(전도성 인장선이 없는 것)일 경우(전선 또는 전선관과 접촉이 되지 아니하여야 함).
2. 전선이 케이블(캡타이어 케이블을 포함한다)일 경우(옥내통신선과 접촉되지 아니하여야 함)
3. 전선이 57V(15.4W) 이하의 직류전원을 공급하는 경우
4. 전선(300V 이하로서 케이블이 아닌 경우)과 옥내통신선 간에 절연성의 격벽을 설치할 때 또는 전선을 전선관(절연성 · 난연성 및 내수성을 갖춘 것)에 수용하여 설치한 경우
5. 통신선과 전선을 별도의 배관에 수용하여 설치하는 경우

③ 옥내통신선과 전선을 동일의 관 · 덕트 · 트레이 · 함 또는 인출구(이하 “관 등”이라 한다)에 수용할 경우에는 그 관 등의 내부에 옥내통신선과 전선을 분리하기 위하여 견고한 격벽(난연성을 갖춘 것)을 설치하여야 하고, 그 관 등의 금속제의 부분에는 제5조 규정에 준하여 접지를 한다.

(3) 제32조 구내통신선의 배선

구내통신선은 다음과 같은 선로로 설치하여야 한다.

① 옥내에 설치하는 통신선은 100MHz 이상의 전송대역을 갖는 꼬임케이블(이하 “꼬임케이블”이라 한다), 광섬유케이블, 동축케이블을 사용하여야 한다.

② 옥외에 설치하는 선로는 옥외용 꼬임케이블, 옥외용 광섬유케이블, 동축케이블을 사용하여야 한다.

[근거규정] 접지설비 · 구내통신설비 · 선로설비 및 통신공동구 기술기준 제33조의1조

2.4.10 예비전원 설치

사업용방송통신설비외의 방송통신설비에 대한 예비전원설비의 설치기준은 다음과 같다.

① 국선수용용량이 10회선 이상인 구내교환설비의 경우에는 상용전원이 정지된 경우 최대부하전류를 공급할 수 있는 축전지 또는 발전기 등의 예비전원설비를 갖추어야 한다. 다만 정전이 되어도 국선으로부터의 호출에 대하여 응답이 가능한 경우에는 예외로 한다.

② 「재난 및 안전관리기본법」 제3조제5호 및 제7호의 규정에 의한 재난관리책임기관과 긴급구조기관의 장이 설치 또는 운용하는 국선수용용량 10회선 이상인 교환설비 및 광전송설비의 경우에는 상용전원이 정지된 경우 최대부하전류를 3시간 이상 공급할 수 있는 축전지 또는 발전기 등의 예비전원설비를 갖추어야 한다.

[근거규정] 접지설비 · 구내통신설비 · 선로설비 및 통신공동구 기술기준 제34조

2.5 이동통신구내선로설비

2.5.1 급전선의 인입

「전기통신사업법」 제5조제2항에 따른 기간통신역무 중 주파수를 할당받아 제공하는 역무를 제공받기 위한 급전선을 옥외(지상 또는 옥상)안테나에서 옥내안테나까지 인입하는 경우에는 〈표 2-13〉의 표준도에 준하여 다음과 같이 설치하여야 한다.

① 옥외안테나에서 옥내안테나까지의 관로는 배관 또는 덕트로 설치한다. 다만, 옥외안테나에서 기지국의 송수신장치 또는 중계장치가 설치되는 장소까지는 3공 이상의 배관을 설치하여야 하며, 건물내 통신배관실을 이용하여 급전선을 포설할 수 있는 경우에는 그러하지 아니한다.

② 배관의 내경은 32mm 또는 급전선 외경(다조인 경우에는 그 전체의 외경)의 2배 이상이 되어야 한다.

③ 배관 및 덕트의 요건은 제28조제4항제1호 및 제5항의 규정을 준용한다.

④ 지하층에 설치하는 기지국송수신장치(또는 중계장치)로부터 지하층의 안테나(또는 종단장치)까지의 이동통신용 급전선은 「소방시설설치유지 및 안전관리에 관

한 법률」 제2조제1항제1호의 소방설비 중 무선통신보조설비와 상호 기능에 지장이 없는 경우 공용할 수 있다.

〈표 2-13〉 급전선 인입의 표준도 등(제35조 관련)

1. 급전선 인입표준도

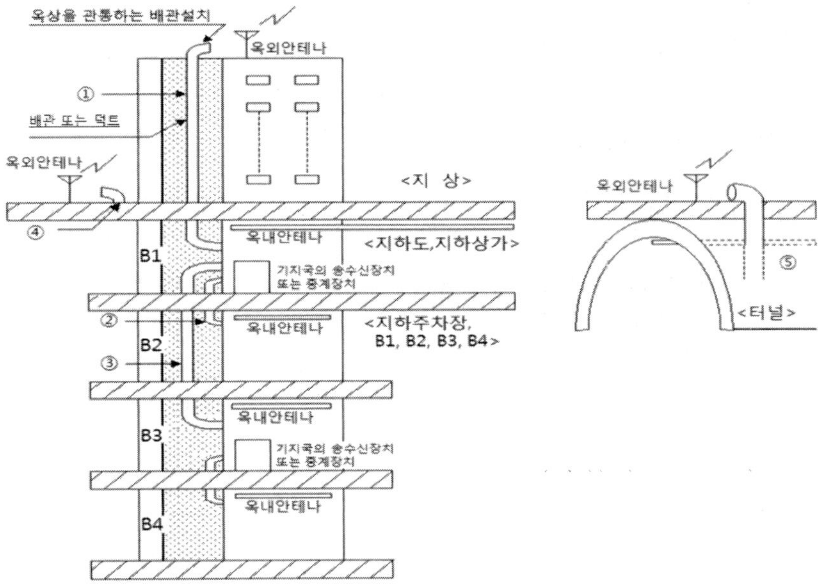

주 : 1. 지하 1층만의 지하도, 지하상가, 지하주차장 또는 건축물일 경우는 그림 ①과 같이 안테나 설치장소에서부터 기지국의 송수신장치 또는 중계장치 설치장소까지 배관 또는 덕트를 구성한다.

2. 지하 건축물 또는 시설이 다층일 경우는 그림 ①②③과 같은 방식의 관로를 구성하고 지하 공간의 최상위층(기지국의 송수신장치 또는 중계장치 설치장소 층)에서 각각의 하위층으로 관로를 구성하여야 한다.

3. 지하 1층을 포함한 건물높이가 30m를 초과하는 경우에는 그림 ① 배관을 그림 ④와 같이 지하층에서 지상층으로 연결되는 환풍구 또는 별도의 배관설치 등을 통해 구성할 수 있다.

4. 터널일 경우 단굴일 때는 그림 ⑤와 같은 방법으로 관로를 구성하고 쌍굴일 때는 각각의 굴에 관로를 구성한다.

5. 옥상 또는 터널 등을 관통할 때에는 특히 방수처리를 철저히 해야 한다.

2. 접속함의 성능

구 분	함 체
절연저항	50MΩ 이상
개폐장치	여닫이식
재질조건	두께 1.5mm 이상의 연강판 또는 동등 이상

[근거규정] 접지설비 · 구내통신설비 · 선로설비 및 통신공동구 기술기준 제35조

2.5.2 이동통신용 접속함

급전선의 포설 및 철거가 용이하도록 다음에 해당하는 경우에는 〈표 2-14〉에 적합한 접속함을 설치하여야 한다.

① 관로의 길이가 40m를 초과할 경우

② 관로의 굴곡점

[근거규정] 접지설비 · 구내통신설비 · 선로설비 및 통신공동구 기술기준 제36조

2.5.3 이동통신용 접지시설

접지시설은 제5조의 규정 및 〈표 2-14〉의 표준도에 준하여 설치하여야 한다.

〈표 2-14〉 이동통신설비 설치장소 등의 표준도(제37조 관련)

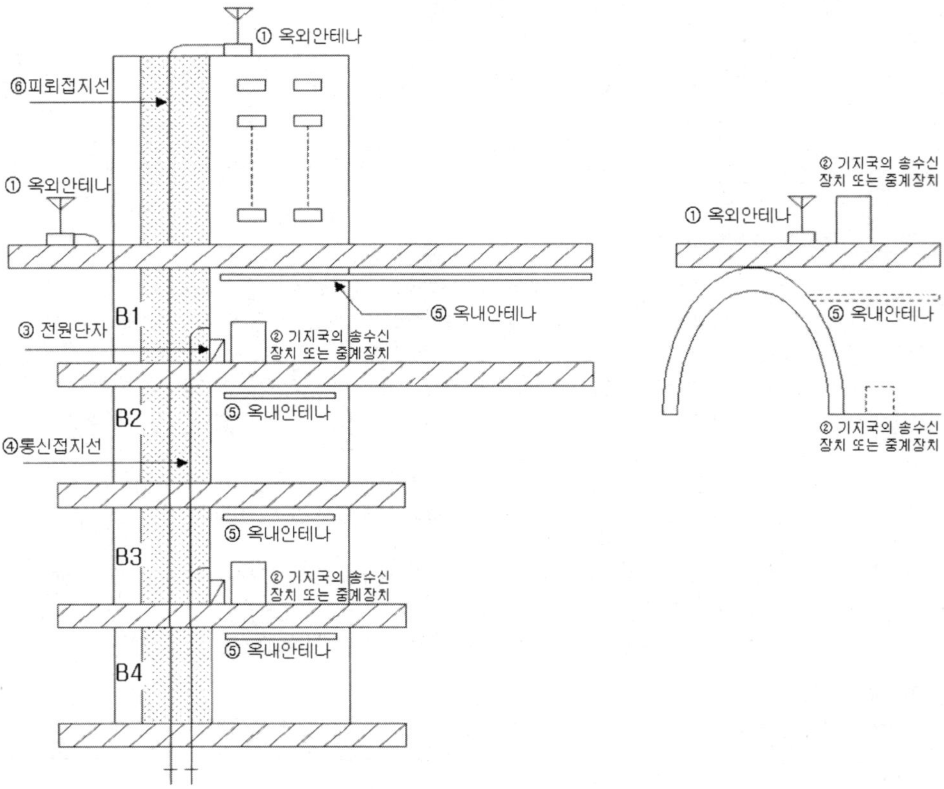

주 : 1) 옥외안테나 그림 ① 설치장소는 2개 장소로서 각각 가로 2m, 세로 2m, 높이 5m의 장소를 확보한다.

2) 기지국의 송수신장치 또는 중계장치 그림 ② 설치장소는 지하의 최상위층으로 지하방재실이나 터널 등의 먼지나 유해가스로부터 격리된 장소로서 급전선 인입관로와의 최단거리에

가로 2m, 세로 1m, 높이 2m의 공간을 확보한다.

3) 전원단자 그림 ③은 기지국의 송수신장치 또는 중계장치에 교류전원을 제38조의 규정에 의한 조건으로 확보한다.
4) 터널 내 기지국의 송수신장치 또는 중계장치 설치장소는 주2항과 같이 내부 또는 지상으로 확보할 수 있다.
5) 통신접지 그림 ④는 기지국의 송수신장치 또는 중계장치 설치장소까지 구성하고 공중선 등의 안전시설은 무선설비규칙 제19조의 규정을 따른다.
6) 그림 ⑤의 옥내안테나 설치장소는 벽 또는 천정에 부착할 수 있는 장소를 제공하여야 하며 매 4미터 이내에 지지물을 설치하여야 한다.

[근거규정] 접지설비 · 구내통신설비 · 선로설비 및 통신공동구 기술기준 제37조

2.5.4 기지국과 중계용 상용전원 설치

기지국의 송수신장치 또는 중계장치용 전원은 용량이 2kW 이상으로서 교류 220V 전원단자가 3개 이상이어야 한다.

[근거규정] 접지설비 · 구내통신설비 · 선로설비 및 통신공동구 기술기준 제38조

2.5.5 이동통신구내선로설비의 장소확보

① 건축물에는 다음과 같은 이동통신구내선로설비의 설치 또는 운영을 위한 장소가 확보되어야 한다.

1. 기지국의 송수신장치 또는 중계장치의 설치장소
2. 송수신용 안테나의 설치장소

② 제1항의 규정에 의한 설치장소는 〈표 2-14〉의 표준도에 준하여 다음의 조건에 맞도록 설정하여야 한다.

1. 기지국의 송수신장치 또는 중계장치의 설치장소는 관로의 분계점에 가까운 곳으로서 이동통신서비스 및 휴대인터넷서비스 등을 제공받기에 편리한 장소로 하고, 건축물의 지하층이 여러 층인 경우에는 매 2개 층마다 확보한다.
2. 옥외안테나 설치장소는 전파의 송수신이 가장 양호한 곳

[근거규정] 접지설비 · 구내통신설비 · 선로설비 및 통신공동구 기술기준 제39조

2.6 통신공동구 · 관로 및 맨홀 등의 설치방법

2.6.1 통신공동구의 설치기준

① 통신공동구는 통신케이블의 수용에 필요한 공간과 통신케이블의 설치 및 유지 · 보수 등의 작업 시 필요한 공간을 충분히 확보할 수 있는 구조로 설계하여야 한다.

② 통신공동구를 설치하는 때에는 조명 · 배수 · 소방 · 환기 및 접지시설 등 통신케이블의 유지 · 관리에 필요한 부대설비를 설치하여야 한다.

③ 통신공동구와 관로가 접속되는 지점에는 통신케이블의 분기를 위한 분기구를 설치하여야 하며, 한 지점에서 여러 개의 관로로 분기될 경우에는 작업이 용이하도록 분기구간에는 일정거리 이상의 간격을 유지하여야 한다.

[근거규정] 접지설비 · 구내통신설비 · 선로설비 및 통신공동구 기술기준 제46조

2.6.2 관로 등의 매설기준

① 관로에 사용하는 관은 외부하중과 토압에 견딜수 있는 충분한 강도와 내구성을 가져야 한다.

② 지면에서 관로상단까지의 거리는 다음의 기준에 의한다. 다만, 시설관리기관과 협의하여 관로보호조치를 하는 경우에는 다음의 기준에 의하지 아니할 수 있다.

1. 차도 : 1.0m 이상
2. 보도 및 자전거도로 : 0.6m 이상
3. 철도 · 고속도로 횡단구간 등 특수한 구간 : 1.5m 이상

③ 관로 상단부와 지면 사이에는 관로보호용 경고 테이프를 관로 매설경로에 따라 매설하여야 한다.

④ 관로는 가스 등 다른 매설물과 50cm 이상 떨어져 매설하여야 한다. 다만, 부득이한 사유로 인하여 50cm 이상의 간격을 유지할 수 없는 경우에는 보호벽의 설치 등 관로를 보호하기 위한 조치를 하여야 한다.

⑤ 맨홀 또는 핸드홀간에 매설하는 관로는 케이블 견인에 지장을 주지 아니하는 곡률을 유지하는 등 직선성을 유지하여야 한다.

[근거규정] 접지설비 · 구내통신설비 · 선로설비 및 통신공동구 기술기준 제47조

2.6.3 맨홀 또는 핸드홀의 설치기준

① 맨홀 또는 핸드홀은 케이블의 설치 및 유지 · 보수 등의 작업 시 필요한 공간을 확보할 수 있는 구조로 설계하여야 한다.

② 맨홀 또는 핸드홀은 케이블의 설치 및 유지 · 보수 등을 위한 차량출입과 작업이 용이한 위치에 설치하여야 한다.

③ 맨홀 또는 핸드홀에는 주변 실수요자용 통신케이블을 분기할 수 있는 인입관로 및 접지시설 등을 설치하여야 한다.

④ 맨홀 또는 핸드홀 간의 거리는 246m 이내로 하여야 한다. 다만, 교량 · 터널 등 특수구간의 경우와 광케이블 등 특수한 통신케이블만 수용하는 경우에는 그러하지 아니할 수 있다.

[근거규정] 접지설비 · 구내통신설비 · 선로설비 및 통신공동구 기술기준 제48조

연 | 습 | 문 | 제

1. 보호기의 과전압 성능의 기술기준 중 틀린 것은?

가. 보호기는 직류 100V/sec의 상승전압을 L1-E, L2-E간에 인가할 때 184V 이상 280V 이하에서 접지를 통하여 방전이 개시되어야 한다.

나. 보호기는 100V/μs의 상승전압을 L1-E, L2-E간에 인가할 때 180V 이상 600V 이하에서 접지를 통하여 방전되어야 한다.

다. 보호기는 1000V/μs의 상승전압을 L1-E, L2-E간에 인가할 때 180V 이상 700V 이하에서 접지를 통하여 방전되어야 한다.

라. 보호기는 50V/μs의 상승전압을 L1-E, L2-E간에 인가할 때 180V 이상 700V 이하에서 접지를 통하여 방전되어야 한다.

답 라. 보호기는 50V/μs의 상승전압 규정은 없다.

[근거규정] 접지설비 · 구내통신설비 · 선로설비 및 통신공동구 기술기준 제4조

2. 보호기의 과전류 성능의 기술기준 중 틀린 것은?

가. 보호기는 L1-T1, L2-T2간에 교류 110V 250mA를 인가할 때 1분 이내

나. 교류 110V 1A를 인가할 때 2초 이내에 동작하여 부동작 전류 이하로 전류를 제한하여야 한다.

다. 과전류가 제거되면 자기복구되지 않아야 지속적인 피해를 예방한다.

라. 보호기는 L1-T1, L2-T2간에 직류 150mA를 3시간 인가할 때 과전류 제한소자는 동작하지 않아야 한다.

답 다. 과전류가 제거되면 자기 복구되어야 한다.

[근거규정] 접지설비 · 구내통신설비 · 선로설비 및 통신공동구 기술기준 제4조

3. 보호기의 발화방지 성능의 기술기준 중 맞는 것은?

가. 보호기는 L1-E, L2-E간에 60Hz, 15A를 15분간 인가할 때 과전압 방전소자의 발화방지 장치가 동작하여 보호기의 발화 및 변형이 없어야 한다.

나. 보호기는 과전압 방전소자가 삽입되지 않은 상태에서 L1-T1, L2-T2간에 교류 220V, 3A을 15분간 인가할 때 과전류 제한소자가 손상되지 않아야 하며, 보호기의 발화 및 변형이 없어야 한다.

다. 보호기는 L1-E, L2-E간에 60Hz, 15A를 5분간 인가할 때 과전압 방전소자의 발화방지 장치가 동작하여 보호기의 발화 및 변형이 없어야 한다.

라. 보호기는 과전압 방전소자가 삽입되지 않은 상태에서 L1-T1, L2-T2간에 교류 220V,

15A을 15분간 인가할 때 과전류 제한소자가 손상되지 않아야 하며, 보호기의 발화 및 변형이 없어야 한다.

답 나. 보호기는 과전압 방전소자가 삽입되지 않은 상태에서 L1-T1, L2-T2간에 교류 220V, 3A을 15분간 인가할 때 과전류 제한소자가 손상되지 않아야 하며, 보호기의 발화 및 변형이 없어야 한다.

[근거규정] 접지설비 · 구내통신설비 · 선로설비 및 통신공동구 기술기준 제4조

4. 다음은 보호기의 기본회로도이다. A의 명칭은?

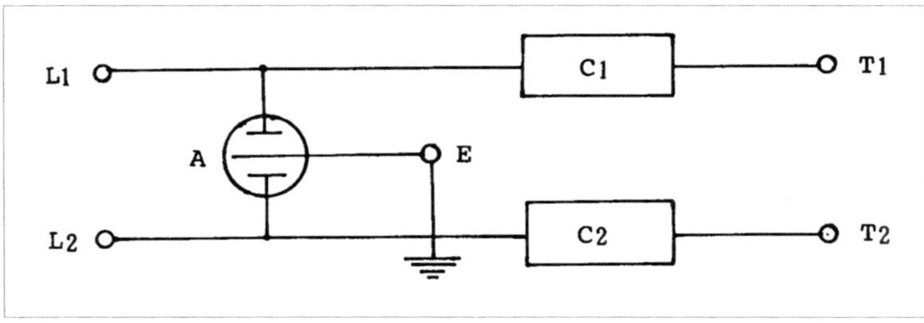

답 A : 과전압방전소자

[근거규정] 접지설비 · 구내통신설비 · 선로설비 및 통신공동구 기술기준 제4조

5. 교환설비 · 전송설비 및 통신케이블과 금속으로 된 단자함(구내통신단자함, 옥외분배함 등) · 장치함 및 지지물 등이 사람이나 방송통신설비에 피해를 줄 우려가 있을 때에는 (　　　　)를 설치하여 접지하여야 한다.

답 접지단자

[근거규정] 접지설비 · 구내통신설비 · 선로설비 및 통신공동구 기술기준 제5조

6. 통신관련시설의 접지저항은 10Ω 이하를 기준으로 하는데 100Ω 이하로 할 수 있는 조건 중 틀린 것은?

가. 철탑이외 전주 등에 시설하는 이동통신용 중계기

나. 국선수용회선이 100회선 이상인 주배선반

다. 보호기를 설치하지 않는 구내통신단자함

라. 구내통신선로설비에 있어서 전송 또는 제어신호용 케이블의 쉴드 접지

답 나. 국선수용회선이 100회선 이상인 주배선반은 10Ω 이하 접지를 한다.

[근거규정] 접지설비 · 구내통신설비 · 선로설비 및 통신공동구 기술기준 제5조

7. 접지에 대한 설명 중 틀린 것은?

가. 통신회선 이용자의 건축물시설에 설치된 통신설비로서 통신용 접지시공이 곤란한 경우에는 그 시설물의 접지를 이용할 수 있다.

나. 전주 또는 맨홀 등의 시설에 설치된 통신설비로서 통신용 접지시공이 곤란한 경우에는 그 시설물의 접지를 이용할 수 있다.

다. 신고하지 아니하고 시설할 수 있는 소출력중계기 또는 무선국의 경우, 설치된 시설물의 접지를 이용할 수 없을 시 접지하지 아니할 수 있다.

라. 통신접지는 시설물 접지를 이용할 수 없다.

답 라. 시설물의 접지를 이용할 수 있다.

[근거규정] 접지설비 · 구내통신설비 · 선로설비 및 통신공동구 기술기준 제5조

8. 접지설치에 대한 설명 중 틀린 것은?

가. 접지선은 접지저항값이 10Ω 이하인 경우에는 2.6mm 이상 설치한다.

나. 접지저항값이 100Ω 이하인 경우에는 직경 1.6mm 이상의 피 · 브이 · 씨 피복 동선을 설치한다.

다. 절연효과가 있는 전선을 사용하고 접지극은 부식이나 토양오염방지를 고려한 도전성 재료를 사용한다.

라. 외부에 노출되지 않는 접지선이라도 피복동선을 설치하여야 한다.

답 라. 외부에 노출되지 않는 접지선의 경우에는 피복을 아니할 수 있다.

[근거규정] 접지설비 · 구내통신설비 · 선로설비 및 통신공동구 기술기준 제5조

9. 접지설치에 대한 설명 중 맞는 것은?

가. 접지체는 지표가 건조한 곳에 매설하여야 접지저항을 얻기 쉽다.

나. 접지체 상단이 지표로부터 수직깊이 75cm 이상되도록 매설

다. 접지체 하단이 지표로부터 수직깊이 60cm 이상

라. 금속성 함체이나 광섬유 접속 등과 같이 내부에 전기적 접속이 없어도 접지를 하여야 한다.

답 나.

[근거규정] 접지설비 · 구내통신설비 · 선로설비 및 통신공동구 기술기준 제5조

10. 가공통신선의 지지물과 가공강전류전선간의 이격거리에 대한 설명 중 틀린 것은?

가. 가공통신선의 지지물은 가공강전류전선 사이에 끼우거나 통과하여서는 아니된다.

나. 인체 또는 물건에 손상을 줄 우려가 없을 경우에는 가공통신선의 지지물은 가공강전류전선 사이에 끼우거나 통과할 수 있다.

다. 가공강전류전선의 사용전압이 저압의 경우 이격거리 30cm 이상

라. 가공강전류전선의 사용전압이 고압일 경우의 이격거리 60cm 이상

답 라. 가공강전류전선의 사용전압이 고압일 경우의 이격거리 30cm 이상

[근거규정] 접지설비 · 구내통신설비 · 선로설비 및 통신공동구 기술기준 제7조

11. 가공강전류전선의 사용전압이 특고압일 경우의 이격거리가 틀린 것은?

가. 35,000V 이하의 것으로 강전류케이블 50cm 이상

나. 35,000V 이하의 것으로 특고압 강전류절연전선 1m 이상

다. 35,000V 이하의 것으로 기타 강전류전선 1m 이상

라. 35,000V를 초과하고 60,000V 이하의 것 2m 이상

답 다. 35,000V 이하의 것으로 기타 강전류전선 2m 이상

[근거규정] 접지설비 · 구내통신설비 · 선로설비 및 통신공동구 기술기준 제7조

12. 전주의 안전계수에 대한 설명 중 틀린 것은?

가. 구조물로부터 그 전주의 높이에 상당하는 거리 내에 접근하는 가공통신선 : 안전계수 1.2

나. 철도 또는 궤도로부터 그 전주의 높이에 상당하는 거리 내에 접근하거나 도로, 철도 또는 궤도를 횡단하는 가공통신선 : 안전계수 1.2

다. 가공통신선과 저압 또는 고압의 가공강전류전선을 공가하는 전주 : 안전계수 1.5

라. 가공통신선과 특고압의 가공강전류전선을 공가하는 전주 : 안전계수 1.5

답 라. 가공통신선과 특고압의 가공강전류전선을 공가하는 전주 : 안전계수 2.0

[근거규정] 접지설비 · 구내통신설비 · 선로설비 및 통신공동구 기술기준 제8조

13. 풍속이 40m/s일 때 옥외통신설비 시설물의 수직투영면적 1m^{2}에 대한 풍압에 대한 기본 풍압하중 설명 중 틀린 것은?

가. 철근콘크리트주 100kg

나. 철주의 원통주 80kg

다. 무선시설류로 철탑에 부착 시설되는 안테나류 200kg

라. 무선시설류로 강관에 의하여 구성된 것 170kg

답 가. 철근콘크리트주 80kg이다.

[출제근거] 접지설비 · 구내통신설비 · 선로설비 및 통신공동구 기술기준 제9조

14. 풍압하중에 대한 설명 중 틀린 것은?

가. 강풍지역외 시가지에서는 전주 및 기타 시설류에 대하여 풍압하중의 1/2배를 적용할 수 있다.

나. 강풍지역에서는 과거 기상자료를 바탕으로 하여 풍압하중 이상을 적용한다.

다. 무선시설류는 풍압하중의 3배 이상을 적용한다.

라. 다설지역에서는 통신선 또는 보조선에 비중 0.9의 빙설을 6mm의 두께로 부착한 경우에 상기 제1항 규정에 의한 풍압하중의 1/2배를 적용한 하중 중 큰 것을 적용한다.

답 다. 무선시설류는 풍압하중의 2배 이상을 적용한다.

[근거규정] 접지설비 · 구내통신설비 · 선로설비 및 통신공동구 기술기준 제9조

15. 가공통신선의 지지물에는 취급자가 오르내리는데 사용하는 발디딤쇠 등을 지표상으로부터 1.8m 이상의 높이에 부착하여야 하지만 예외로 할 수 있는 경우가 아닌 것은?

가. 발디딤쇠 등이 지지물의 내부로 들어가는 구조인 경우

나. 지지물 주위에 취급자 이외의 자가 들어갈 수 없도록 시설하는 경우

다. 지지물을 사람이 쉽게 접근할 수 없는 장소에 설치한 경우

라. 가공통신선의 지지물에 사람이 쉽게 올라가서 작업을 할 경우

답 라. 지지물을 사람이 접근할 수 있는 장소에 설치한 경우는 예외 규정에 포함이 안된다.

[근거규정] 접지설비 · 구내통신설비 · 선로설비 및 통신공동구 기술기준 제10조

16. 가공통신선의 높이에 대한 설명 중 틀린 것은?

가. 도로상에 설치되는 경우에는 노면으로부터 4.5m 이상으로 한다.

나. 교통에 지장을 줄 우려가 없고 시공상 불가피할 경우 보도와 차도의 구별이 있는 도로의 보도상에서는 3.5m 이상으로 한다.

다. 철도 또는 궤도를 횡단하는 경우에는 그 철도 또는 궤조면으로부터 6.5m 이상으로 한다.

라. 철도 또는 궤도를 횡단하는 경우에는 그 철도 또는 궤조면으로부터 6.5m 이상으로 하지만 차량의 통행에 지장을 줄 우려가 없는 경우에는 그러하지 아니하다.

답 나. 교통에 지장을 줄 우려가 없고 시공상 불가피할 경우 보도와 차도의 구별이 있는 도로의 보도상에서는 3m 이상으로 한다.

[근거규정] 접지설비 · 구내통신설비 · 선로설비 및 통신공동구 기술기준 제11조

17. 가공통신선의 높이에 대한 설명 중 틀린 것은?

가. 7,000V를 초과하는 전압의 가공강전류전선용 전주에 가설되는 경우에는 노면으로부터 5m 이상으로 한다.

나. 교통에 지장을 줄 염려가 없고 시공상 불가피한 경우에는 지표상으로부터 4m 이상으로 할 수 있다.

다. 가공선로설비가 하천 등을 횡단하는 경우에는 선박 등의 운행에 지장을 줄 우려가 없는 높이로 설치하여야 한다.

라. 헬리콥터 등의 안전운항에 지장이 없도록 안전표지(항공표지 등)가 설치되어야 한다.

답 나. 교통에 지장을 줄 염려가 없고 시공상 불가피한 경우에는 지표상으로부터 3m 이상으로 할 수 있다.
[근거규정] 접지설비 · 구내통신설비 · 선로설비 및 통신공동구 기술기준 제11조

18. 가공통신선이 가공강전류전선과 교차하거나 가공강전류전선과의 수평거리가 그 가공통신선 또는 가공강전류전선의 지지물 중 높은 것에 해당하는 거리 이하로 접근할 경우에 설치하는 보호망의 종류 및 구성설명 중 틀린 것은?

가. 제1종 보호망의 특별보안접지공사로 접지저항이 10Ω 이하가 되도록 하는 접지공사를 한 금속선을 망상으로 한다.

나. 제1종 보호망의 바깥둘레를 구성하는 금속선은 직경 3.5mm 이상의 동복강선 또는 직경 4.5mm의 경동선이나 이와 동등 이상의 강도의 것을 사용한다.

다. 기타의 부분을 구성하는 금속선은 직경 3.5mm 이상의 동복강선 또는 직경 4mm의 경동선이나 이와 동등 이상의 강도의 것을 사용한다.

라. 제1종 보호망의 병행하는 금속선 상호간 거리는 각각 1.5m 이하로 한다.

답 나. 제1종 보호망의 바깥둘레를 구성하는 금속선은 직경 3.5mm 이상의 동복강선 또는 직경 5mm의 경동선이나 이와 동등 이상의 강도의 것을 사용한다.
[근거규정] 접지설비 · 구내통신설비 · 선로설비 및 통신공동구 기술기준 제13조

19. 가공통신선이 가공강전류전선과 교차하거나 가공강전류전선과의 수평거리가 그 가공통신선 또는 가공강전류전선의 지지물 중 높은 것에 해당하는 거리 이하로 접근할 경우에 설치하는 보호망의 종류 및 구성설명 중 틀린 것은?

가. 제2종 보호망의 보안접지공사 접지저항이 10Ω 이하가 되도록 하는 접지공사를 한 금속선을 망상으로 할 것

나. 제2종 보호망의 세로선은 직경 3.5mm 이상의 동복강선 또는 직경 4mm의 경동선이나 이와 동등 이상의 강도를 가진 것을 사용할 것

다. 제2종 보호망의 가로선은 직경 2.6mm의 경동선이나 이와 동등 이상의 강도를 가진 것을 사용할 것

라. 제2종 보호망의 병행하는 금속선 상호간의 거리는 각각 1.5m 이하로 할 것

답 가. 제2종 보호망의 보안접지공사 접지저항이 100Ω 이하가 되도록 하는 접지공사를 한 금속선을 망상으로 할 것
[근거규정] 접지설비 · 구내통신설비 · 선로설비 및 통신공동구 기술기준 제13조

20. 보호망의 설치에 대한 설명 중 틀린 것은?

가. 보호망과 가공통신선 및 가공강전류전선 간의 수직이격거리는 각각 60cm 이상으로 한다.

나. 제2종 보호망에 있어서 공사상 부득이한 경우에는 그 수직거리를 30cm 이상으로 할 수 있다.

다. 보호망이 가공통신선 및 가공강전류전선의 밖으로 펼쳐지는 폭은 보호망과 가공통신선 간의 수직거리의 1/2에 상당하는 길이 이상으로 한다.

라. 보호망이 가공통신선 및 가공강전류전선의 밖으로 펼쳐지는 폭은 보호망과 가공통신선 간의 수직거리 길이가 30cm 미만이 되는 경우는 30cm로 할 수 없다.

마. 제2종 보호망은 제1종 보호망으로 대체할 수 있으나 제1종 보호망은 제2종 보호망으로 대체할 수 없다.

답 라. 보호망이 가공통신선 및 가공강전류전선의 밖으로 펼쳐지는 폭은 보호망과 가공통신선 간의 수직거리 길이가 30cm 미만이 되는 경우는 30cm로 할 수 있다.

[근거규정] 접지설비 · 구내통신설비 · 선로설비 및 통신공동구 기술기준 제13조

21. 가공통신선이 가공강전류전선과 교차하거나 가공강전류전선과의 수평거리가 그 가공통신선 또는 가공강전류전선의 지지물 중 높은 것에 해당하는 거리 이하로 접근할 경우에 설치하는 보호선의 종류 및 구성설명 중 틀린 것은?

가. 제1종 보호선 직경 3.5mm 이상의 동복강선 또는 직경 5mm의 경동선이나 이와 동등 이상의 강도를 가진 것을 2조 이상으로 구성하고 보안접지공사를 할 것

나. 제1종 보호선의 금속선 상호간의 간격은 75cm 이하로 할 것

다. 제2종 보호선 직경 3.5mm 이상의 동복강선 또는 직경 4mm의 경동선이나 이와 동등 이상의 강도를 가진 것을 2조 이상으로 구성하고, 보안접지공사를 할 것

라. 제2종 보호선 직경 4.5mm 이상의 동복강선은 보안접지를 하지 않아도 된다.

답 라. 보안접지를 하여야 한다.

[근거규정] 접지설비 · 구내통신설비 · 선로설비 및 통신공동구 기술기준 제14조

22. 보호선의 설치에 대한 설명 중 틀린 것은?

가. 가공통신선과 45°를 넘는 각도로 교차하여야 한다.

나. 보호선과 가공통신선 간의 수직이격거리는 60cm 이상으로 한다.

다. 보호선이 가공통신선의 밖으로 펼쳐지는 길이는 보호선과 가공통신선 간 수직거리의 1/2에 상당하는 길이(그 길이가 30cm 미만일 경우에는 30cm) 이상으로 한다.

라. 제2종 보호선은 제1종 보호선으로 대체할 수 없다.

답 라. 제2종 보호선은 제1종 보호선으로 대체할 수 있으나, 제1종 보호선은 제2종 보호선으로 대체할 수 없다.

[근거규정] 접지설비 · 구내통신설비 · 선로설비 및 통신공동구 기술기준 제14조

23. 가공통신선이 저압 또는 고압의 가공강전류전선과 교차하거나 가공강전류전선과의 수평거리가 그 가공통신선 또는 가공강전류전선의 지지물 중 높은 것에 해당하는 거리 이하로 접근할 경우의 이격거리에 대한 설명 중 틀린 것은?

가. 가공통신선은 가공강전류전선 아래에 설치하여야 한다.

나. 저압과 고압 강전류절연전선, 특고압 강전류절연전선 또는 케이블 이격거리는 30cm 이상

다. 저압과 강전류절연전선 이격거리는 30cm 이상

라. 고압과 강전류케이블 이격거리는 40cm 이상

답 다. 저압과 강전류절연전선 이격거리는 60cm 이상이다.

[근거규정] 접지설비 · 구내통신설비 · 선로설비 및 통신공동구 기술기준 제15조

24. 가공통신선이 저압 또는 고압의 가공강전류전선과의 수평거리가 그 가공통신선 또는 가공강전류전선의 지지물 중 높은 것에 해당하는 거리 이하로 접근할 경우 가공통신선을 가공강전류전선 위에 설치할 수 있는 경우가 아닌 것은?

가. 가공통신선이 5° 이하의 수평각도를 이루는 직선부분을 지지하는 지지물간의 거리차가 크거나 5° 이상의 수평각도를 이루는 개소

나. 전주의 안전계수가 1.2 미만인 경우, 이를 보강할 수 있는 지선 또는 지주를 설치할 경우

다. 가공통신선과 가공강전류전선간의 수평거리가 2.5m 이상이고, 가공통신선 지지물이 도괴시에 가공강전류전선과 접촉할 우려가 없는 경우

라. 가공통신선과 약전류전선간의 수평거리가 2.5m 이하

답 라. 가공통신선과 약전류전선간의 수평거리 규정은 없다.

[근거규정] 접지설비 · 구내통신설비 · 선로설비 및 통신공동구 기술기준 제15조

25. 가공통신선과 가공강전류전선과의 수평이격거리는 2m 이상으로 하지 않아도 되는 예외 규정이 아닌 것은?

가. 가공통신선이 직경 5mm의 경동선이나 이와 동등 이상의 강도를 가진 절연전선 또는 케이블일 경우

나. 가공통신선을 직경 4mm의 아연도금 철선이나 이와 동등 이상의 강도의 것으로 조가하여 설치한 경우

다. 가공통신선이 10m 이하의 인입선일 경우

라. 가공통신선과 가공강전류전선과의 수직거리가 6m 이상인 경우

답 다. 가공통신선이 15m 이하의 인입선일 경우

[근거규정] 접지설비 · 구내통신설비 · 선로설비 및 통신공동구 기술기준 제16조

26. 가공통신선과 가공강전류전선과의 수평거리 설명 중 틀린 것은?

가. 가공통신선과 가공강전류전선과의 수평거리가 3m 미만이 되는 길이가 연속하여 50m 이하로 설치되어야 한다.

나. 가공강전류전선의 전주와 전주 사이에서 가공통신선과 가공강전류전선과의 수평거리가 3m 미만으로 되는 부분의 길이의 합계가 50m 이하로 설치하여야 한다.

다. 가공통신선과 가공강전류전선 간의 수평거리가 3m 이상이고, 가공통신선의 지지물이 도괴시에 가공강전류전선과 접촉할 우려가 없거나 다음과 같은 규정에 의할 경우에는 가공통신선을 위에 설치할 수 있다.

라. 가공강전류전선의 전주와 전주 사이에서 가공통신선과 가공강전류전선과의 수평거리가 3m 이상으로 되는 부분의 길이의 합계가 100m 이하로 설치하여야 한다.

답 라. 가공강전류전선의 전주와 전주 사이에서 가공통신선과 가공강전류전선과의 수평거리가 3m 미만으로 되는 부분의 길이의 합계가 50m 이하로 설치하여야 한다.

[근거규정] 접지설비 · 구내통신설비 · 선로설비 및 통신공동구 기술기준 제16조

27. 가공통신선과 전차선과의 접근 또는 교차의 설명 중 틀린 것은?

가. 가공통신선과 전차선 등과의 수평이격거리는 전차선이 저압일 경우는 60cm 이상, 고압일 경우에는 1.2m 이상으로 한다. 다만, 전차선 등의 설치자의 승낙을 얻는 경우에는 예외로 할 수 있다.

나. 가공통신선이 고압의 전차선 등과 45° 이하의 수평각도로 교차하거나 고압의 전차선 등과의 수평거리가 2.5m 이하인 경우에는 가공통신선과 전차선 등 사이에 제2종 보호망을 설치하여야 한다.

다. 가공통신선이 전차선 등과 45°를 초과하는 수평각도로 교차하는 경우에는 그 사이에 제1종 보호선을 설치하여야 한다.

라. 전차선 등과 보호선 또는 보호망과의 수직이격거리는 60cm 이상으로 하고 전차선 등의 관리책임자의 승낙과 관련 없이 60cm까지 하여야 한다.

답 라. 관리책임자의 승낙을 얻었을 때에는 30cm까지 할 수 있다.

[근거규정] 접지설비 · 구내통신설비 · 선로설비 및 통신공동구 기술기준 제18조

28. 가공통신선과 교류전차선의 수평거리가 그 가공통신선과 교류전차선의 지지물 중 높은 것에 해당하는 거리 이하로 접근할 경우를 설명한 것 중 틀린 것은?

가. 가공통신선과 교류전차선이 접근하는 경우에 수평거리는 3m 이상으로 하여야 하며, 가공통신선 또는 교류전차선의 절단이나 이들의 지지물이 도괴 시에는 접촉되지 않도록 설치하여야 한다.

나. 가공통신선과 교류전차선이 교차하는 경우에 가공통신선 또는 그 지지물과 교류전차선과의 이격거리는 3m 이상일 것

다. 가공통신선과 교류전차선이 교차하는 경우 가공통신선은 케이블을 사용하고, 단면적이 $38mm^2$ 이상의 아연도금강연선으로서 인장하중이 3,000kg 이상인 것을 설치할 것

라. 전주(철탑은 제외)에는 통신선방향으로 교차하는 측의 반대측 및 통신선과 직각의 방향으로 그 양측에 지선을 설치한다.

답 나. 가공통신선과 교류전차선이 교차하는 경우에 가공통신선 또는 그 지지물과 교류전차선과의 이격거리는 2m 이상일 것

[근거규정] 접지설비 · 구내통신설비 · 선로설비 및 통신공동구 기술기준 제18조

29. 가공강전류전선과 동일의 지지물에 가설하는 가공통신선을 저압 또는 고압의 가공강전류전선과 2 이상 동일의 지지물에 연속하여 가설할 경우를 설명한 것 중 틀린 것은?

가. 가공통신선을 가공강전류전선 아래에 설치하여야 하고, 가공강전류전선의 완철과는 별도의 완철류에 설치하여야 한다.

나. 가공강전류전선이 저압으로서 고압 강전류절연전선, 특고압 강전류절연전선, 강전류케이블이거나 가공통신선의 도체가 가공강전류전선에 내장 또는 외접하여 설치하는 광섬유인 때는 예외로 할 수 있다.

다. 가공통신선과 가공강전류전선의 이격거리는 저압으로 고압 강전류절연전선, 특고압 강전류절연전선 또는 강전류케이블은 30cm 이상

라. 가공통신선과 가공강전류전선의 이격거리는 저압으로 강전류절연전선은 60cm 이상

답 라. 가공통신선과 가공강전류전선의 이격거리는 저압으로 강전류절연전선은 75cm 이상

[근거규정] 접지설비 · 구내통신설비 · 선로설비 및 통신공동구 기술기준 제19조

30. 가공통신선을 저압 또는 고압 강전류전선과 동일의 지지물에 설치하는 경우의 설명 중 틀린 것은?

가. 가공통신선의 수직배선은 가공강전류전선의 수직배선과 지지물을 사이에 두고 설치하여야 한다.

나. 가공통신선의 수직배선이 가공강전류전선의 수직배선으로부터 1m 이상 떨어져 있거나 가공통신선의 수직배선이 케이블이고, 가공강전류전선의 수직배선이 강전류케이블인 경우에 그들이 직접 혼촉할 염려가 없도록 지지물에 견고하게 설치할 때에는 지지물과 같은 방향으로 설치할 수 있다.

다. 가공통신선은 특고압 가공강전류전선과 동일의 지지물에 설치하여서는 아니된다.

라. 가공통신선의 도체가 가공강전류전선에 내장 또는 외접하여 설치하는 광섬유는 동일지

지물에 설치하여서는 아니된다.

답 라. 가공통신선의 도체가 가공강전류전선에 내장 또는 외접하여 설치하는 광섬유는 동일 지지물에 설치할 수 있다.

[근거규정] 접지설비 · 구내통신설비 · 선로설비 및 통신공동구 기술기준 제19조

31. 지중통신선을 설치하는 설명 중 틀린 것은?

가. 지중통신선을 지중강전류전선으로부터 30cm 이내의 거리에 설치하는 경우에는 지중통신선과 지중강전류전선 간에는 설치장소에서 발생할 수 있는 화염에 견딜 수 있는 격벽을 설치하여야 한다.

나. 지중통신선을 지중강전류전선이 특고압일 경우에는 60cm 이내의 거리에 설치하는 경우에는 지중통신선과 지중강전류전선 간에는 설치장소에서 발생할 수 있는 화염에 견딜 수 있는 격벽을 설치하여야 한다.

다. 지중통신선의 금속체의 피복 또는 관로는 지중강전류전선의 금속체의 피복 또는 관로와 전기적 접촉이 있어서는 아니된다.

라. 전기철도 또는 전기궤도의 귀선으로부터 누출되는 직류전선에 의한 부식 또는 강전류설비로부터 방송통신설비에 유입되는 위험전류를 방지하거나 제한하기 위하여 퓨즈 · 개폐기 또는 이와 유사한 보안장치를 통하여 접속하는 경우에 지중통신선의 금속체의 피복 또는 관로는 지중강전류전선의 금속체의 피복 또는 관로와 전기적 접촉이 불가능하다.

답 라. 전기철도 또는 전기궤도의 귀선으로부터 누출되는 직류전선에 의한 부식 또는 강전류 설비로부터 방송통신설비에 유입되는 위험전류를 방지하거나 제한하기 위하여 퓨즈 · 개폐기 또는 이와 유사한 보안장치를 통하여 접속하는 경우에 지중통신선의 금속체의 피복 또는 관로는 지중강전류전선의 금속체의 피복 또는 관로와 전기적 접촉이 가능하다.

[근거규정] 접지설비 · 구내통신설비 · 선로설비 및 통신공동구 기술기준 제21조

32. 옥내통신선 이격거리에 대한 설명 중 틀린 것은?

가. 옥내통신선은 300V 초과 전선과의 이격거리는 15cm 이상

나. 옥내통신선은 300V 이하 전선과의 이격거리는 6cm 이상

다. 애자사용 전기공사 시 전선과 이격거리는 5cm 이상

라. 도시가스배관과는 혼촉되지 않도록 한다.

답 다. 애자사용 전기공사 시 전선과 이격거리는 10cm 이상

[근거규정] 접지설비 · 구내통신설비 · 선로설비 및 통신공동구 기술기준 제23조

33. 옥내통신선의 이격거리를 유지하지 않아도 되는 경우에 대한 설명 중 틀린 것은?

가. 옥내통신선이 절연선 또는 케이블이거나 광섬유케이블이 전도성 인장선이 없는 것일 경우

나. 전선이 케이블일 경우

다. 전선이 50V(15.4W) 이하의 직류 전원을 공급하는 경우

라. 전선이 300V 이하로서 케이블이 아닌 경우와 옥내통신선간에 절연성의 격벽을 설치할 때 또는 전선을 전선관이 절연성 · 난연성 및 내수성을 갖춘 것에 수용하여 설치한 경우

답 다. 전선이 57V (15.4W) 이하의 직류 전원을 공급하는 경우

[근거규정] 접지설비 · 구내통신설비 · 선로설비 및 통신공동구 기술기준 제23조

34. 옥내통신선과 전선을 동일의 관 · 덕트 · 트레이 · 함 또는 인출구에 수용할 경우에는 그 관 등의 내부에 옥내통신선과 전선을 분리하기 위하여 경고한 (   )을 설치하여야 하고, 그 관 등의 금속제의 부분에는 접지를 한다.

답 (격벽)을 설치

[근거규정] 접지설비 · 구내통신설비 · 선로설비 및 통신공동구 기술기준 제23조

35. 사업자가 설치하는 지하관로의 공수는 "수용케이블 조수 + 예비관 공수"로 적용하는데 다음 중 틀린 것은?

가. 종국용량 1,000회선 이하 국소 = 1조

나. 종국용량 10,000회선 미만 국소 = 종국용량 × 피더케이블 공급배율 ÷ 1,200조

다. 종국용량 10,000회선 이상 국소의 특별시, 광역시, 인구과밀지역 = 종국용량 × 피더케이블 공급배율 ÷ 2,600조

라. 종국용량 10,000회선 이상 국소의 인구과밀지역을 제외한 중소도시 = 종국용량 × 피더케이블 공급배율 ÷ 2,400

답 다. 종국용량 10,000회선 이상 국소의 특별시, 광역시, 인구과밀지역 = 종국용량 × 피더케이블공급배율 ÷ 2,700조

[근거규정] 접지설비 · 구내통신설비 · 선로설비 및 통신공동구 기술기준 제24조

36. 사업자가 설치하는 지하관로의 공수계산에서 수용케이블 조수 + 예비관 공수 중 예비관 공수 중 틀린 것은?

가. 수용케이블 조수 1 이상 10 이하로 예비관 공수는 1

나. 수용케이블 조수 11 이상 20 이하 예비관 공수는 2

다. 수용케이블 조수 21 이상 예비관 공수는 4

라. 수용케이블 조수 31 이상 예비관 공수는 3

답 다. 수용케이블 조수 21 이상 예비관 공수는 3

[근거규정] 접지설비 · 구내통신설비 · 선로설비 및 통신공동구 기술기준 제24조

37. 사업자가 설치하는 지하관로의 관경은 다음과 같이 사용하고 지하관로를 사용하지 않고 직접 매설할 수 있는 광섬유케이블 보호관의 관로 관경은 예외로 할 수 있는데 그 용도와 지하관로 적용관경 중 틀린 것은?

가. 주관로용 지하관로 적용관경 100mm 이상

나. 배선관로용 지하관로 적용관경 100mm 이상

나. 인상분선관로(인수공과 전주 간) 지하관로 적용관경 36mm 내지 80mm

라. 사업자 맨홀과 건축주 맨홀 간 지하관로 적용관경 28mm

답 라. 사업자 맨홀과 건축주 맨홀 간 지하관로 적용관경은 규정하지 않고 있다.

[근거규정] 접지설비 · 구내통신설비 · 선로설비 및 통신공동구 기술기준 제25조

38. 국선의 인입에 대한 설명 중 틀린 것은?

가. 국선인입을 위한 관로, 맨홀, 핸드홀 및 전주 등 구내통신선로설비는 사업자의 맨홀, 핸드홀 또는 인입주로부터 건축물의 최초 접속점까지의 인입거리가 가능한 최단거리가 되도록 설치하여야 한다.

나. 국선을 지하로 인입하는 경우에는 배관, 맨홀 및 핸드홀을 설치하지만 인입선로의 길이가 240m 미만이고 인입선로상에서 분기되지 않는 경우 구내의 맨홀 또는 핸드홀을 설치하지 아니할 수 있다.

다. 국선을 지하로 인입하는 경우에는 배관, 맨홀 및 핸드홀을 설치하지만 건축주가 5회선 미만의 국선을 인입하는 경우 구내의 맨홀 또는 핸드홀을 설치하지 아니할 수 있다.

라. 건축주가 5회선 미만의 국선을 지하로 인입시키기 위해 사업자가 이용하는 인입맨홀 · 핸드홀 또는 인입주까지 지하배관을 설치하는 경우에 구내의 맨홀 또는 핸드홀을 설치하지 아니 할 수 있다.

답 나. 국선을 지하로 인입하는 경우에는 배관, 맨홀 및 핸드홀을 설치하지만 인입선로의 길이가 246m 미만이고 인입선로상에서 분기되지 않는 경우 구내의 맨홀 또는 핸드홀을 설치하지 아니할 수 있다.

[근거규정] 접지설비 · 구내통신설비 · 선로설비 및 통신공동구 기술기준 제26조

39. 종합유선방송설비의 인입을 위한 배관의 공수는 ( )공 이상으로 한다.

답 1

[근거규정] 접지설비 · 구내통신설비 · 선로설비 및 통신공동구 기술기준 제26조

40. 종합유선방송설비의 인입관로상 맨홀 및 핸드홀 등은 (   )설비의 맨홀 및 핸드홀 등과 공용으로 사용할 수 있다.

답 구내통신선로설비

[근거규정] 접지설비 · 구내통신설비 · 선로설비 및 통신공동구 기술기준 제26조

41. 다음의 지하인입관로의 표준도에 대한 설명 중 틀린 것은?

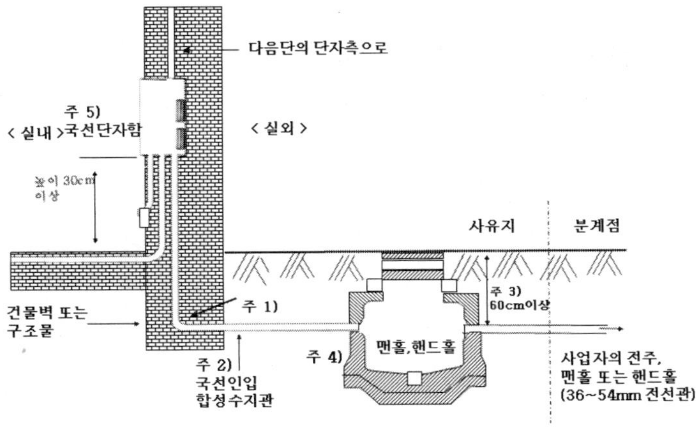

가. R≥6ϕ(ϕ는 관내경으로서 선로외경의 2배 이상일 것)

나. 인입배관은 KS C 8456 동등규격 이상의 합성수지관

다. 토피의 두께는 60cm 이상으로 하며 차도의 경우에는 100cm 이상일 것

라. 국선단자함은 실내에 설치할 것

답 나. 인입배관은 KS C 8455 동등규격 이상의 합성수지관

[근거규정] 접지설비 · 구내통신설비 · 선로설비 및 통신공동구 기술기준 제26조

42. 사업자의 전주에 배관을 연결하는 경우에 대한 설명 중 틀린 것은?

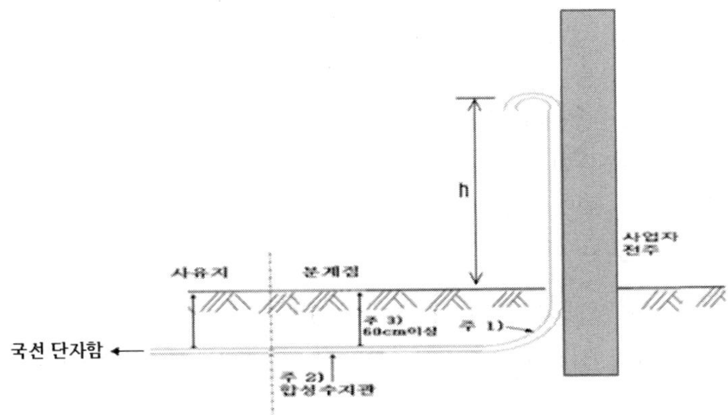

가. R≥6ϕ(ϕ는 관내경으로서 선로외경의 2배 이상일 것)

나. 토피의 두께는 60cm 이상이고 차도의 경우에는 100cm 이상일 것

다. '인입배관의 높이(h)'는 50cm 이하일 것

라. 사유지 경계지점에서 사업자전주까지 배관은 사업자가 설치할 것

답 다. '인입배관의 높이(h)'는 20cm 이상 50cm 이하일 것

[근거규정] 접지설비 · 구내통신설비 · 선로설비 및 통신공동구 기술기준 제26조

43. 국선의 인입배관에 대한 설명 중 틀린 것은?

가. 국선의 인입배관은 국선의 수용 및 교체, 증설이 용이하게 시공될 수 있는 구조로서 다음과 같이 설치되어야 한다.

나. 배관의 내경은 선로외경의 2배 이상이 되어야 한다.

다. 주거용건축물 중 공동주택의 인입배관의 내경은 20세대 이상의 공동주택은 최소 100mm 이상

라. 주거용건축물 중 공동주택의 인입배관의 내경은 20세대 미만의 공동주택 최소 36mm 이상

답 다. 주거용건축물 중 공동주택의 인입배관의 내경은 20세대 이상의 공동주택은 최소 54mm 이상

[근거규정] 접지설비 · 구내통신설비 · 선로설비 및 통신공동구 기술기준 제26조

44. 국선 인입배관의 공수의 설명 중 틀린 것은?

가. 주거용의 경우에는 1공 이상의 예비공을 포함하여 2공 이상

나. 기타건축물의 경우에는 1공 이상의 예비공을 포함하여 3공 이상

다. 업무용건축물의 경우에는 2공 이상의 예비공을 포함하여 3공 이상으로 설치하여야 한다.

라. 통신구 또는 트레이 등의 설비를 설치할 경우에는 향후 증설을 고려하여 여유공간을 확보한다.

답 나. 기타건축물의 경우에는 1공 이상의 예비공을 포함하여 2공 이상

[근거규정] 접지설비 · 구내통신설비 · 선로설비 및 통신공동구 기술기준 제27조

45. 구내배관에 대한 설명 중 틀린 것은?

가. 구내에 설치되는 건물의 옥내 · 외에는 선로를 용이하게 설치하거나 철거할 수 있도록 한국산업표준규격의 배관, 덕트 또는 트레이 등의 시설을 설치하여야 한다.

나. 주택에 홈네트워크설비를 설치하는 경우 세대단자함과 홈네트워크 주장치 간에는 홈네트워크용 배관을 2공 이상 설치하여야 한다.

다. 통신용 배관에 여유가 있는 경우에는 공동으로 사용할 수 있으며 통신소통에 지장이 없도록 하여야 한다.

라. 인입배관을 주거용의 경우에는 1공 이상의 예비공을 포함하여 2공 이상

답 나. 주택에 홈네트워크설비를 설치하는 경우 세대단자함과 홈네트워크 주장치 간에는 홈네트워크용 배관을 1공 이상 설치하여야 한다.

[근거규정] 접지설비 · 구내통신설비 · 선로설비 및 통신공동구 기술기준 제28조

46. 배관 공수에 대한 설명 중 틀린 것은?

가. 구내간선계 배관 공수는 동등 이상 내경을 가진 예비공 1공 이상을 포함하여 2공 이상을 설치하여야 한다.

나. 건물간선계의 배관 공수는 동등 이상 내경을 가진 예비공 1공 이상을 포함하여 2공 이상을 설치하여야 한다.

다. 트레이 및 덕트 등을 설치할 경우에는 향후 증설을 고려하여 여유공간을 확보한다.

라. 수직배선계의 배관은 성형구조 또는 성형배선이 가능한 구조이어야 한다.

답 라. 수평배선계의 배관은 성형구조 또는 성형배선이 가능한 구조이어야 한다.

[근거규정] 접지설비 · 구내통신설비 · 선로설비 및 통신공동구 기술기준 제28조

47. 업무용건축물의 배관설치에 대한 설명 중 틀린 것은?

가. 구내선이 7.5m를 넘는 실내에는 바닥덕트 또는 배관을 설치하여야 한다.

나. 바닥덕트 또는 배관은 실내의 용도와 규모를 고려하여 성형으로만 설치하여야 한다.

다. 바닥덕트 또는 배관의 매구간 교차점 또는 완곡부에는 각 1개씩의 실내접속함을 설치하여야하며 실내접속함의 간격은 7.5m 이내가 되도록 하여야 한다.

라. 직선관로로서 선로작업에 지장이 없는 경우에는 간격을 12.5m 이내로 할 수 있다.

답 나. 바닥덕트 또는 배관은 실내의 용도와 규모를 고려하여 성형 또는 망형 등으로 설치하여야 한다.

[근거규정] 접지설비 · 구내통신설비 · 선로설비 및 통신공동구 기술기준 제28조

48. 구내에 설치되는 옥내 · 외 배관의 요건의 설명 중 틀린 것은?

가. 배관은 외부의 압력 또는 충격 등으로부터 선로를 보호할 수 있는 기계적 강도를 가진 내부식성 금속관 또는 한국산업표준 KS C 8454(지하에 매설되는 배관의 경우에는 KS C 8455) 동등규격 이상의 합성수지제 전선관을 사용하여야 한다.

나. 배관의 내경은 배관에 수용되는 케이블단면적의 총합계가 배관단면적의 32% 이하가 되도록 하여야 한다.

다. 배관의 굴곡은 가능한 완만하게 처리하여야 하되, 곡률반경은 배관내경의 6배 이상으로 하고 엘보우 등 부가장치를 사용하여서는 아니된다.

라. 배관의 1구간에 있어서 굴곡개소는 3개소 이내이어야 하며, 1개소의 굴곡각도는 90° 이내로 하며 3개소의 합계는 270° 이내이어야 한다.

답 라. 배관의 1구간에 있어서 굴곡개소는 3개소 이내이어야 하며, 1개소의 굴곡각도는 90°이내로 하며 3개소의 합계는 180°이내이어야 한다.

[근거규정] 접지설비 · 구내통신설비 · 선로설비 및 통신공동구 기술기준 제28조

49. 옥내에 설치하는 덕트의 요건 설명 중 틀린 것은?

가. 덕트는 선로를 용이하게 수용할 수 있는 구조와 유지 · 보수를 위한 충분한 공간을 갖추어야 한다.

나. 수직으로 설치된 덕트의 주변에는 선로의 포설, 유지 및 보수의 작업을 용이하게 할 수 있는 디딤대 등을 설치하여야 한다.

나. 덕트의 내부에는 선로의 포설에 필요한 선로 받침대를 60cm 내지 150cm의 간격으로 설치하여야 한다.

라. 선로용 배관을 따로 설치하는 경우에도 선로 받침대를 60cm 내지 150cm의 간격으로 설치하여야 한다.

답 라. 선로용 배관을 따로 설치하는 경우에는 받침대를 설치하지 아니한다.

[근거규정] 접지설비 · 구내통신설비 · 선로설비 및 통신공동구 기술기준 제28조

50. 옥내에 설치하는 덕트 내부의 요건 설명 중 틀린 것은?

가. 덕트의 내부에는 유지 · 보수 작업용 조명이 설치되어야 한다.

나. 덕트의 내부에는 전기콘센트가 설치되어야 한다.

다. 바닥덕트의 경우에도 유지 · 보수 작업용 조명 또는 전기콘센트를 설치하여야 한다.

라. 바닥덕트의 매구간 교차점 또는 완곡부에는 각 1개씩의 실내접속함을 설치한다.

답 다. 바닥덕트의 경우에는 유지 · 보수 작업용 조명 또는 전기콘센트가 설치하지 아니할 수 있다.

[근거규정] 접지설비 · 구내통신설비 · 선로설비 및 통신공동구 기술기준 제28조

51. 국선단자함설치 요건에 대한 설명 중 틀린 것은?

가. 구내로 인입된 국선은 구내선과의 분계점에 설치된 중간배선반에 수용하여야 한다.

나. 구내교환기를 설치하는 경우에는 주배선반에 수용하여야 한다.

다. 광섬유케이블 또는 300회선 미만의 동케이블을 수용하는 경우에는 주단자함 또는 주배선반

라. 300회선 이상의 동케이블을 수용하는 경우에는 주배선반

답 가. 구내로 인입된 국선은 구내선과의 분계점에 설치된 주단자함 또는 주배선반에 수용하여야 한다.

[근거규정] 접지설비 · 구내통신설비 · 선로설비 및 통신공동구 기술기준 제29조

52. 국선단자함 설치와 관리에 대한 설명 중 틀린 것은?

가. 이용자는 국선단자함 및 구내케이블을 수용하기 위한 단자를 설치하고 운영·관리를 하여야 한다.

나. 건축주는 국선을 수용하기 위한 단자 및 보호기를 국선단자함에 설치하여야 한다.

다. 국선이 광케이블인 경우는 보호기를 설치하지 아니할 수 있다.

라. 사업자는 보호기를 설치하는 경우 국선단자함에서 보호기를 통하여 국선과 이용자 구내케이블간의 회선접속을 하여야 하며, 이용자가 회선접속 정보를 요구할 경우에는 관련 정보를 제공하여야 한다.

답 나. 사업자는 국선을 수용하기 위한 단자 및 보호기를 국선단자함에 설치하여야 한다.

[근거규정] 접지설비·구내통신설비·선로설비 및 통신공동구 기술기준 제29조

53. 국선단자함의 설치위치에 대한 설명 중 틀린 것은?

가. 국선단자함은 국선수용 단자, 단자반 및 보호기를 설치할 수 있는 충분한 공간 및 구조를 갖추어야 하며 관로의 분계점과 가장 가까운 곳에 설치하여야 한다.

나 국선단자함은 실내에 설치하여야 한다.

다. 보일러실, 발전기계실에는 국선단자함을 설치할 수 있다.

다. 선로를 수용할 단자함의 하부는 바닥으로부터 30cm 이상에 시설되어야 한다.

답 다. 보일러실, 발전기계실에는 국선단자함을 설치할 수 없다.

[근거규정] 접지설비·구내통신설비·선로설비 및 통신공동구 기술기준 제29조

54. 국선단자함의 요건에 대한 설명 중 틀린 것은?

가. 절연저항 30MΩ 이상

나. 보호장치는 휴지기능, 피뢰기능, 접지기능이 되어야 한다.

다. 단자 또는 접속어댑터의 성능은 배선 케이블 등급과 동등 이상의 성능.

라. AC 전원단자 설치와 함체의 크기는 필요한 기기 또는 보호장치를 수용할 수 있고 작업에 지장이 없도록 한 변의 길이는 400mm 이상으로 크기 0.2m^2 이상(깊이 80mm 이상)이다.

답 가. 절연저항 50MΩ 이상

[근거규정] 접지설비·구내통신설비·선로설비 및 통신공동구 기술기준 제29조

55. 중간단자함의 요건에 대한 설명 중 틀린 것은?

가. 선로를 용이하게 수용하기 위한 중간단자함을 설치한다.

나. 국선단자함과 세대단자함의 사이에 설치하는 단자함이다.

다. 국선단자함으로부터 세대단자함까지의 구간 중에서 배관의 굴곡점장소에 설치되어야

한다.

라. 국선단자함으로부터 세대단자함까지의 구간 중에서 선로를 모아서 접속을 위하여 필요한 곳이다.

답 라. 국선단자함으로부터 세대단자함까지의 구간 중에서 선로의 분기 및 접속을 위하여 필요한 곳
[근거규정] 접지설비 · 구내통신설비 · 선로설비 및 통신공동구 기술기준 제30조

56. 세대단자함의 요건에 대한 설명 중 틀린 것은?

가. 주거용건축물 중 공동주택의 경우에는 세대별로 배선의 인입 및 분기가 용이하도록 세대단자함을 설치하여야 한다.

나. 세대내에서 분기가 없는 기숙사 세대단자함을 설치하지 아니한다.

다. 「주택법 시행령」 제3조제1항제2호에서 규정하는 원룸형 주택의 모든 요건을 갖춘 주택은 세대단자함을 설치하여야 한다.

라. 세대단자함 크기는 규정하지 않고 있다.

답 다. 「주택법 시행령」 제3조제1항제2호에서 규정하는 원룸형 주택의 모든 요건을 갖춘 주택은 제외한다.
[근거규정] 접지설비 · 구내통신설비 · 선로설비 및 통신공동구 기술기준 제30조

57. 중간단자함과 세대단자함의 요건에 대한 설명 중 틀린 것은?

가. 접속저항은 0.01Ω 이하

나. 세대단자함은 공유기를 설치하기 때문에 접지기능을 설치하여야 한다.

다. 중간단자함은 접지기능을 설치하여야 한다.

라. 중간단자함과 세대단자함의 전원시설은 홈네트워크설비를 설치하는 경우에 한한다.

답 나. 세대단자함의 접지기능은 홈네트워크설비를 설치하는 경우에 한한다.
[근거규정] 접지설비 · 구내통신설비 · 선로설비 및 통신공동구 기술기준 제30조

58. 회선종단장치의 요건에 대한 설명 중 틀린 것은?

가. 주거용건축물의 통신용 인출구는 모듈러잭이나 동축커넥터 또는 광인출구 등으로 종단하여야 한다.

나. 업무용의 경우에는 각 실별 단위로 통신용 인출구 또는 통신용 단자함으로 종단하여야 한다.

다. 기타건축물의 경우에는 각 실별 단위로 하지 않고 필요한 경우에만 통신용 인출구 또는 통신용 단자함으로 종단하여야 한다.

라. 인출구의 효율적인 사용을 위하여 통신용선로, 방송공동수신설비, 홈네트워크설비 등을 하나의 인출구로 종단할 경우에는 선로상호간 누화로 인한 통신소통에 지장이 없도록 하여야 한다.

답 다. 기타건축물의 경우에는 각 실별 단위로 통신용 인출구 또는 통신용 단자함으로 종단하여야 한다.
[근거규정] 접지설비 · 구내통신설비 · 선로설비 및 통신공동구 기술기준 제31조

59. 구내통신선 설치에 대한 설명 중 틀린 것은?

가 옥내에 설치하는 통신선은 16MHz 이상의 전송대역을 갖는 꼬임케이블을 사용하여야 한다.

나. 옥내에 설치하는 통신선은 광섬유케이블을 사용하여야 한다.

다. 옥내에 설치하는 통신선은 동축케이블을 사용하여야 한다.

라. 옥외에 설치하는 선로는 옥외용 꼬임케이블, 옥외용 광섬유케이블, 동축케이블을 사용하여야 한다.

답 가 옥내에 설치하는 통신선은 100MHz 이상의 전송대역을 갖는 꼬임케이블을 사용하여야 한다.
[근거규정] 접지설비 · 구내통신설비 · 선로설비 및 통신공동구 기술기준 제32조

60. 주거용건축물에 설치하는 구내배선의 설치에 대한 설명 중 틀린 것은?

가. 두 개 이상의 공동주택이 하나의 단지를 형성할 때는 국선단자함이 설치된 공동주택에서 각 공동주택별로 구내간선케이블을 설치하여 동단자함에 배선하여야 한다.

나. 세대단자함에서 각 인출구까지는 성형배선 방식으로 하여야 한다.

다. 국선단자함에서 세대 내 인출구까지 꼬임케이블을 배선할 경우에 구내배선설비의 링크성능은 100MHz 이상의 전송특성이 유지되도록 하여야 한다.

라. 동단자함이 설치된 경우에는 링크성능 구간은 중간단자함에서 세대내 인출구까지로 한다.

답 라. 동단자함이 설치된 경우에는 링크성능 구간은 동단자함에서 세대내 인출구까지로 한다.
[근거규정] 접지설비 · 구내통신설비 · 선로설비 및 통신공동구 기술기준 제33조

61. 업무용과 기타건축물에 설치하는 구내배선의 설치에 대한 설명 중 틀린 것은?

가. 층단자함에서 각 인출구까지는 성형배선 방식으로 하여야 한다.

나. 층단자함에서 인출구까지 꼬임케이블을 배선할 경우에 구내배선설비의 링크성능은 16MHz 이상의 전송특성이 유지되도록 하여야 한다.

다. 통신용선로, 방송공동수신설비, 홈네트워크설비 등을 동일 배관에 함께 수용할 경우에는 선로상호간 누화로 인하여 통신소통에 지장이 없도록 하여야 한다.

라. 구내배선에 사용하는 접속자재는 배선케이블 등급과 동등 이상의 제품을 사용하여야 한다.

답 나. 층단자함에서 인출구까지 꼬임케이블을 배선할 경우에 구내배선설비의 링크성능은 100MHz 이상의 전송특성이 유지되도록 하여야 한다.

[근거규정] 접지설비 · 구내통신설비 · 선로설비 및 통신공동구 기술기준 제33조

62. 동케이블의 링크성능에 대한 설명 중 틀린 것은?

가. 반사손실은 측정값 100MHz에서 기준값이 10.0dB 이상

나. 감쇠 측정값 100MHz에서 기준값이 24.0dB 이하

다. 근단누화손실 측정값 100MHz에서 기준값이 30.1dB 이하

라. 원단감쇠 대 누화비 측정값 100MHz에서 기준값이 17.4dB 이상

답 다. 근단누화손실 측정값 100MHz에서 기준값이 30.1dB 이상

[근거규정] 접지설비 · 구내통신설비 · 선로설비 및 통신공동구 기술기준 제33조

63. 공동주택과 업무용건축물의 집중구내통신실에서 광섬유케이블의 종단인 세대단자함 또는 인출구까지의 광섬유케이블 링크성능에서 틀린 것은?

가. 단일모드 파장 1,310nm, 채널손실 9dB 이하

나. 단일모드 파장 1,550nm, 채널손실 7dB 이하

다. 다중모드 파장 850nm, 채널손실 13dB 이하

라. 다중모드 파장 1,300nm, 채널손실 9dB 이하

답 가. 단일모드 파장 1,310nm 채널손실 7dB 이하

[근거규정] 접지설비 · 구내통신설비 · 선로설비 및 통신공동구 기술기준 제33조

64. 건축물 및 기타건축물의 국선단자함에서 광섬유케이블의 종단인 세대단자함 또는 인출구까지의 광섬유케이블 링크성능의 단일모드 파장 1,310nm과 1,550nm의 채널손실 값은?

답 3.45dB 이하

[근거규정] 접지설비 · 구내통신설비 · 선로설비 및 통신공동구 기술기준 제33조

65. 사업용방송통신설비외의 방송통신설비에 대한 예비전원설비의 설치기준 중 틀린 것은?

가. 국선수용용량이 10회선 이상인 구내교환설비의 경우에는 상용전원이 정지된 경우 최대부하전류를 공급할 수 있는 축전지 또는 발전기 등의 예비전원설비를 갖추어야 한다.

나. 정전이 되어도 국선으로부터의 호출에 대하여 응답이 가능한 경우에는 축전지 또는 발전기 등의 예비전원설비를 갖추지 않아도 된다.

다. 재난관리책임기관과 긴급구조기관의 장이 설치하여 운용하는 국선수용용량 10회선 이상인 교환설비 및 광전송설비의 경우에는 상용전원이 정지된 경우 최대부하전류를 3시간 이상 공급할 수 있는 축전지 또는 발전기 등의 예비전원설비를 갖추어야 한다.

라. 국선수용용량이 5회선 이상인 구내방송설비의 경우에는 상용전원이 정지된 경우 최대부

하전류를 공급할 수 있는 축전지 또는 발전기 등의 예비전원설비를 갖추어야 한다.

답 라. 국선수용용량이 5회선 이상인 구내방송설비의 경우 규정이 없다.

[근거규정] 접지설비 · 구내통신설비 · 선로설비 및 통신공동구 기술기준 제34조

66. 기간통신역무 중 주파수를 할당받아 제공하는 역무를 제공받기 위한 급전선을 지상 또는 옥상안테나에서 옥내안테나까지 인입하는 경우를 설명한 것 중 틀린 것은?

가. 옥외안테나에서 옥내안테나까지의 관로는 배관 또는 덕트로 설치한다.

나. 옥외안테나에서 기지국의 송수신장치 또는 중계장치가 설치되는 장소까지는 3공 이상의 배관을 설치하여야 한다.

다. 건물 내 통신배관실을 이용하여 급전선을 포설할 수 있는 경우에는 배관 또는 덕트로 설치하지 아니한다.

라. 배관의 내경은 36mm 또는 급전선 외경(다조인 경우에는 그 전체의 외경)의 2배 이상이 되어야 한다.

답 라. 배관의 내경은 32mm 또는 급전선 외경(다조인 경우에는 그 전체의 외경)의 2배 이상이 되어야 한다.

[근거규정] 접지설비 · 구내통신설비 · 선로설비 및 통신공동구 기술기준 제35조

67. 급전선 인입을 설명한 것 중 틀린 것은?

가. 지하 1층만의 지하도, 지하상가, 지하주차장 또는 건축물일 경우는 안테나 설치장소에서부터 기지국의 송수신장치 또는 중계장치의 설치장소까지 배관 또는 덕트를 구성한다.

나. 지하 건축물 또는 시설이 다층일 경우는 관로를 구성하고 지하 공간의 최상위층 기지국의 송수신장치 또는 중계장치 설치장소층에서 각각의 하위층으로 관로를 구성하여야 한다.

다. 지하 1층을 포함한 건물높이가 10m를 초과하는 경우에는 배관을 지하층에서 지상층으로 연결되는 환풍구 또는 별도의 배관설치 등을 통해 구성할 수 있다.

라. 터널일 경우 단굴일 때는 관로를 구성하고 쌍굴일 때는 각각의 굴에 관로를 구성한다.

답 다. 지하 1층을 포함한 건물높이가 30m를 초과하는 경우에는 배관을 지하층에서 지상층으로 연결되는 환풍구 또는 별도의 배관설치 등을 통해 구성할 수 있다.

[근거규정] 접지설비 · 구내통신설비 · 선로설비 및 통신공동구 기술기준 제35조

68. 이동통신용 접속함은 급전선의 포설 및 철거가 용이하도록 접속함을 설치하는 경우는 관로의 길이가 (　　)를 초과할 경우와 관로의 굴곡점이다.

답 40m

[근거규정] 접지설비 · 구내통신설비 · 선로설비 및 통신공동구 기술기준 제36조

69. 이동통신설비 설치장소를 설명한 것 중 틀린 것은?

가. 옥외안테나 설치장소는 2개 장소로서 각각 가로 2m, 세로 2m, 높이 5m의 장소를 확보하고 벽 또는 천정에 부착할 수 있는 장소를 제공하여야 하며 매 2미터 이내에 지지물을 설치하여야 한다.

나. 기지국의 송수신장치 또는 중계장치 설치장소는 지하의 최상위층으로 지하방재실이나 터널 등의 먼지나 유해가스로부터 격리된 장소로서 급전선 인입관로와의 최단거리에 가로 2m, 세로 1m, 높이 2m의 공간을 확보한다.

다. 전원단자는 지국의 송수신장치 또는 중계장치에 교류전원을 확보한다.

라. 통신접지는 기지국의 송수신장치 또는 중계장치 설치장소까지 구성한다.

답 가. 옥외안테나 설치장소는 2개 장소로서 각각 가로 2m, 세로 2m, 높이 5m의 장소를 확보하고 벽 또는 천정에 부착할 수 있는 장소를 제공하여야 하며 매 4미터 이내에 지지물을 설치하여야 한다.

[근거규정] 접지설비 · 구내통신설비 · 선로설비 및 통신공동구 기술기준 제37조

70. 기지국의 송수신장치 또는 중계장치용 전원은 용량이 (   ) 이상으로서 교류 220V 전원단자가 3개 이상이어야 한다.

답 2kW

[근거규정] 접지설비 · 구내통신설비 · 선로설비 및 통신공동구 기술기준 제38조

71. 건축물에 이동통신구내선로설비의 장소확보에 대한 설명 중 틀린 것은?

가. 이동통신구내선로설비의 설치 또는 운영을 위한 기지국의 송수신장치 또는 중계장치의 설치장소와 송수신용 안테나의 설치장소가 확보되어야 한다.

나. 기지국의 송수신장치 또는 중계장치의 설치장소는 관로의 분계점에 가까운 곳으로서 이동통신서비스 및 휴대인터넷서비스 등을 제공받기에 편리한 장소로 한다.

다. 기지국의 송수신장치 또는 중계장치의 설치장소는 건축물의 지하층이 여러 층인 경우에는 매 3개 층마다 확보한다.

라. 옥외안테나 설치장소는 전파의 송수신이 가장 양호한 곳

답 다. 기지국의 송수신장치 또는 중계장치의 설치장소는 건축물의 지하층이 여러 층인 경우에는 매 2개 층마다 확보한다.

[근거규정] 접지설비 · 구내통신설비 · 선로설비 및 통신공동구 기술기준 제39조

72. 통신공동구의 설치기준 설명 중 틀린 것은?

가. 통신공동구는 통신케이블의 수용에 필요한 공간과 통신케이블의 설치 및 유지 · 보수등의 작업 시 필요한 공간을 충분히 확보할 수 있는 구조로 설계하여야 한다.

나. 통신공동구를 설치하는 때에는 조명 · 배수 · 소방 · 환기 및 접지시설 등 통신케이블의

유지 · 관리에 필요한 부대설비를 설치하여야 한다.

다. 통신공동구와 관로가 접속되는 지점에는 통신케이블의 접속을 위한 분기구를 설치하여야 한다.

라. 한 지점에서 여러 개의 관로로 분기될 경우에는 작업이 용이하도록 분기구간에는 일정 거리 이상의 간격을 유지하여야 한다.

답 다. 통신공동구와 관로가 접속되는 지점에는 통신케이블의 분기를 위한 분기구를 설치하여야 한다.

[근거규정] 접지설비 · 구내통신설비 · 선로설비 및 통신공동구 기술기준 제46조

73. 관로의 매설깊이를 설명한 것 중 틀린 것은?

가. 관로에 사용하는 관은 외부하중과 토압에 견딜수 있는 충분한 강도와 내구성을 가져야 한다.

나. 지면에서 관로상단까지의 거리는 차도는 1.0m 이상의 기준에 의한다.

다. 지면에서 관로상단까지의 거리는 보도 및 자전거도로는 0.6m 이상의 기준에 의한다.

라. 지면에서 관로상단까지의 거리는 철도 · 고속도로 횡단구간 등 특수한 구간은 1.0m 이상의 기준에 의한다.

답 라. 지면에서 관로상단까지의 거리는 철도 · 고속도로 횡단구간 등 특수한 구간은 1.5m 이상의 기준에 의한다.

[근거규정] 접지설비 · 구내통신설비 · 선로설비 및 통신공동구 기술기준 제47조

74. 관로매설 방법을 설명한 것 중 틀린 것은?

가. 관로 상단부와 지면사이에는 관로보호용 경고테이프를 관로 매설경로에 따라 매설하여야 한다.

나. 관로는 가스 등 다른 매설물과 50cm 이상 떨어져 매설하여야 한다.

다. 부득이한 사유로 인하여 50cm 이상의 간격을 유지할 수 없는 경우에는 보호벽의 설치 등 관로를 보호하기 위한 조치를 하여야 한다.

라. 맨홀 또는 핸드홀간에 매설하는 관로는 케이블 견인에 지장을 주지 아니하는 곡률을 유지하는 곡선성을 유지하여야 한다.

답 라. 맨홀 또는 핸드홀간에 매설하는 관로는 케이블 견인에 지장을 주지 아니하는 곡률을 유지하는 직선성을 유지하여야 한다.

[근거규정] 접지설비 · 구내통신설비 · 선로설비 및 통신공동구 기술기준 제47조

75. 맨홀 또는 핸드홀의 설치기준을 설명한 중 틀린 것은?

가. 맨홀 또는 핸드홀은 케이블의 설치 및 유지 · 보수 등의 작업 시 필요한 공간을 확보할 수 있는 구조로 설계하여야 한다.

나. 맨홀 또는 핸드홀은 케이블의 설치 및 유지 · 보수 등을 위한 차량출입과 작업이 용이한 위치에 설치하여야 한다.

다. 맨홀 또는 핸드홀에는 주변 실수요자용 통신케이블을 분기할 수 있으면 되고 접지시설은 설치하지 않아도 된다.

라. 맨홀 또는 핸드홀 간의 거리는 246m 이내로 하여야 하고 교량 · 터널 등 특수구간의 경우와 광케이블 등 특수한 통신케이블만 수용하는 경우에는 그러하지 아니할 수 있다.

답 다. 맨홀 또는 핸드홀에는 주변 실수요자용 통신케이블을 분기할 수 있는 인입관로 및 접지시설을 설치하여야 한다.

[근거규정] 접지설비 · 구내통신설비 · 선로설비 및 통신공동구 기술기준 제48조

제3장

방송 공동수신설비의 설치기준

3.1 근거규정

「건축법 시행령」 제87조와 「주택건설기준 등에 관한 규정」 제42조에 따라 건축물에 설치하는 방송공동수신설비의 설치기준(미래창조과학부 고시 제2013-162호)

「건축법 시행령」 제87조(건축설비 설치의 원칙) ④ 건축물에는 방송수신에 지장이 없도록 공동시청 안테나, 유선방송 수신시설, 위성방송 수신설비, 에프엠(FM)라디오방송 수신설비 또는 방송 공동수신설비를 설치할 수 있다. 다만, 다음 각 호의 건축물에는 방송 공동수신설비를 설치하여야 한다.

1. 공동주택
2. 바닥면적의 합계가 5천제곱미터 이상으로서 업무시설이나 숙박시설의 용도로 쓰는 건축물

⑤ 제4항에 따른 방송 수신설비의 설치기준은 미래창조과학부장관이 정하여 고시하는 바에 따른다.

「주택건설기준 등에 관한 규정」 제42조(방송수신을 위한 공동수신설비의 설치 등) ① 공동주택에는 미래창조과학부장관이 정하여 고시하는 바에 따라 텔레비전방송 · 에프엠(FM)라디오방송 공동수신안테나 및 그 부속설비와 종합유선방송의 구내전송선로설비를 설치하여야 한다.

② 공동주택의 각 세대에는 제1항의 규정에 의한 텔레비전방송 및 에프엠(FM)라디오방송 공동수신안테나와 연결된 단자를 2개소 이상 설치하여야 한다. 다만, 세대당 전용면적이 60제곱미터 이하인 주택의 경우에는 1개소로 할 수 있다.

건축법 시행령 제3조의5 용도별 건축물 종류

1) 공동주택

공동주택의 형태를 갖춘 가정어린이집 · 공동생활가정 · 지역아동센터 · 노인복지시설(노인복지주택은 제외한다) 및 「주택법 시행령」 제3조제1항에 따른 원룸형 주택을 포함한다.

가. 아파트 : 주택으로 쓰는 층수가 5개 층 이상인 주택

나. 연립주택 : 주택으로 쓰는 1개 동의 바닥면적(2개 이상의 동을 지하주차장으로 연결하는 경우에는 각각의 동으로 본다) 합계가 660제곱미터를 초과하고, 층수가 4개 층 이하인 주택

다. 다세대주택 : 주택으로 쓰는 1개 동의 바닥면적 합계가 660제곱미터 이하이고, 층수가 4개 층 이하인 주택(2개 이상의 동을 지하주차장으로 연결하는 경우에는 각각의 동으로 본다)

라. 기숙사 : 학교 또는 공장 등의 학생 또는 종업원 등을 위하여 쓰는 것으로서 1개

동의 공동취사시설 이용세대 수가 전체의 50퍼센트 이상인 것(「교육기본법」 제27조제2항에 따른 학생복지주택을 포함한다)

2) 노유자시설
   가. 아동 관련 시설(어린이집, 아동복지시설, 그 밖에 이와 비슷한 것으로서 단독주택, 공동주택 및 제1종 근린생활시설에 해당하지 아니하는 것을 말한다)
   나. 노인복지시설(단독주택과 공동주택에 해당하지 아니하는 것을 말한다)
   다. 그 밖에 다른 용도로 분류되지 아니한 사회복지시설 및 근로복지시설

3) 업무시설
   가. 공공업무시설 : 국가 또는 지방자치단체의 청사와 외국공관의 건축물로서 제1종 근린생활시설에 해당하지 아니하는 것
   나. 일반업무시설 : 다음 요건을 갖춘 업무시설을 말한다.
      ① 금융업소, 사무소, 결혼상담소 등 소개업소, 출판사, 신문사, 그 밖에 이와 비슷한 것으로서 제2종 근린생활시설에 해당하지 않는 것
      ② 오피스텔(업무를 주로 하며, 분양하거나 임대하는 구획 중 일부 구획에서 숙식을 할 수 있도록 한 건축물로서 국토교통부장관이 고시하는 기준에 적합한 것을 말한다)

4) 숙박시설
   가. 일반숙박시설 및 생활숙박시설
   나. 관광숙박시설(관광호텔, 수상관광호텔, 한국전통호텔, 가족호텔, 호스텔, 소형호텔, 의료관광호텔 및 휴양 콘도미니엄)
   다. 다중생활시설(제2종 근린생활시설에 해당하지 아니하는 것을 말한다)
   라. 그 밖에 가목부터 다목까지의 시설과 비슷한 것

3.1.1 배관 등의 설치방법

① 방송 공동수신설비에 사용하는 배관 등은 배선의 교체와 증설시공이 쉽도록 설치하여야 한다.

② 건축물의 벽이나 바닥 안에 설치하는 증폭기와 분배기 등의 장치는 외부에서 교체하기 쉬운 장치함에 설치하여야 하고, 이들 장치와 접속하는 동축케이블이나 광케이블은 적당한 길이의 여분을 가져야 한다.

[근거규정] 방송 공동수신설비의 설치기준 제3조

3.1.2 안전조건

① 방송 공동수신설비에는 보호기를 설치하여야 한다.

② 보호기의 성능 및 접지에 관하여는 「방송통신설비의 기술기준에 관한 규정」 제7조를 준용한다.

③ 방송 공동수신 안테나 시설은「전기사업법 시행령」 제43조에 따른 기술기준에 맞도록 설치하여야 한다.

[근거규정] 방송 공동수신설비의 설치기준 제4조

「방송통신설비의 기술기준에 관한 규정」 제7조 ① 낙뢰 또는 강전류전선과의 접촉 등으로 이상전류 또는 이상전압이 유입될 우려가 있는 방송통신설비에는 과전류 또는 과전압을 방전시키거나 이를 제한 또는 차단하는 보호기가 설치되어야 한다.
② 제1항에 따른 보호기와 금속으로 된 주배선반·지지물·단자함 등이 사람 또는 방송통신설비에 피해를 줄 우려가 있을 경우에는 접지되어야 한다.
③ 제1항 및 제2항에 따른 방송통신설비의 보호기 성능 및 접지에 대한 세부기술기준은 미래창조과학부장관이 정하여 고시한다.

「전기사업법 시행령」 제43조(기술기준의 제정) 「전기사업법」 제67조에 따른 기술기준은 전기설비가 다음 각 호의 기준에 적합하도록 정하여야 한다.
1. 사람이나 다른 물체에 위해(危害) 또는 손상을 주지 아니하도록 할 것
2. 내구력의 부족 또는 기기 오작동에 의하여 전기공급에 지장을 주지 아니하도록 할 것
3. 다른 전기설비나 그 밖의 물건의 기능에 전기적 또는 자기적(磁氣的) 장애를 주지 아니하도록 할 것
4. 에너지의 효율적인 이용 및 신기술·신공법의 개발·활용 등에 지장을 주지 아니하도록 할 것

「전기사업법」 제67조(기술기준) 산업통상자원부장관은 전기설비의 안전관리를 위하여 필요한 기술기준(이하 "기술기준"이라 한다)을 정하여 고시하여야 한다. 이를 변경하는 경우에도 또한 같다.

3.1.3 직렬단자

직렬단자는 임피던스 75옴인 출력단자에 접속하여 지상파텔레비전방송, 위성방송, 에프엠라디오방송 및 종합유선방송을 수신할 수 있어야 한다.

[근거규정] 방송 공동수신설비의 설치기준 제5조

3.1.4 장치함

① 장치함은 다음에 해당하는 곳에 설치하여야 한다.

1. 방송 공동수신설비와 최초로 접속되는 곳
2. 케이블의 분배·분기 또는 접속을 위하여 필요한 곳

② 제1항에 따른 장치함은 다음 각 호의 기준에 맞도록 설치하여야 한다.

1. 장치함의 내부에는 절연보조장치, 잠금장치 및 통풍구 등을 설치할 것
2. 장치함은 계단이나 복도 등 실내의 공용부분에 설치할 것
3. 장치함의 크기는 증폭기, 분배기, 분기기, 보호기 및 케이블 등 필요한 설비를 수용할 수 있는 충분한 공간을 확보할 것
4. 증폭기·분배기 등 간에 신호의 간섭이 없도록 할 것

[근거규정] 방송 공동수신설비의 설치기준 제6조

3.1.5 구내배관

① 방송 공동수신설비에 사용되는 구내 관로의 배관은 다음 각 호의 기준에 맞도록 설치하여야 한다.

1. 배관은 외부의 압력 또는 충격 등으로부터 선로를 보호할 수 있고, 부식에 강한 금속관 또는 통신용 합성수지관을 사용하여야 한다.
2. 배관의 안지름은 배관에 들어가는 케이블 단면적의 총합계가 배관단면적의 32퍼센트 이하가 되도록 하여야 한다.
3. 배관의 굴곡은 가능하면 완만하게 처리하여야 하고, 곡률반지름은 배관 안지름의 6배 이상으로 한다. 이 경우 굴곡을 유지하기 위한 다른 보조장치를 사용하여서는 아니된다.
4. 장치함부터 세대단자함까지 또는 장치함에서 다른 장치함까지 등 한 구간의 배관은 굴곡부분은 3개소 이하로 하고, 1개소의 굴곡각도는 90도 이하로 하며, 그 굴곡각도의 합계는 180도 이하로 한다.

② 세대단자함부터 직렬단자까지의 배관은 성형배선이 가능한 구조로 하여야 한다.

③ 세대단자함부터 직렬단자까지는 통신용 배관을 공동으로 사용할 수 있다.

[근거규정] 방송 공동수신설비의 설치기준 제7조

3.2 방송 공동수신 안테나 시설

3.2.1 설계 전 전파조사

방송 공동수신 안테나 시설의 설계자는 방송 공동수신 안테나 시설에 대한 설계를 하기 전에 수신전계강도 등 필요한 전파조사를 하여야 한다. 다만, 전파방송관련 산업기사 이상의 자격자를 보유한 정보통신공사업자가 전파조사를 한 결과가 있으면 전파조사를 하지 아니할 수 있다.

[근거규정] 방송 공동수신설비의 설치기준 제8조

3.2.2 설 계

① 방송 공동수신 안테나 시설의 설계자는 제8조(방송 공동수신 안테나 시설의 설계자는 방송 공동수신 안테나 시설에 대한 설계를 하기 전에 수신전계강도 등 필요한 전파조사를 하여야 한다)에 따른 전파조사의 결과와 방송 공동수신 안테나 시설을 설치할 건축물의 규모와 형태 등을 고려하여 설계하여야 한다.

② 방송 공동수신 안테나 시설의 설계자는 전파조사에 따른 설계를 할 때에 방송신호의 손실이 가장 많은 경로에 접속되는 직렬단자에서의 예상 신호의 세기를 「건축법」에 따른 설계도서에 적어 넣어야 한다.

[근거규정] 방송 공동수신설비의 설치기준 제9조

3.2.3 신호의 전송

① 방송 공동수신 안테나 시설은 수신안테나로부터 들어오는 방송의 신호를 주파수의 변환 없이 그대로 전송하여야 한다.

② 선로에서의 방송신호가 손실되는 등의 이유로 수신이 양호하지 아니한 경우에는 방송의 신호를 주파수의 변환 없이 그대로 전송에도 불구하고 〈표 3-1〉의 방송 주파수대역의 범위에서 주파수를 변환하여 전송하게 할 수 있다.

③ 주파수를 변환하여 전송하는 경우에는 「전파법 시행령」 제2조제13호(13. "방송구역"이란 방송을 양호하게 수신할 수 있는 구역으로서 전계강도가 미래창조과학부장관이 정하여 고시하는 기준 이상인 구역을 말한다)에 따라 해당 건축물이

위치한 지역을 방송구역으로 하는 지상파텔레비전방송신호와 서로 간섭이 없도록 하여야 한다.

〈표 3-1〉 방송 주파수대역(제10조제2항 관련)

1. 지상파텔레비전방송(주파수 단위 : MHz)

채널	주파수대	할당 주파수	영상	음성	채널	주파수대	할당 주파수	영상	음성
2	54~60	57	55.25	59.75	36	602~608	605	603.25	607.75
3	60~66	63	61.25	65.75	37	608~614	611	609.25	613.75
4	66~72	69	67.25	71.75	38	614~620	617	615.25	619.75
5	76~82	79	77.25	81.75	39	620~626	623	621.25	625.75
6	82~88	85	83.25	87.75	40	626~632	629	627.25	631.75
7	174~180	177	175.25	179.75	41	632~638	635	633.25	637.75
8	180~186	183	181.25	185.75	42	638~644	641	639.25	643.75
9	186~192	189	187.25	191.75	43	644~650	647	645.25	649.75
10	192~198	195	193.25	197.75	44	650~656	653	651.25	655.75
11	198~204	201	199.25	203.75	45	656~662	659	657.25	661.75
12	204~210	207	205.25	209.75	46	662~668	665	663.25	667.75
13	210~216	213	211.25	215.75	47	668~674	671	669.25	673.75
14	470~476	473	471.25	475.75	48	674~680	677	675.25	679.75
15	476~482	479	477.25	481.75	49	680~686	683	681.25	685.75
16	482~488	485	483.25	487.75	50	686~692	689	687.25	691.75
17	488~494	491	489.25	493.75	51	692~698	695	693.25	697.75
18	494~500	497	495.25	499.75	52	698~704	701	699.25	703.75
19	500~506	503	501.25	505.75	53	704~710	707	705.25	709.75
20	506~512	509	507.25	511.75	54	710~716	713	711.25	715.75
21	512~518	515	513.25	517.75	55	716~722	719	717.25	721.75
22	518~524	521	519.25	523.75	56	722~728	725	723.25	727.75
23	524~530	527	525.25	529.75	57	728~734	731	729.25	733.75
24	530~536	533	531.25	535.75	58	734~740	737	735.25	739.75
25	536~542	539	537.25	541.75	59	740~746	743	741.25	745.75
26	542~548	545	543.25	547.75	60	746~752	749	747.25	751.75
27	548~554	551	549.25	553.75	61	752~758	755	753.25	757.75
28	554~560	557	555.25	559.75	62	758~764	761	759.25	763.75
29	560~566	563	561.25	565.75	63	764~770	767	765.25	769.75
30	566~572	569	567.25	571.75	64	770~776	773	771.25	775.75
31	572~578	575	573.25	577.75	65	776~782	779	777.25	781.75
32	578~584	581	579.25	583.75	66	782~788	785	783.25	787.75
33	584~590	587	585.25	589.75	67	788~794	791	789.25	793.75
34	590~596	593	591.25	595.75	68	794~800	797	795.25	799.75
35	596~602	599	597.25	601.75	69	800~806	803	801.25	805.75

2. 에프엠라디오방송

(주파수단위 : MHz)

채널	할당 주파수(MHz)	채널	할당 주파수(MHz)	채널	할당 주파수(MHz)	채널	할당 주파수(MHz)
1	88.1	26	93.1	51	98.1	76	103.1
2	88.3	27	93.3	52	98.3	77	103.3
3	88.5	28	93.5	53	98.5	78	103.5
4	88.7	29	93.7	54	98.7	79	103.7
5	88.9	30	93.9	55	98.9	80	103.9
6	89.1	31	94.1	56	99.1	81	104.1
7	89.3	32	94.3	57	99.3	82	104.3
8	89.5	33	94.5	58	99.5	83	104.5
9	89.7	34	94.7	59	99.7	84	104.7
10	89.9	35	94.9	60	99.9	85	104.9
11	90.1	36	95.1	61	100.1	86	105.1
12	90.3	37	95.3	62	100.3	87	105.3
13	90.5	38	95.5	63	100.5	88	105.5
14	90.7	39	95.7	64	100.7	89	105.7
15	90.9	40	95.9	65	100.9	90	105.9
16	91.1	41	96.1	66	101.1	91	106.1
17	91.3	42	96.3	67	101.3	92	106.3
18	91.5	43	96.5	68	101.5	93	106.5
19	91.7	44	96.7	69	101.7	94	106.7
20	91.9	45	96.9	70	101.9	95	106.9
21	92.1	46	97.1	71	102.1	96	107.1
22	92.3	47	97.3	72	102.3	97	107.3
23	92.5	48	97.5	73	102.5	98	107.5
24	92.7	49	97.7	74	102.7	99	107.7
25	92.9	50	97.9	75	102.9	100	107.9

3. 위성방송 할당주파수대 : 950~2150MHz

[근거규정] 방송 공동수신설비의 설치기준 제10조

3.2.4 사용설비 및 기술기준

① 방송 공동수신 안테나 시설에 사용하는 설비는 다음과 같다.

1. 수신안테나
2. 레벨조정기
3. 디지털 재변조형 주파수변환기

4. 증폭기
5. 분배기 및 분기기
6. 신호처리기
7. 직렬단자
8. 동축케이블 또는 광케이블
9. 보호기

② 디지털 방송의 아날로그 변환 출력을 위하여 필요한 경우에는 디지털 아날로그 신호변환기를 설치할 수 있다.

③ 방송 공동수신 안테나 시설의 기술기준에 관하여는 제5조부터 제7조 및 제12조부터 제21조까지 규정한 사항 외에는 〈표 3-2〉를 적용한다.

[근거규정] 방송 공동수신설비의 설치기준 제11조

〈표 3-2〉 사용설비의 성능기준(제11조제3항 관련)

1. 수신안테나

가. 지상파텔레비전방송 및 에프엠라디오방송

항 목	단위	54~ 88MHz	88~ 108MHz	174~ 216MHz	470~ 608MHz	608~ 806MHz
이 득	dBi 이상	7	8	8	9	10
임피던스	ohm(Ω)	75	75	75	75	75
반사손실	dB 이상	8	8	8	8	8

나. 위성방송

안테나				저잡음 블록 변환기 (LNB : Low Noise Block down converter)					
안테나 타입	이득	편파 분리도	VSWR	입력 주파수 범위	L.O	출력 정재 파비	이득	잡음 지수	출력 임피던스
Offset 파라볼라	41dBi 이상 (12GHz)	20dB 이상	1.3 이하	11.70~ 12.75GHz	10.75GHz ±2MHz 이내 (−30~+60℃)	2.5 이하	55dB 이상	1.0dB 이하 @25℃	75Ω

〈비고〉
방송법 제2조에 따른 위송방송에 한함

2. 레벨조정기

레벨조정기의 삽입손실 측정방법은 다음과 같다.

구 분	단 위	기준값	비 고
삽입손실	dB 이하	8	중심주파수±3MHz
연속가변 감쇠량	dB 이상	10	
대역내 편차	dB 이내	±2	중심주파수±3MHz
대역외 감쇠량	dB 이상	20	중심주파수±9MHz에서
입출력 임피던스	ohm(Ω)	75	공칭
입출력 반사손실	dB 이상	8	중심주파수±3MHz

3. 디지털 재변조형 주파수변환기

구 분		단 위	기준값	비 고
주파수대역		MHz	54~806	
입력레벨		dBmV	−20~20	ATSC 8-VSB 변조방식 기준
출력레벨		dBmV	50±5	
인접채널 감쇠특성(대역외)		dB 이하	그림참조	경계선 이내
스퓨리어스		dB 이하	−60	
주파수편차		ppm 이내	±5	
반사손실		dB 이상	15	임피던스 75Ω 기준
위상잡음	VHF	dBc/Hz 이하	−98	동기(pilot) 주파수로부터 20kHz 이격지점에서
	UHF	dBc/Hz 이하	−95	
주파수응답		dB 이내	±0.5	5.38MHz대역 내에서
그룹지연응답		ns 이내	±50	5.38MHz대역 내에서
신호 대 잡음비		dB 이상	27	연속으로 인접한 17dB 이상의 입력신호에서 수신등화를 행하지 아니한 경우

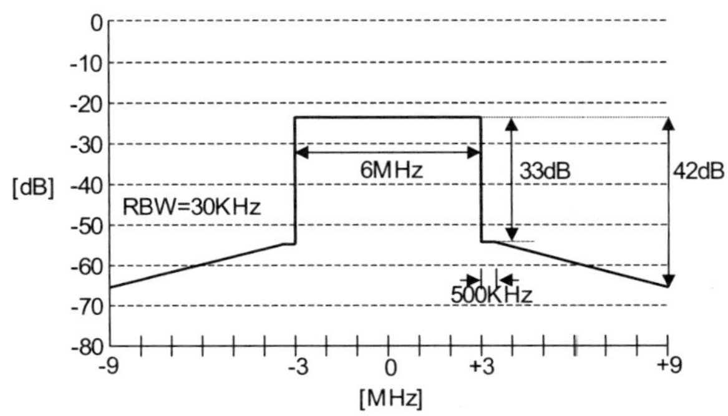

[그림 1] 인접채널 감쇠특성(대역외)

4. 증폭기

가. 54~806MHz용

구 분		단 위	기준값	비 고
최대이득		dB 이상	30/35	
대역내 이득편차		dB 이내	±1	
정격출력레벨		dBμV 이상	105	
이득조정범위		dB 이상	10	
경사조정범위		dB 이상	10	
3차 상호변조(CTB)		dB 이하	−55	77채널 기준 정격출력 기준
2차 상호변조(CSO)		dB 이하	−55	
혼변조		dB 이하	−55	
잡음지수		dB 이하	10	
험변조		dB 이하	−63	
반사손실		dB 이상	14	
자동이득조정(AGC)범위		dB 이상	±4	AGC 적용제품
누설 전자파	54MHz 이하	μV/m 이하	15	30m 기준
	54~216MHz	μV/m 이하	20	3m 기준
	216MHz 이상	μV/m 이하	15	30m 기준

나. 54~2150MHz용

나-1. 54~2150MHz용 증폭기 측정방법은 다음과 같다.

구 분		단 위	기준값		비 고
주파수대역		MHz	54~806	950~2150	
최대이득		dB 이상	30/35	40	
대역내 이득편차		dB 이내	±1	±2	
정격출력레벨		dBμV 이상	105	110	
이득조정범위		dB 이상	10	10	
경사조정범위		dB 이상	10	6	
3차 상호변조(CTB)		dB 이하	−55	−	77채널 기준 정격출력 기준
2차 상호변조(CSO)		dB 이하	−55	−	
혼변조		dB 이하	−55	−	
잡음지수		dB 이하	10	10	
험변조		dB 이하	−63	−63	
반사손실		dB 이상	14	8	
자동이득조정(AGC)범위		dB 이상	±4	−	AGC 적용제품
3차 상호변조왜곡(IMD3)		dB 이하	−	-50	2tone 입력 시
누설 전자파	54MHz 이하	μV/m 이하	15	15	30m 기준
	54~216MHz	μV/m 이하	20	20	3m 기준
	216MHz 이상	μV/m 이하	15	15	30m 기준

5. 광(光)증폭기

구 분	규 격	기준값	비 고
광파장	nm	1550 ± 10	
광입력	dBm 이상	0	
광출력	dBm	(15/17/19/21/23/25/27/29/31/33)±1	
잡음지수	dB 이하	6	0dBm 광 입력 기준

6. 분배기

54~2150MHz용

항 목	단 위	기준값										비 고
주파수대역	MHz	54~806					950~2150					
분 배 수		2	3	4	6	8	2	3	4	6	8	
분배손실	dB 이하	4.5	7.5	8.5	11.5	13	6	9.5	11	16	18.5	
단자 간 결합손실	dB 이상	20	20	20	20	20	17	17	17	17	17	
반사손실	dB 이상	12	11	10	9	9	12	11	10	9	9	
주파수응답	dB 이내	±1.5					±3					
전류통과용량	이상	DC 15V 0.5A(전류통과형에만 적용)										1단자 이상

7. 광(光)분배기

구 분	규 격	기준값									
분 배 수		2	3	4	6	8	12	16	32	40	64
분배손실	dB 이하	4	7	8	11	12	14	15	18	21	22

8. 분기기

가. 54~806MHz용

구 분		단 위	기준값									
분기손실		dB	8	11	14	17	20	23	26	29	32	35
삽입 손실	1분기	dB 이하	3.2	2.3	1.7	1.5	1.3	1.3	1.2	1.2	1.2	—
	2분기	dB 이하	4.6	3.0	2.0	1.6	1.3	1.3	1.2	1.2	1.2	—
	4분기	dB 이하	—	4.6	3.0	2.0	1.6	1.3	1.3	1.2	1.2	1.2
	8분기	dB 이하	—	—	4.8	3.2	2.0	1.6	1.6	1.3	1.2	1.2
역결합 손실	1분기	dB 이상	22	24	27	28	31	34	36	38	40	—
	2분기	dB 이상	22	24	26	28	31	34	35	37	40	—
	4분기	dB 이상	—	22	25	27	30	33	33	35	38	41
	8분기	dB 이상	—	—	23	26	27	30	33	36	37	38
분기손실오차		dB 이하	±1.5									
단자 간 결합손실		dB 이상	20									
반사손실		dB 이상	15									
주파수응답		dB 이내	±0.75(분기손실오차범위 내)									
험변조		dB 이하	−65(전류통과형에만 적용)									
전류통과용량		A 이상	3(전류통과형에만 적용)									

나. 54~2150MHz 광대역용

항 목		단 위	기준값										비 고
주파수대역		MHz	54~806					950~2150					
분기손실		dB	8	11	14	17	20	8	11	14	17	20	
삽입 손실	1분기	dB 이하	2.5	2.0	1.5	1.3	1.0	4.5	3.5	3.0	2.7	2.5	
	2분기		5.0	2.7	2.5	2.0	1.5	6.5	5.0	3.5	3.0	2.7	
	4분기		—	—	5.5	3.0	2.5	—	—	7.0	4.0	3.2	
	8분기		—	—	8.7	4.5	3.5	—	—	10.5	6.0	5.5	
역결합 손실	1분기	dB 이상	21	23	25	27	29	20	22	22	22	25	
	2분기		21	23	25	28	30	20	20	20	20	20	
	4분기		—	—	21	22	30	—	—	20	20	22	
	8분기		—	—	22	24	25	—	—	20	20	20	
분기손실오차		dB 이하	±1.5					±2.5					
단자 간 결합손실			20					18					
반사손실			10					9					
주파수응답		dB 이내	±0.75					±2					분기손실 오차 내
전류통과용량		이상	DC15V 0.5A(전류통과형에만 적용)										IN-OUT 간

9. 신호처리기

가. 디지털 지상파텔레비전방송 신호처리기

구 분	단 위	기준값	비 고
주파수대역	MHz	54~806	
입력레벨	dBμV	35~85	ATSC 8-VSB 변조방식 기준
출력레벨	dBμV	110±5	
인접채널 감쇠특성 (대역외)	dB 이하	그림 참조	경계선 이내
스퓨리어스	dB 이하	−60	
주파수편차	ppm 이내	±5	
반사손실	dB 이상	10	임피던스 75Ω 기준
위상잡음	dBc/Hz 이하	−98	동기(pilot) 주파수로부터 20kHz 이격지점에서
주파수응답	dB 이내	±0.5	5.38MHz대역 내에서
그룹지연응답	ns 이내	±50	5.38MHz대역 내에서
신호 대 잡음비	dB 이상	27	연속으로 인접한 17dB 이상의 입력신호에서 수신 등화를 행하지 아니한 경우

〈비고〉

입력채널과 출력채널은 지상파텔레비전방송 기준으로 채널 2번부터 69번까지 변환할 수 있어야 한다.

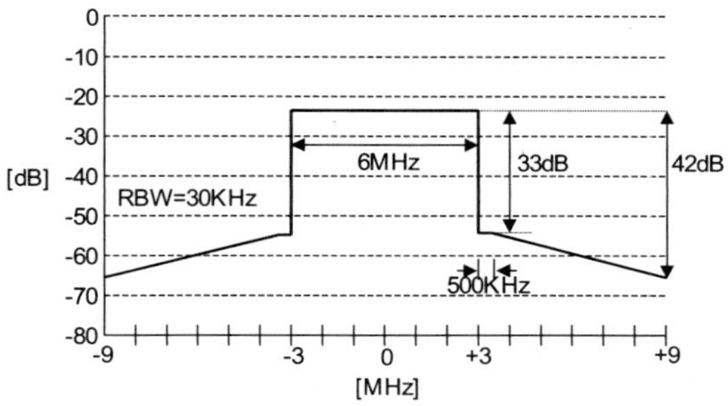

[그림 2]

나. 아날로그 지상파텔레비전방송 신호처리기

항 목		단 위	기준값	비 고
입력	주파수대역	MHz	54∼806	
	임피던스	Ohm	75	
	입력레벨	dBμV	60∼80	
	반사손실	dB 이상	10	
	잡음지수	dB 이하	9	
중간 주파수	자동이득조정범위	dB 이상	−10∼+10	입력변화범위
		dB 이내	±1	출력변화범위
출력	주파수대역	MHz	54∼806	
	임피던스	Ohm	75	
	출력레벨	dBμV 이상	95	
	출력레벨 조정범위	dB	15	
	인접채널 반송파 감쇠특성(대역 외)	dB 이상	40	
	주파수안정도	kHz 이내	±12	영상캐리어 기준
	스퓨리어스	dB 이하	−60	
	반사손실	dB 이상	10	
	험변조	dB 이하	−63	
	잔류주파수변조	kHz 이하	±1.2	20kHz 저역필터

다. 에프엠라디오방송 신호처리기

(1) 채널형

구 분	단 위	기준값	비 고
입력레벨	dBμV	40∼60	
출력레벨	dBμV 이상	95	
자동이득조정범위	dB 이상	−10∼+10	입력변화범위
	dB 이내	±1	출력변화범위

구 분	단 위	기준값	비 고
반사손실	dB 이상	10	
스퓨리어스	dB 이하	−60	
주파수특성	dB	±1	
채널대역폭	kHz	200	
혐변조	dB 이하	−60	

(2) 광대역형

구 분	단 위	기준값	비 고
주파수대역	MHz	88~108	
입력레벨	dBμV	40~60	
출력레벨	dBμV 이상	95	
자동이득조정범위	dB 이상	−10~+10	입력변화범위
	dB 이내	±1	출력변화범위
반사손실	dB 이상	10	
주파수특성	dB 이내	±1	
출력레벨 안정도	dB 이내	±1	
스퓨리어스	dB 이하	−60	
출력조정범위	dB 이상	15	
잡음지수	dB 이하	10	
혐변조	dB 이하	−60	
감쇠특성	dB 이상	40	

10. 직렬단자

가. 54~806MHz용

(1) 중간형 및 중간분기형

구 분		단 위	기준값								
주파수대역		MHz	54~806								
분기손실		dB	8	11	14	17	20	23	26	29	32
삽입 손실	중간형 (직렬형)	dB 이하	3.2	2.3	1.7	1.5	1.3	1.2	1.2	1.2	1.2
	중간분기형 (병렬형)	dB 이하	4.6	3.0	2.0	1.6	1.3	1.3	1.3	1.2	1.2
역결합 손실	중간형 (직렬형)	dB 이상	23	25	29	30	33	35	38	40	42
	중간분기형 (병렬형)	dB 이상	22	23	27	30	33	33	35	38	41

구 분	단 위	기준값
분기손실오차	dB 이하	±1.5
단자 간 결합손실	dB 이상	20(중간분기형에만 적용)
반사손실	dB 이상	15
주파수응답	dB 이내	±0.75

(2) 종단형

구 분	단 위	기준값								
주파수대역	MHz	54~806								
삽입손실	dB	1	3	5	8	11	14	17	20	23
삽입손실오차	dB 이내	±1.5								
반사손실	dB 이상	15								
주파수응답	dB 이내	±0.75								

나. 54~2150MHz 광대역용

(1) 중간형 및 중간분기형

구 분		단 위	기준값										비 고
주파수대역		MHz	54~806					950~2150					
분기손실		dB	8	11	14	17	20	8	11	14	17	20	
삽입 손실	중간형 (직렬형)	dB 이하	3	2.5	2	1.4	1.2	4.5	3.5	3.0	2.7	2.5	
	중간분기형 (병렬형)		5	3	2.5	2	1.4	6.5	5.0	3.5	3.0	2.7	
역결합 손실	중간형 (직렬형)	dB 이상	22	24	26	27	30	20	22	22	22	25	
	중간분기형 (병렬형)		20	22	24	25	27	20	20	20	20	20	
분기손실오차		dB 이하	±1.5					±2.5					
단자 간 결합손실		dB 이상	20					20					
반사손실		dB 이상	10					9					
주파수응답		dB 이내	±0.75					±1.5					분기손실 오차범위 내
전류통과용량		이상	DC15V 0.5A(전류통과형에만 적용)										IN-OUT간

(2) 종단형

구 분	단 위	기준값								비 고
주파수대역	MHz	54~2150								
분기손실	dB	1	3	5	8	11	14	17	20	
분기손실오차	dB 이하	±1.5								
반사손실	dB 이상	13(54~806MHz) / 10(950~2150MHz)								
주파수응답	dB 이내	±1								

11. 동축케이블

구 분		단 위	기준값												비고
반사손실		dB 이상	21												
절연저항		MΩ/km 이상	1,000												
임피던스		ohm(Ω)	75												
내전압		V	AC 1,000(내·외부 도체간/분)												
정전용량		pF/km	52±3												
누설 전파	54MHz 이하	μV/m 이하	15 (30m기준)												
	54~216MHz	μV/m 이하	20(3m기준)												
	216MHz 이상	μV/m 이하	15(30m기준)												
감쇠량 (20℃)		주파수 (MHz)	54~806MHz용							950~2150MHz용					
			50	150	250	350	450	750	806	950	1200	1450	1800	2150	
		dB/km (최대치)	9.1	12.1	22.0	28.6	34.6	47.0	52	–	–	–	–	–	17C
			17.6	31.9	41.8	50.0	57.2	70.9	74.5	78.5	93.5	103.6	116.6	128.9	12C
			25.4	42.2	54.0	65.7	73.4	96.2	101.2	107.2	118.1	129.6	148.1	162.1	10C
			30.7	55.1	71.0	86.2	95.9	124.3	129.7	134.7	151.2	165.8	190.2	203.5	7C
			47.2	77.2	98.9	117.1	137.0	178	188.9	201.8	244.7	262.4	287.3	315.3	5C
차폐			3중 차폐 이상 또는 알루미늄 튜브형												

12. 광(光)케이블

광섬유케이블	단일모드광섬유(SMF)	
파장(nm)	1310	1550
손실(dB/km)	0.5 이하	0.4 이하

〈비고〉

가. 광배선구간이 짧을 경우에는 광섬유의 크래딩에 가하는 광파워는 수신기에 과부하를 주지 아니하도록 주의하여야 한다.

나. 공동주택(특등급)의 경우에는 전송데이터가 집중되는 구내간선계는 단일모드광섬유케이블(SMF)을 설치할 것을 권장한다.

13. 광(光) 송(수)신기

구 분	규 격	기준값		비 고
광파장	nm	1310 ±10 또는 1550 ±10		
광입출력	dBm	광출력	0 이상	광송신기
		광입력	−8∼−3	광수신기
주파수대역	MHz	MATV	54∼806	
		위성대역	950∼2150	
주파수응답	dB 이내	MATV	±1	
		위성대역	±2	
CNR	dB 이상	48		광수신기 −6dBm 입력기준
2차 상호변조(CSO)	dB 이하	−58		MATV대역, 15채널 전송기준
3차 상호변조(CTB)	dB 이하	−60		MATV대역, 15채널 전송기준
3차 상호변조왜곡(IMD3)	dB 이하	−55		위성대역, 2톤 테스트
광케이블전송거리	km 이상	10		왜곡성능을 만족하는 거리

14. 디지털 아날로그 신호변환기(D to A)

구 분		단 위	기준값	비 고
입력 특성	주파수대역	MHz	470MHz∼806MHz	
	입력신호		8VSB	
	임피던스(입력/출력)	Ω	75	
	입력레벨	dBμV	40∼80	ATSC 8VSB 변조방식 기준
출력 특성	제1 음성신호 주파수편이	kHz	±25 이내	
	제2 음성신호 주파수편이	kHz	±27.5 이내	
	영상주파수 안정도	kHz	±12 이내	
	영상출력레벨	dBμV	110±5 이내	
	반사손실	dB	14dB 이상	
영상 신호 특성	신호 대 잡음비	dB	60dB 이상	
	이득특성	%	±5 이내	
	위상특성	°	±5 이내	
	주파수특성	dB	±1 이내	25Hz∼4.2MHz
음성 신호 특성	주파수특성	dB	±1 이내	50Hz∼15kHz, 50%
	고주파왜곡	%	0.5 이하	50Hz∼15kHz, 100%
	신호 대 잡음비	dB	60 이상	50Hz∼15kHz, 100%
	좌우분리도	dB	30 이상	50Hz∼15kHz, 100%
기타	음성출력		삭제	
	출력채널		가변형으로 CH2∼CH69, CATV CH2∼CH117 출력지원	

[근거규정] 방송 공동수신설비의 설치기준 제11조

3.2.5 수신안테나

① 수신안테나는 지상파텔레비전방송, 위성방송 및 에프엠라디오방송의 신호를 잘 수신할 수 있도록 설계 · 제작하여야 하며, 기계적 · 화학적으로 내구성이 우수하여야 한다.

② 수신안테나와 동축케이블의 접속부는 방수구조이어야 하며, 임피던스 정합회로가 내장되어 직접 동축케이블이나 광케이블과 접속할 수 있어야 한다.

[근거규정] 방송 공동수신설비의 설치기준 제12조

3.2.6 수신안테나의 설치방법

① 수신안테나는 모든 채널의 지상파텔레비전방송, 위성방송 및 에프엠라디오방송의 신호를 수신할 수 있도록 안테나를 조합하여 설치하여야 한다.

② 둘 이상의 건축물이 하나의 단지를 구성하고 있는 경우에는 한 조의 수신안테나를 설치하여 이를 공동으로 사용할 수 있다.

③ 수신안테나는 벼락으로부터 보호될 수 있도록 설치하되, 피뢰침과 1미터 이상의 거리를 두어야 한다.

④ 수신안테나를 지지하는 구조물은 풍하중을 견딜 수 있도록 견고하게 설치하여야 한다. 이 경우 풍하중의 산정에 관하여는 건축물의 구조기준 등에 관한 규칙 제9조를 준용한다.

[근거규정] 방송 공동수신설비의 설치기준 제13조

「건축물의 구조기준 등에 관한 규칙」 제9조(설계하중) ① 건축물의 구조설계에 적용되는 설계하중은 다음 각 호와 같다.

1. 고정하중
2. 적재하중(활하중)

2의2. 지붕적재하중(지붕활하중)

3. 적설하중
4. 풍하중
5. 지진하중
6. 토압 및 지하수압
7. 온도하중
8. 유체압 및 용기내용물하중
9. 운반설비 및 부속장치 하중
10. 그 밖의 하중

> ② 제1항에 따른 설계하중의 산정기준 및 방법은 건축구조기준에서 정하는 바에 의한다.
> ③ 건축물의 구조설계를 할 때에는 제1항 각 호의 하중과 이들의 조합에 따른 영향을 건축물의 실제상태에 따라 고려하여야 한다.

3.2.7 레벨조정기

① 수신안테나로부터 들어오는 각 채널별 텔레비전방송신호의 세기 차이가 6데시벨을 넘는 경우에는 레벨조정기를 사용할 수 있다.

② 레벨조정기는 각 채널별 텔레비전방송신호의 세기를 조정할 수 있어야 한다.

[근거규정] 방송 공동수신설비의 설치기준 제14조

3.2.8 디지털 재변조형 주파수변환기

① 제10조제2항에 따라 주파수를 변환하여 전송할 경우에는 디지털 재변조형 주파수변환기를 사용하여야 한다.

② 디지털 재변조형 주파수변환기는 다음의 기준에 맞아야 한다.

1. 주파수 안정도가 높을 것
2. 변환시키려는 텔레비전방송신호 외의 전파를 차단하는 회로가 내장되어 있을 것

[근거규정] 방송 공동수신설비의 설치기준 제15조

> **제10조제2항** ② 선로에서의 방송신호가 손실되는 등의 이유로 수신이 양호하지 아니한 경우에는 방송의 신호를 주파수의 변환 없이 그대로 전송에도 불구하고 방송 주파수 대역의 범위에서 주파수를 변환하여 전송하게 할 수 있다.

3.2.9 증폭기

① 증폭기는 수신안테나로부터 입력된 신호를 수신주파수대역별로 분리증폭한 후 이를 다시 혼합하여 출력하거나 전대역을 광대역으로 증폭하여야 한다.

② 증폭기는 다음 각 호의 기준에 맞아야 한다.

1. 수동으로 출력신호의 세기를 조정할 수 있을 것
2. 지상파텔레비전방송, 위성방송 및 에프엠라디오방송의 신호를 균일하게 증폭

할 수 있을 것

3. 케이블 또는 별도의 전력선으로부터 전원을 공급받을 수 있어야 하고, 공급되는 전원을 수동으로 연결하거나 차단할 수 있을 것

[근거규정] 방송 공동수신설비의 설치기준 제16조

3.2.10 분배기 및 분기기

분배기와 분기기는 다음 각 호의 기준에 맞아야 한다.

① 지상파텔레비전방송, 위성방송 및 에프엠라디오방송의 신호를 임피던스의 변화 없이 분배하거나 분기할 수 있을 것

② 유휴분배단자와 유휴분기단자는 사용회선에 영향을 미치지 아니하도록 75옴으로 종단할 것

[근거규정] 방송 공동수신설비의 설치기준 제17조

3.2.11 디지털 지상파텔레비전방송 신호처리기

① 디지털 지상파텔레비전방송신호의 전송을 위하여 필요한 경우(열화된 수신품질의 방송신호 전송 등)에는 디지털 지상파텔레비전방송 신호처리기를 사용할 수 있다.

② 디지털 지상파텔레비전방송 신호처리기를 설치할 경우에는 〈표 3-2〉의 기술기준에 맞게 입력채널과 출력채널을 변환할 수 있어야 한다.

[근거규정] 방송 공동수신설비의 설치기준 제18조

3.2.12 디지털 아날로그 신호변환기

방송 공동수신설비에 사용하는 디지털 아날로그 신호변환기는 디지털 지상파텔레비전방송 신호를 수신하여 아날로그 텔레비전방송 기저대역 신호로 변환하여 출력하여야 한다.

[근거규정] 방송 공동수신설비의 설치기준 제19조

3.2.13 동축케이블

① 건축물 안으로 들어오는 동축케이블 또는 광케이블은 장치함에 설치된 최초

의 증폭기·분배기 또는 분기기 등에 접속하여야 한다.

② 장치함에서 각 세대 안으로 들어오는 동축케이블 또는 광케이블은 통신용 케이블이 들어온 세대단자함을 같이 사용할 수 있다.

[근거규정] 방송 공동수신설비의 설치기준 제20조

3.2.14 구내배선

① 동축케이블 또는 광케이블은 장치함부터 세대단자함까지 또는 장치함부터 최초로 접속되는 직렬단자까지의 구간은 단독으로 배선하여야 한다.

② 동축케이블이나 광케이블 상호간 또는 그 밖의 사용설비와 접속할 때에는 접속기구(커넥터)를 사용하여야 한다.

③ 통신용 배관을 이용하여 배선을 할 경우에는 통신용 케이블의 손상 등으로 인한 통신소통의 지장이 없도록 하여야 한다.

[근거규정] 방송 공동수신설비의 설치기준 제21조

3.2.15 방송 공동수신 안테나 시설의 질적수준

지상파텔레비전방송, 위성방송, 에프엠(FM)라디오 방송의 신호를 전송하기 위한 방송 공동수신 안테나 시설의 질적수준은 〈표 3-3〉과 같다.

〈표 3-3〉 방송 공동수신 안테나 시설의 질적수준(제22조 관련)

측 정 항 목		기준값
주파수대역		54~2,150MHz
출력레벨(75Ω 연결 시)	아날로그 채널 (FM라디오)	65~85dBμV
	디지털 채널(VSB)	45~75dBμV
	디지털 위성방송채널	60~84dBμV
채널간 영상반송파의 레벨차	인접사용 채널 간	3dB 이내
	비인접사용 채널 간	10dB 이내
영상반송파 대 잡음비(C/N비)	아날로그 채널	삭제
	디지털 채널(VSB)	22dB 이상
	디지털 위성방송채널	14dB 이상

〈비고〉 기준값은 댁내 직렬단자에서의 질적수준

[근거규정] 방송 공동수신설비의 설치기준 제22조

3.3 종합유선방송 구내전송선로설비

3.3.1 구내전송선로설비 설치범위

① 종합유선방송 구내전송선로설비(이하 "구내전송선로설비"라 한다)는 도로와 택지 또는 건축물의 경계점으로부터 세대단자함까지로 한다. 다만, 구내전송선로설비에 사용되는 동축케이블의 설치범위는 제28조의 규정에 의한 인입접속점으로부터 세대단자함까지로 한다.

② 구내전송선로설비와 방송 공동수신 안테나 시설은 층 장치함까지 따로 설치하여야 한다. 다만, 공동주택(세대내에서 분기가 없는 기숙사 및 「주택법 시행령」 제3조제1항제2호에 해당하는 원룸형 주택은 제외)인 경우에는 세대단자함까지 따로 설치하여야 하고, 세대내는 성형배선으로 배선하여야 한다.

[근거규정] 방송 공동수신설비의 설치기준 제23조

제28조(인입접속점) 「방송법」 제79조제3항의 규정에 의하여 종합유선방송사업자 또는 전송망사업자가 설치한 전송선로설비를 구내전송선로설비와 연결하기 위한 접속점은 구내전송선로설비 중 보호기의 인입커넥터로 한다.

「주택법 시행령」 제3조(도시형 생활주택) ① 법 제2조제4호에서 "대통령령으로 정하는 주택"이란 「국토의 계획 및 이용에 관한 법률」에 따른 도시지역에 건설하는 다음 각 호의 주택을 말한다.

1. 단지형 연립주택 : 「건축법 시행령」 별표 1 제2호나목에 해당하는 주택 중 제2호의 원룸형 주택을 제외한 주택. 다만, 「건축법」 제5조제2항에 따라 같은 법 제4조에 따른 건축위원회의 심의를 받은 경우에는 주택으로 쓰는 층수를 5층까지 건축할 수 있다.

1의2. 단지형 다세대주택 : 「건축법 시행령」 별표 1 제2호다목에 해당하는 주택 중 제2호의 원룸형 주택을 제외한 주택. 다만, 「건축법」 제5조제2항에 따라 같은 법 제4조에 따른 건축위원회의 심의를 받은 경우에는 주택으로 쓰는 층수를 5층까지 건축할 수 있다.

2. 원룸형 주택 : 「건축법 시행령」 별표 1 제2호가목부터 다목까지의 어느 하나에 해당하는 주택으로서 다음 각 목의 요건을 모두 갖춘 주택
   가. 세대별로 독립된 주거가 가능하도록 욕실, 부엌을 설치할 것
   나. 욕실 및 보일러실을 제외한 부분을 하나의 공간으로 구성할 것. 다만, 주거전용 면적이 30제곱미터 이상인 경우 두 개의 공간으로 구성할 수 있다.
   다. 세대별 주거전용면적은 14제곱미터 이상 50제곱미터 이하일 것
   라. 각 세대는 지하층에 설치하지 아니할 것

「건축법 시행령」 별표 1 제2호가목부터 다목

2. 공동주택[공동주택의 형태를 갖춘 가정어린이집 · 공동생활가정 · 지역아동센터 · 노인복지시설(노인복지주택은 제외한다) 및 「주택법 시행령」 제3조제1항에 따른 원룸형 주택을 포함한다]. 다만, 가목이나 나목에서 층수를 산정할 때 1층 전부를 필로티 구조로 하여 주차장으로 사용하는 경우에는 필로티 부분을 층수에서 제외하고, 다목에서 층수를 산정할 때 1층의 바닥면적 2분의 1 이상을 필로티 구조로 하여 주차장으로 사용하고, 나머지 부분을 주택 외의 용도로 쓰는 경우에는 해당 층을 주택의 층수에서 제외하며, 가목부터 라목까지의 규정에서 층수를 산정할 때 지하층을 주택의 층수에서 제외한다.

가. 아파트 : 주택으로 쓰는 층수가 5개 층 이상인 주택

나. 연립주택 : 주택으로 쓰는 1개 동의 바닥면적(2개 이상의 동을 지하주차장으로 연결하는 경우에는 각각의 동으로 본다) 합계가 660제곱미터를 초과하고, 층수가 4개 층 이하인 주택

다. 다세대주택 : 주택으로 쓰는 1개 동의 바닥면적 합계가 660제곱미터 이하이고, 층수가 4개 층 이하인 주택(2개 이상의 동을 지하주차장으로 연결하는 경우에는 각각의 동으로 본다)

3.3.2 사용되는 설비 및 기술기준

① 구내전송선로설비에 사용되는 설비는 다음과 같다.

1. 분기기 및 분배기
2. 동축케이블
3. 증폭기
4. 보호기
5. 직렬단자

② 구내전송선로설비의 기술기준에 관하여는 제5조부터 제7조 및 제25조부터 제30조까지 규정한 사항 외에는 〈표 3-4〉를 적용한다.

[근거규정] 방송 공동수신설비의 설치기준 제24조

〈표 3-4〉 종합유선방송 구내전송선로설비의 기술적 조건(제24조제2항 관련)

1. 증폭기의 특성

구 분		단 위	기준값	비 고
하향 특성	주파수대역	MHz	54~864	
	대역 내 이득편차	dB 이내	±1.25	
	정격출력레벨	dBμV 이상	105	
	최대이득	dB 이상	20/25/30/35/40	상한주파수 기준
	이득조정범위	dB 이상	10	
	경사조정범위	dB 이상	10	
	3차 상호변조(CTB)	dB 이하	−55	정격출력 기준, 750MHz기준(110개 채널 평탄)
	2차 상호변조(CSO)	dB 이하	−55	정격출력 기준, 750MHz기준(110개 채널 평탄)
	혼변조	dB 이하	−55	정격출력 기준, 750MHz기준(110개 채널 평탄)
	잡음지수	dB 이하	10	
	험변조	dB 이하	−63	
	반사손실	dB 이상	14	
상향 특성	주파수대역	MHz	5.75~41.75	
	대역 내 이득편차	dB 이내	±0.75	
	정격출력레벨	dBμV 이상	97	
	최대이득	dB 이상	20	상한주파수 기준
	이득조정범위	dB 이상	10	
	경사조정범위	dB 이상	4	
	상호변조	dB 이하	−63	정격출력 기준
	혼변조	dB 이하	−63	정격출력 기준
	잡음지수	dB 이하	10	
	험변조	dB 이하	−63	
	반사손실	dB 이상	15	
전원	전송망전원 사용 시	V	AC 60~90	
	상용전원 사용 시	V	AC 110/220±10%	

※ 하향 특성 중 최대이득은 증폭기에 전달되는 전계의 세기에 따라 그 이득을 달리 할 수 있다.

2. 분기기의 특성

구 분		단 위	기준값										비 고
주파수대역		MHz	5.75~864										
분기손실		dB	8	11	14	17	20	23	26	29	32	35	
삽입 손실	1분기	dB 이하	3.2	2.3	1.7	1.5	1.3	1.3	1.2	1.2	1.2	–	
	2분기	dB 이하	4.6	3.0	2.0	1.6	1.3	1.3	1.2	1.2	1.2	–	
	4분기	dB 이하	–	4.6	3.0	2.0	1.6	1.3	1.3	1.2	1.2	1.2	
	8분기	dB 이하	–	–	4.8	3.2	2.0	1.6	1.6	1.3	1.2	1.2	
역결합 손실	1분기	dB 이상	22	24	27	28	31	34	36	38	40	–	
	2분기	dB 이상	22	24	26	28	31	34	35	37	40	–	
	4분기	dB 이상	–	22	25	27	30	33	33	35	38	41	
	8분기	dB 이상	–	–	23	26	27	30	33	36	37	38	
분기손실오차		dB 이하	±1.5										공칭손실
단자 간 결합손실		dB 이상	20										
반사손실		dB 이상	15										
주파수응답		dB 이내	±0.75										분기손실오차범위 내
혐변조		dB 이하	–65										전류통과형에 한하여 적용
전류통과용량		A 이상	3										전류통과형에 한하여 적용

3. 분배기의 특성

구 분	단 위	기준값								비 고
주파수대역	MHz	5.75~864								
분배수		2	3		4	5/6	8	12	16	
			균등	불균등						
분배손실	dB 이하	4.6	7.8	4.6/8.2	8.2	11.0	13.0	16.0	17.0	
단자 간 결합손실	dB 이상	20								
반사손실	dB 이상	15								
주파수응답	dB 이내	±0.75								
혐변조	dB 이하	–65								전류통과형에 한하여 적용
전류통과용량	A 이상	3								전류통과형에 한하여 적용

4. 직렬단자의 특성

가. 중간형 및 중간분기형

구 분		단 위	기준값									비 고
주파수대역		MHz	5.75~864									
분기손실		dB	8	11	14	17	20	23	26	29	32	
삽입 손실	중간형 (직렬형)	dB 이하	3.2	2.3	1.7	1.5	1.3	1.2	1.2	1.2	1.2	
	중간분기형 (병렬형)	dB 이하	4.6	3.0	2.0	1.6	1.3	1.3	1.3	1.2	1.2	
역결합 손실	중간형 (직렬형)	dB 이상	23	25	29	30	33	35	38	40	42	
	중간분기형 (병렬형)	dB 이상	22	23	27	30	33	33	35	38	41	
분기손실오차		dB 이하	±1.5									공칭손실
단자 간 결합손실		dB 이상	20									중간분기형에만 적용(TV단자와 분기단자 사이)
반사손실		dB 이상	15									
주파수응답		dB 이내	±0.75									

나. 종단형

구 분	단 위	기준값									비 고
주파수대역	MHz	5.75~864									
삽입손실	dB	1	3	5	8	11	14	17	20	23	
삽입손실오차	dB 이하	±1.5									공칭손실
반사손실	dB 이상	15									
주파수응답	dB 이내	±0.75									

5. 동축케이블 특성

구 분	단 위	기준값	비 고
주파수대역	MHz	5.75~864	
정재파비	이하	1.2	
절연저항	MΩ/km 이상	1,000	
임피던스	Ω	75	공칭
내전압	V	AC 1,000	내·외부 도체간/분

구 분		단 위	기준값								비 고
정전용량		pF	52±3								
누설전파	54MHz 이하	μV/m 이하	15								30m기준
	54~216MHz	μV/m 이하	20								3m기준
	216MHz 이상	μV/m 이하	15								30m기준
감쇠량		MHz	10	50	150	250	350	450	750	864 이상	
		dB/km (최대치)	5.1	9.1	12.1	22.0	28.6	34.6	47.0	52	17C
			7.8	17.6	31.9	41.8	50.0	57.2	70.9	76.5	12C
			12.0	25.4	42.2	54.0	65.7	73.4	96.2	106.2	10C
			15.7	30.7	55.1	71.0	86.2	95.9	124.3	133.7	7C
			23.8	47.2	77.2	98.9	117.1	137.0	178	195	5C
차 폐			3중 차폐 이상 또는 알루미늄튜브형								

6. 보호기의 특성

구 분		단 위	기준값	비 고
주파수대역		MHz	5.75~864	
임피던스		Ω	75	공칭
삽입손실		dB 이하	1.2	
반사손실		dB 이상	15	
절연저항		MΩ 이상	1	
직류방전개시전압		V	DC 180~300	
절연전압		V 이상	AC 1,000(1분간)	
잡음특성		dBmV 이하	−30	
충격파 방전개시전압	DC 100V/μs	V 이하	700	
	DC 1000V/μs		900	

[근거규정] 방송 공동수신설비의 설치기준 제24조

3.3.3 증폭기

구내전송선로설비에 사용되는 증폭기는 다음의 기준에 적합하여야 한다.

① 케이블의 특성에 의하여 자연적으로 감쇠된 상향신호 및 하향신호를 분리하여 증폭하는 기능이 있을 것

② 수동으로 증폭기능을 조정할 수 있을 것

③ 등화기 및 감쇠기로 입력레벨을 등화 또는 감쇠할 수 있을 것

④ 전원을 수동으로 연결 또는 차단할 수 있어야 하며 접지단자를 구비할 것

[근거규정] 방송 공동수신설비의 설치기준 제25조

3.3.4 분배기 및 분기기

분배기와 분기기는 다음의 기준에 맞아야 한다.

① 종합유선방송 신호를 임피던스의 변화 없이 분배하거나 분기할 수 있을 것

② 유휴분배단자와 유휴분기단자는 사용회선에 영향을 미치지 아니하도록 75옴으로 종단할 것

[근거규정] 방송 공동수신설비의 설치기준 제26조

3.3.5 동축케이블

① 건축물 안으로 들어오는 동축케이블은 장치함에 설치된 최초의 증폭기 · 분배기 또는 분기기 등에 접속하여야 한다.

② 장치함에서 각 세대 안으로 들어오는 동축케이블은 통신용 케이블이 들어온 세대단자함을 같이 사용할 수 있다.

[근거규정] 방송 공동수신설비의 설치기준 제27조

3.3.6 인입접속점

「방송법」 제79조제3항의 규정에 의하여 종합유선방송사업자 또는 전송망사업자가 설치한 전송선로설비를 구내전송선로설비와 연결하기 위한 접속점은 구내전송선로설비 중 보호기의 인입커넥터로 한다.

[근거규정] 방송 공동수신설비의 설치기준 제28조

3.3.7 가입자 설비 및 가입자 단말장치

① 종합유선방송을 수신하기 위한 가입자 설비는 다음의 기준에 적합하여야 한다.

1. 종합유선방송을 수신할 수 있는 주파수로 변환하는 기능이 있을 것

2. 자동 주파수조정기능 및 자동 이득조정기능이 있을 것

② 디지털 종합유선방송을 수신하기 위한 가입자 단말장치의 기술적 조건은 〈표 3-5〉와 같다.

③ 종합유선방송사업자가 임대하는 가입자 단말장치의 대역외 상·하향 채널변조 및 전송조건 등에 관해서는 유선방송국설비 등에 관한 기술기준 제23조를 준용한다.

* 유선방송국설비 등에 관한 기술기준 제23조(대역외 채널변조 및 전송조건 등) 대역외 채널변조 및 전송조건 등은 「디지털 유선방송 송수신정합」 표준을 따른다.

〈표 3-5〉 가입자 단말장치의 기술적 조건(제29조제2항 관련)

1. 가입자 단말장치의 하향채널 조건

<table>
<tr><th colspan="5">구 분</th><th>단 위</th><th>기준값</th></tr>
<tr><td colspan="5">주파수대역</td><td>MHz</td><td>54~864</td></tr>
<tr><td rowspan="4">입력 특성</td><td colspan="4">입력레벨</td><td>dBμV</td><td>45~75</td></tr>
<tr><td colspan="4">반사손실</td><td>dB 이상</td><td>6</td></tr>
<tr><td colspan="4">입력임피던스</td><td>Ω</td><td>75</td></tr>
<tr><td colspan="4">국부발진기 누설</td><td>dBμV 이하</td><td>23</td></tr>
<tr><td rowspan="19">출력 특성</td><td colspan="2" rowspan="4">RF 특성</td><td colspan="2">임피던스</td><td>Ω</td><td>75</td></tr>
<tr><td colspan="2">출력레벨</td><td>dBμV</td><td>45~75</td></tr>
<tr><td colspan="2">반사손실</td><td>dB 이상</td><td>6</td></tr>
<tr><td colspan="2">잡음지수(3/4 출력인 경우)</td><td>dB 이하</td><td>12</td></tr>
<tr><td rowspan="15">기저 대역 특성</td><td rowspan="10">영상 신호 특성</td><td colspan="2">주파수 응답특성</td><td>dB</td><td>±2(0~3.75MHz)</td></tr>
<tr><td rowspan="2">색도 대 휘도</td><td>이득특성</td><td>%</td><td>±10</td></tr>
<tr><td>지연특성</td><td>ns 이하</td><td>100</td></tr>
<tr><td rowspan="3">직선파형 왜곡</td><td>필드시간왜곡</td><td rowspan="3">%</td><td>±4</td></tr>
<tr><td>라인시간왜곡</td><td>±2</td></tr>
<tr><td>단시간왜곡</td><td>±6</td></tr>
<tr><td rowspan="2">비직선 왜곡</td><td>미분이득(DG)</td><td>% 이내</td><td>5p-p</td></tr>
<tr><td>미분위상(DP)</td><td>도 이내</td><td>5p-p</td></tr>
<tr><td colspan="2">영상출력 S/N</td><td>dB 이상</td><td>57</td></tr>
<tr><td colspan="2">영상출력레벨</td><td>Vp-p</td><td>1±0.2</td></tr>
<tr><td rowspan="5">음성 신호 특성</td><td colspan="2">주파수 응답특성</td><td>dB</td><td>±1(20Hz~20kHz)</td></tr>
<tr><td colspan="2">음성 L/R 분리도</td><td>dB 이상</td><td>60(20Hz~20kHz)</td></tr>
<tr><td colspan="2">음성왜율</td><td>% 이하</td><td>0.3(20Hz~20kHz)</td></tr>
<tr><td colspan="2">음성출력 S/N</td><td>dB 이상</td><td>45</td></tr>
<tr><td colspan="2">음성출력레벨</td><td>Vp-p</td><td>2.4±10%</td></tr>
</table>

2. 가입자 단말장치의 상향채널 조건

구 분	항 목	단 위	기준값
ATM 셀구조	변조방식		QPSK
	주파수대역	MHz	5.75~41.75
	출력레벨	dBμV	84~113
	출력임피던스	Ω	75
	반사손실	dB 이상	11
	스퓨리어스	dB 이하	−50
IP 패킷구조	「단말장치 기술기준」 제5장의2 유선방송설비에 접속되는 데이터통신용 단말장치 규정을 준용		

[근거규정] 방송 공동수신설비의 설치기준 제29조

3.3.8 종합유선방송 구내전송선로설비의 질적수준

디지털 종합유선방송신호의 신호를 전송하기 위한 구내전송선로설비의 질적수준은 〈표 3-6〉과 같다.

〈표 3-6〉 가입자 단말장치 입력단에서의 질적수준(제30조 관련)

측정 항목		기준값
주파수범위		54~864MHz
출력레벨 (75Ω 연결 시)	아날로그 채널	65~85dBμV
	디지털 채널(VSB)	45~75dBμV
	QPSK	45~75dBμV
	64QAM	45~75dBμV
	256QAM	48~75dBμV
채널간 영상반송파의 레벨차	인접사용 채널간	5dB이내
영상반송파 대 잡음비(C/N비)	아날로그 채널	40dB 이상
	디지털 채널(VSB)	22dB 이상
	QPSK	20dB 이상
	64QAM	27dB 이상
	256QAM	33dB 이상

〈비고〉 기준값은 댁내 직렬단자에서의 질적수준

[근거규정] 방송 공동수신설비의 설치기준 제30조

연|습|문|제

1. 방송 공동수신설비에 건축물의 벽이나 바닥 안에 설치하는 증폭기와 분배기 등의 장치는 외부에서 교체하기 쉬운 (　　)에 설치하여야 하고, 이들 장치와 접속하는 동축케이블이나 광케이블은 적당한 길이의 여분을 가져야 한다.

답 장치함

[근거규정] 방송 공동수신설비의 설치기준 제3조

2. 직렬단자는 임피던스(　)인 출력단자에 접속하여 지상파텔레비전방송, 위성방송, 에프엠라디오방송 및 종합유선방송을 수신할 수 있어야 한다.

답 75옴

[근거규정] 방송 공동수신설비의 설치기준 제5조

3. 장치함 설치조건에 대한 설명 중 틀린 것은?

가. 방송 공동수신설비와 최초로 접속되는 곳

나. 케이블의 분배 · 분기 또는 접속을 위하여 필요한 곳

다. 장치함의 내부에는 절연보조장치, 잠금장치 및 통풍구 등을 설치할 것

라. 장치함은 계단이나 복도 등 실내의 공용이 아닌 부분에 설치할 것

답 라. 공용 부분에 설치

[근거규정] 방송 공동수신설비의 설치기준 제6조

4. 방송 공동수신설비에 사용되는 구내관로의 배관의 설치에 대한 설명 중 틀린 것은?

가. 배관은 외부의 압력 또는 충격 등으로부터 선로를 보호할 수 있고, 부식에 강한 금속관 또는 통신용 합성수지관을 사용하여야 한다.

나. 배관의 안지름은 배관에 들어가는 케이블단면적의 총합계가 배관단면적의 36퍼센트 이하가 되도록 하여야 한다.

다. 배관의 굴곡은 가능하면 완만하게 처리하여야 하고, 곡률반지름은 배관 안지름의 6배 이상으로 한다. 이 경우 굴곡을 유지하기 위한 다른 보조장치를 사용하여서는 아니된다.

라. 장치함부터 세대단자함까지 또는 장치함에서 다른 장치함까지 등 한 구간의 배관은 굴곡부분은 3개소 이하로 하고, 1개소의 굴곡각도는 90도 이하로 하며, 그 굴곡각도의 합계는 180도 이하로 한다.

답 나. 32퍼센트 이하

[근거규정] 방송 공동수신설비의 설치기준 제7조

5. 세대단자함부터 직렬단자까지의 배관은 (　　)배선이 가능한 구조로 하여야 한다.

답 성형배선

[근거규정] 방송 공동수신설비의 설치기준 제7조

6. 세대단자함부터 직렬단자까지는 통신용 배관을 (단독, 공동)으로 사용할 수 있다.

답 공동

[근거규정] 방송 공동수신설비의 설치기준 제7조

7. 방송 공동수신 안테나 시설의 설계자는 방송 공동수신 안테나 시설에 대한 설계를 하기 전에 필요한 전파조사를 하여야 한다. 전파조사의 종류는?

답 수신전계강도

[근거규정] 방송 공동수신설비의 설치기준 제8조

8. 방송 공동수신 안테나 시설은 수신안테나로부터 들어오는 선로에서의 방송신호가 손실되지 않을 경우 방송의 신호를 어떻게 전송하여야 하는가?

가. 주파수 증폭하여　　나. 주파수 변화하여
다. 주파수 변환없이 그대로　　라. 주파수 재생하여

답 다. 주파수 변환 없이 그대로

[근거규정] 방송 공동수신설비의 설치기준 제10조

9. 선로에서의 방송신호가 손실되는 등의 이유로 수신이 양호하지 아니한 경우에는 방송 주파수대역의 범위에서 방송의 신호를 어떻게 전송하여야 하는가?

가. 주파수 증폭하여　　나. 주파수 변화하여
다. 주파수 변환없이 그대로　　라. 주파수 재생하여

답 나. 주파수 변환하여

[근거규정] 방송 공동수신설비의 설치기준 제10조

10. 방송 공동수신 안테나 시설에 사용하는 설비의 종류 중 틀린 것은?

가. 수신안테나, 레벨조정기, 장치함
나. 디지털 재변조형 주파수변환기
다. 증폭기, 분배기 및 분기기, 신호처리기
라. 직렬단자, 동축케이블 또는 광케이블, 보호기

답 가. 장치함은 안테나 시설에 포함이 안된다.

[근거규정] 방송 공동수신설비의 설치기준 제11조

11. 에프엠라디오방송 주파수대역은?

가. 4～88MHz　　나. 8～108MHz

다. 174～216MHz　　라. 608～806MHz

답 나.

[근거규정] 방송 공동수신설비의 설치기준 제11조

12. 위성방송의 안테나 이득은 얼마인가?

답 41dBi 이상

[근거규정] 방송 공동수신설비의 설치기준 제11조

13. 디지털 재변조형 주파수변환기 주파수대역은?

답 54～806MHz

[근거규정] 방송 공동수신설비의 설치기준 제11조

14. 2분배기와 8분배기의 분배손실은 분배를 할수록 분배손실은 커지는가, 아니면 작아지는가?

답 분배를 할수록 손실이 커진다.

주파수대역	MHz	54～806				
분배수		2	3	4	6	8
분배손실	dB 이하	4.5	7.5	8.5	11.5	13

[근거규정] 방송 공동수신설비의 설치기준 제11조

15. 디지털 지상파텔레비전방송 신호처리기는?

답 54～806MHz

[근거규정] 방송 공동수신설비의 설치기준 제11조

16. 단일모드광섬유(SMF) 케이블의 1310파장(nm)일 때 손실(dB/km)은?

답 0.5 이하

[근거규정] 방송 공동수신설비의 설치기준 제11조

17. 수신안테나의 조건 중 틀린 것은?

가. 지상파텔레비전방송, 위성방송 및 에프엠라디오방송의 신호를 잘 수신할 수 있도록 설계 · 제작하여야 한다.

나. 기계적 · 화학적으로 내구성이 우수하여야 한다.

다. 수신안테나와 동축케이블의 접속부는 방수구조이어야 한다.

라. 임피던스 복합회로가 내장되어 직접 동축케이블이나 광케이블과 접속할 수 있어야 한다.

답 라. 정합회로

[근거규정] 방송 공동수신설비의 설치기준 제12조

18. 수신안테나의 설치방법에 대한 설명 중 틀린 것은?

가. 수신안테나는 모든 채널의 지상파텔레비전방송, 위성방송 및 에프엠라디오방송의 신호를 수신할 수 있도록 안테나를 조합하여 설치하여야 한다.

나. 둘 이상의 건축물이 하나의 단지를 구성하고 있는 경우에는 두 조의 수신안테나를 설치하여 이를 공동으로 사용할 수 있다.

다. 수신안테나는 벼락으로부터 보호될 수 있도록 설치하되 피뢰침과 1미터 이상의 거리를 두어야 한다.

라. 수신안테나를 지지하는 구조물은 풍하중을 견딜 수 있도록 견고하게 설치하여야 한다.

답 나. 한 조의 수신안테나를 설치

[근거규정] 방송 공동수신설비의 설치기준 제13조

19. 증폭기에 대한 설명 중 틀린 것은?

가. 증폭기는 수신안테나로부터 입력된 신호를 수신주파수대역별로 분리증폭한 후 이를 다시 혼합하여 출력하거나 전대역을 협대역으로 증폭하여야 한다.

나. 수동으로 출력신호의 세기를 조정할 수 있을 것

다. 지상파텔레비전방송, 위성방송 및 에프엠라디오방송의 신호를 균일하게 증폭할 수 있을 것

라. 케이블 또는 별도의 전력선으로부터 전원을 공급받을 수 있어야 하고, 공급되는 전원을 수동으로 연결하거나 차단할 수 있을 것

답 가. 광대역으로 증폭

[근거규정] 방송 공동수신설비의 설치기준 제16조

20. 분배기와 분기기의 기준 중 틀린 것은?

가. 유휴분기단자는 사용회선에 영향을 미치지 아니하도록 75옴으로 종단할 것

나. 유휴분배단자는 사용회선에 영향을 미치지 아니하도록 75옴으로 종단할 것

다. 지상파텔레비전방송, 위성방송의 신호를 임피던스의 변화 없이 분배하거나 분기할 수 있을 것

라. 에프엠라디오방송의 신호는 임피던스를 변화하여 스테레오로 분배하거나 분기할 수 있을 것

답 라. 임피던스의 변화 없이 분배하거나 분기할 수 있을 것

[근거규정] 방송 공동수신설비의 설치기준 제17조

21. 동축케이블 또는 광케이블은 장치함부터 세대단자함까지 또는 장치함부터 최초로 접속되는 직렬단자까지의 구간은 (   )으로 배선하여야 한다.

가. 병렬 배선 나. 단독 배선

다. 망형 배선 라. 직렬과 병렬병행 배선

답 나. 단독 배선

[근거규정] 방송 공동수신설비의 설치기준 제21조

22. 방송 공동수신 안테나 시설 질적수준의 출력레벨(75Ω 연결 시)일 때 디지털 TV채널(VSB)의 측정치는 얼마인가?

답 45~75dBμV

[근거규정] 방송 공동수신설비의 설치기준 제22조

23. 방송 공동수신 안테나 시설 질적수준의 출력레벨(75Ω 연결 시)일 때 디지털 위성방송채널의 측정치는 얼마인가?

답 60~84dBμV

[근거규정] 방송 공동수신설비의 설치기준 제22조

24. 방송 공동수신 안테나 시설 질적수준의 출력레벨(75Ω 연결 시)일 때 디지털 TV채널의 영상반송파 대 잡음비(C/N비) 측정값은 얼마인가?

답 22dB 이상

[근거규정] 방송 공동수신설비의 설치기준 제22조

25. 구내전송선로설비 설치범위에 대한 설명 중 틀린 것은?

가. 종합유선방송 구내전송선로설비는 도로와 택지 또는 건축물의 경계점으로부터 세대단자함까지로 한다.

나. 구내전송선로설비에 사용되는 동축케이블의 설치범위는 인입접속점으로부터 세대단자함까지로 한다.

다. 구내전송선로설비와 방송 공동수신 안테나 시설은 층 장치함까지 같이 설치하여야 한다.

라. 공동주택(세대 내에서 분기가 없는 기숙사 및 「주택법 시행령」 제3조제1항제2호에 해당하는 원룸형 주택은 제외)인 경우에는 세대단자함까지 따로 설치하여야 하고, 세대 내는 성형배선으로 배선하여야 한다.

답 다. 따로 설치하여야 한다.

[근거규정] 방송 공동수신설비의 설치기준 제23조

26. 구내전송선로설비에 사용되는 설비에 속하지 않는 것은?

가. 분기기 및 분배기　　나. 동축케이블과 직렬단자

다. 증폭기와 보호기　　라. 수신안테나

답 라. 수신안테나는 방송 공동수신 안테나 시설에 속하고 구내전송선로설비에 속하지 않는다.

[근거규정] 방송 공동수신설비의 설치기준 제24조

27. 종합유선방송 구내전송선로설비의 기술적 조건의 증폭기 주파수대역은?

답 54~864MHz

[근거규정] 방송 공동수신설비의 설치기준 제24조

28. 종합유선방송 구내전송선로설비의 기술적 조건의 분기기의 주파수대역은?

답 5.75~864MHz

[근거규정] 방송 공동수신설비의 설치기준 제24조

29. 구내전송선로설비에 사용되는 증폭기의 기준에 대한 설명 중 틀린 것은?

가. 케이블의 특성에 의하여 자연적으로 감쇠된 상향신호 및 하향신호를 분리하여 증폭하는 기능이 있을 것

나. 자동으로 증폭기능을 조정할 수 있을 것

다. 등화기 및 감쇠기로 입력레벨을 등화 또는 감쇠할 수 있을 것

라. 전원을 수동으로 연결 또는 차단할 수 있어야 하며 접지단자를 구비할 것

답 나. 수동으로 증폭기능을 조정할 수 있을 것

[근거규정] 방송 공동수신설비의 설치기준 제25조

30. 분배기와 분기기의 기준에 맞지 않는 것은?

가. 종합유선방송 신호를 임피던스 증폭하여 연결할 것

나. 종합유선방송 신호를 임피던스의 변화 없이 분배하거나 분기할 수 있을 것

다. 유휴분배단자와 유휴분기단자는 임피던스 매칭하여 연결할 것

라. 유휴분배단자와 유휴분기단자는 사용회선에 영향을 미치지 아니하도록 600옴으로 종단할 것

답 나. 종합유선방송 신호를 임피던스의 변화 없이 분배하거나 분기할 수 있을 것

[근거규정] 방송 공동수신설비의 설치기준 제26조

31. 종합유선방송사업자 또는 전송망사업자가 설치한 전송선로설비를 구내전송선로설비와 연결하기 위한 접속점은 구내전송선로설비 중 (　　　　)에 접속한다.

가. 아울렛 인입커넥터　　나. 분배기 인입커넥터

다. 증폭기 인입커넥터 라. 보호기 인입커넥터

답 라. 보호기 인입커넥터

[근거규정] 방송 공동수신설비의 설치기준 제28조

32. 종합유선방송을 수신하기 위한 가입자 설비의 기준에 대한 설명 중 틀린 것은?

가. 종합유선방송을 수신할 수 있는 주파수로 변환하는 기능이 있을 것

나. 종합유선방송을 수신할 수 있는 진폭으로 변환하는 기능이 있을 것

나. 자동 주파수조정기능

라. 자동 이득조정기능이 있을 것

답 나. 진폭변환은 기술기준에서 규정하지 않고 있다.

[근거규정] 방송 공동수신설비의 설치기준 제29조

33. 디지털 종합유선방송을 수신하기 위한 가입자 단말장치의 기술적 조건 중 가입자 단말장치의 하향채널의 입력레벨은?

답 45~75dBμV

[근거규정] 방송 공동수신설비의 설치기준 제29조

34. 디지털 종합유선방송을 수신하기 위한 가입자 단말장치의 기술적 조건 중 가입자 단말장치 ATM셀 구조에서 기술적 특성 중 틀린 것은?

가. 주파수대역 : 5.75~41.75MHz 나. 출력레벨 : 84~113dBμV

다. 반사손실 : 11dB 이상 라. 스퓨리어스 : −50dB 이상

답 라. 스퓨리어스 : −50dB 이하

[근거규정] 방송 공동수신설비의 설치기준 제29조

35. 디지털 종합유선방송신호의 신호를 전송하기 위한 구내전송선로설비의 디지털 채널(VSB)의 질적수준 중 틀린 것은?

가. 출력레벨(75Ω 연결 시) : 45~75dBμV

나. 채널간 영상반송파의 인접사용 채널 간 : 5dB 이내

다. 영상반송파 대 잡음비(C/N비) : 22dB 이상

라. 주파수범위 : 54~806MHz

답 라. 주파수범위 : 54~864MHz

[근거규정] 방송 공동수신설비의 설치기준 제30조

제4장

방송통신설비의 안전성 및 신뢰성에 대한 기술기준

4.1 근거규정

「방송통신설비의 기술기준에 관한 규정」 제22조제2항의 규정에 의한 전기통신설비의 안전성 및 신뢰성에 대한 기술기준(국립전파연구원고시 2014-5호)

[근거규정] 방송통신설비의 안전성 및 신뢰성에 대한 기술기준 제1조

> **「방송통신설비의 기술기준에 관한 규정」 제22조(안전성 및 신뢰성 등)** ① 사업자는 이용자가 안전하고 신뢰성 있는 방송통신서비스를 제공받을 수 있도록 다음 각 호의 사항을 구비하여 운용하여야 한다.
> 1. 방송통신설비를 수용하기 위한 건축물 또는 구조물의 안전 및 화재대책 등에 관한 사항
> 2. 방송통신설비를 이용 또는 운용하는 자의 안전확보에 필요한 사항
> 3. 방송통신설비의 운용에 필요한 시험·감시 및 통제를 할 수 있는 기능에 관한 사항
> 4. 그 밖에 방송통신설비의 안전성 및 신뢰성 확보를 위하여 필요한 사항
>
> ② 제1항에 따라 방송통신서비스에 사용되는 방송통신설비가 갖추어야 할 안전성 및 신뢰성에 대한 세부기술기준은 미래창조과학부장관이 정하여 고시한다.

4.2 적용범위

다음에 해당하는 방송통신설비에 대하여 적용한다.

① 방송통신설비의 기술기준에 관한 규정 제3조제1호의 규정에 의한 사업용방송통신설비(기간통신설비, 별정통신설비, 부가통신설비 및 전송망설비)

② 「방송통신발전기본법」 제37조제1항의 규정에 의한 자가방송통신설비

[근거규정] 방송통신설비의 안전성 및 신뢰성에 대한 기술기준 제3조

> **「방송통신설비의 기술기준에 관한 규정」 제3조제1호** 1. "사업용방송통신설비"란 방송통신서비스를 제공하기 위한 방송통신설비로서 다음 각 목의 설비를 말한다.
>
> 가. 「전기통신기본법」 제7조에 따른 기간통신사업자·별정통신사업자 및 부가통신사업자(이하 "사업자"라 한다)가 설치·운용 또는 관리하는 방송통신설비
>
> 나. 「방송법」 제2조제14호에 따른 전송망사업자가 설치·운용 또는 관리하는 방송통신설비(이하 "전송망사업용설비"라 한다)

다.「인터넷 멀티미디어 방송사업법」 제2조제5호가목에 따른 인터넷 멀티미디어 방송 제공사업자가 설치·운용 또는 관리하는 방송통신설비

「방송통신발전기본법」 제37조(방송통신재난의 대비) ① 미래창조과학부장관과 방송통신위원회는 방송통신재난이 발생하거나 발생할 것이 명백한 경우에 해당 지역의 방송통신 소통과 긴급 복구를 위하여 방송통신사업자로 하여금 그 사업자의 방송통신설비와 다른 방송통신사업자의 방송통신설비 또는 방송통신사업용으로 사용되지 아니한 방송통신설비(이하 "자가방송통신설비"라 한다)를 보유한 자의 방송통신설비를 통합 운용하게 할 수 있다.

4.3 안전성 · 신뢰성 기준

방송통신서비스에 사용되는 방송통신설비가 갖추어야 할 안전성 및 신뢰성에 관한 기준은 〈표 4-1〉과 같다.

〈표 4-1〉 안전성 및 신뢰성 기준

(주1) 실시기준 ★ : 의무사항, ○ : 권고사항, – : 해당없음

항 목	대 책	실 시 기 준					
		기간통신설비		별정통신설비	전송망설비	부가통신설비	자가통신설비
		전화역무·회선임대 역무설비	주파수를 할당받아 제공하는 역무설비				
제1장 설비기준							
제1절 일반기준							
1. 대체접속계통의 설정	교환망의 경우 두 개의 중요통신국사 간을 연결하는 접속계통의 고장 등에 대비하여 이를 대체할 수 있는 다른 통신국사를 경유한 접속계통을 마련한다.	★	★	○	–	○	○
2. 우회전송로의 구성	중요통신국사 간을 연결하는 전송로설비(전송설비 및 선로설비가 일체로 설치된 방송통신설비)	★	○	○	○	○	○

<table>
<tr><th rowspan="3">항 목</th><th rowspan="3">대 책</th><th colspan="6">실 시 기 준</th></tr>
<tr><th colspan="2">기간통신설비</th><th rowspan="2">별정
통신
설비</th><th rowspan="2">전송망
설비</th><th rowspan="2">부가
통신
설비</th><th rowspan="2">자가
통신
설비</th></tr>
<tr><th>전화역무
·
회선임대
역무설비</th><th>주파수를
할당받아
제공하는
역무설비</th></tr>
<tr><td></td><td>는 고장 및 장애에 대비하여 다른 전송매체 또는 다른 지리적 경로에 의한 우회전송로를 구성한다. 다만, 다른 소통수단이 확보된 경우에는 그러하지 아니하다.</td><td></td><td></td><td></td><td></td><td></td><td></td></tr>
<tr><td>3. 회선의 분산수용</td><td>중요통신국사 간을 연결하는 방송통신회선은 복수의 전송로설비로 분산 수용한다.</td><td>○</td><td>○</td><td>○</td><td>○</td><td>○</td><td>○</td></tr>
<tr><td rowspan="2">4. 전송로설비의 동작감시</td><td>중요한 전송로설비의 동작상황을 감시하고 설비고장 또는 품질저하 시 이를 신속하게 검출 통보하는 감시기능을 구비한다. 다만, 이에 준하는 기능을 보유한 경우에는 그러하지 아니하다.</td><td>★</td><td>★</td><td>–</td><td>★</td><td>–</td><td>○</td></tr>
<tr><td>상기 설비에 대해 고장 등을 검출한 경우에는 상황에 따라 예비설비로 전환하거나 고장 등을 수리한다.</td><td>★</td><td>★</td><td>–</td><td>★</td><td>–</td><td>○</td></tr>
<tr><td rowspan="2">5. 이상폭주 등의 감시 및 통지</td><td>교환설비는 트래픽 소통상황을 감시하고 천재지변 등에 의해 특정통신국사에 트래픽의 이상폭주가 발생할 경우 이를 운용자에게 신속히 검출 통보하는 기능을 구비한다. 다만, 통신이 동시에 집중하는 일이 없도록 이것을 제어하는 기능을 보유한 경우에는 그러하지 아니하다.</td><td>★</td><td>★</td><td>○</td><td>–</td><td>★</td><td>○</td></tr>
<tr><td>교환설비에는 이상폭주가 발생할 경우 이용자호의 불접속에 의한 재호출호가 악화되는 것을 방지하기 위해 이용자에게 이상폭주를 통지하는 기능을 구비한다. 다만, 통신이 동시에 집중하는 일이 없</td><td>★</td><td>★</td><td>○</td><td>–</td><td>★</td><td>○</td></tr>
</table>

항 목	대 책	실 시 기 준					
		기간통신설비		별정통신설비	전송망설비	부가통신설비	자가통신설비
		전화역무 · 회선임대 역무설비	주파수를 할당받아 제공하는 역무설비				
	도록 이것을 제어하는 기능을 구비한 경우에는 그러하지 아니하다.						
6. 통신의 접속규제	교환설비는 트래픽 소통능력을 현저히 저하시키는 이상폭주 또는 특정교환설비 등에 발생된 이상 트래픽이 전체망에 파급되는 것을 방지하기 위해 통신의 접속을 규제하는 기능 또는 이와 동등한 기능을 구비한다. 다만, 통신이 동시에 집중하는 일이 없도록 이것을 제어하는 기능을 구비한 경우에는 그러하지 아니하다.	★	★	○	－	○	○
7. 방송통신설비의 종합적 관리	회선고장, 이상 트래픽 폭주 등의 망상태를 종합적으로 또는 광역적으로 검지하여 이에 대한 필요한 조치를 취할 수 있는 종합망관리시스템을 구비한다.	○	○	－	○	－	○
8. 통신망의 비밀보호 및 신뢰성 제고 등	이용자의 식별확인을 필요로 하는 통신을 취급하는 방송통신망에는 정당한 이용자임을 식별확인할 수 있도록 등록 및 인증기능 등을 구비하여야 한다.	★	★	★	－	★	－
	824~849MHz 및 869~894MHz 주파수대역에서 코드분할다원접속 방식을 사용하는 이동통신망, 1750~1780MHz 및 1840~1870MHz 주파수의 전파를 사용하는 개인휴대전화망의의 경우 다음의 기능을 구비하여야 한다. －제공하는 서비스에 대해 정당한 사용자 단말기인지 여부를 확인하는 등록(Power On), 발신 및 착신에 대한 인증기능, 불법복제된 단말기가 망에 접	－	★	－	－	－	－

항 목	대 책	실 시 기 준					
		기간통신설비		별정통신설비	전송망설비	부가통신설비	자가통신설비
		전화역무 · 회선임대역무설비	주파수를 할당받아 제공하는 역무설비				
	속할 경우 이를 검출하는 기능 −시간상 이동이 불가능한 두 지역에서의 중복접속, 등록된 가입자 단말정보와 다른 단말기에 의한 접속 등 불법접속을 검출하여 처리하는 기능 −기지국이 동일한 식별정보를 가진 2개의 단말기로부터 600ms 이상의 시간차로 도달하는 응답신호에 대해 단말기 접속을 차단하는 기능 −이용자 요구 시 음성통화를 암호화하여 처리할 수 있는 보안서비스 기능						
	1920∼1980MHz, 2110∼2170MHz 주파수의 전파를 사용하는 이동통신망의 경우 다음의 기능을 구비하여야 한다. −등록 · 발신 · 착신 시에 IC카드와 결합된 단말기와 망 사이의 상호 인증기능, 불법복제된 IC카드와 결합된 단말기가 망에 접속한 경우 이를 검출하는 기능 −이용자요구 시 서비스 트래픽을 암호화하여 처리할 수 있는 보안서비스 기능 −분실 또는 도난 신고된 단말기에 의한 서비스 접속 시 이를 검출하고 서비스의 이용을 제한할 수 있는 기능	−	★	−	−	−	
	2300∼2390MHz 주파수의 전파를 사용하는 휴대인터넷망의 경우 다음의 기능을 구비하여야 한다. −초기 접속 시, 다음의 방식 중	−	★	−	−	−	−

항 목	대 책	실 시 기 준					
		기간통신설비		별정통신설비	전송망설비	부가통신설비	자가통신설비
		전화역무·회선임대 역무설비	주파수를 할당받아 제공하는 역무설비				
	하나 이상의 방식에 기반한 단말기와 망 사이의 상호인증기능 및 주기적인 재인증기능 (1) IC카드 (2) 기기 인증서 (3) 기기 인증서 및 사용자 아이디와 패스워드 －이용자요구 시 서비스 트래픽을 암호화하여 처리할 수 있는 보안 서비스 기능 －분실 또는 도난 신고된 단말기에 의한 서비스 접속 시 이를 검출하고 서비스의 이용을 제한할 수 있는 기능						
	819～849MHz, 904.3～915MHz, 1715～1785MHz, 1920～1940MHz, 2500～2540MHz 주파수대역에서 단일 반송파 주파수 다중접속방식을 사용하고, 864～894MHz, 949.3～960MHz, 1810～1880MHz, 2110～2130MHz, 2620～2660MHz 주파수대역에서 직교주파수분할 다중접속방식을 사용하는 이동통신망의 경우 다음의 기능을 구비하여야 한다. －초기 접속 시 IC카드와 결합된 단말기와 망 사이의 상호 인증기능 및 주기적인 재인증기능 －불법 복제된 IC카드와 결합된 단말기가 망에 접속한 경우 이를 검출하는 기능 －이용자요구 시 서비스 트래픽을 암호화하여 처리할 수 있는 보안서비스 기능 －분실 또는 도난 신고된 단말기	－	★	－	－	－	－

항 목	대 책	실 시 기 준					
		기간통신설비		별정 통신 설비	전송망 설비	부가 통신 설비	자가 통신 설비
		전화역무 · 회선임대 역무설비	주파수를 할당받아 제공하는 역무설비				
	에 의한 서비스 접속 시 이를 검출하고 서비스의 이용을 제한할 수 있는 기능						
	방송통신설비의 접근영역이나 사용 가능한 범위에 대한 제한을 두는 기능을 설정하는 등 설비의 파괴 또는 타인의 데이터 절취 등을 방지하는 조치를 강구한다.	★	★	★	★	★	★
	이용자 패스워드의 문자열을 검색하여 일반적인 단어를 배제하는 기능을 강구한다.	–	–	–	–	○	–
	접속 실패 횟수의 기준을 설정하고 기준값을 초과한 것에 대해 검지하여 시스템에서 적절한 조치를 강구한다.	–	–	–	–	○	–
	프로그램 데이터 등 보호가 필요한 중요정보에 대해서는 그 정보에 대한 접속요구를 기록하고 보전하는 기능을 마련한다.	○	○	○	–	○	–
	부정접속 유무를 확인할 수 있도록 통신망에 대한 접속이력의 표시 또는 조회기능을 마련한다.	○	○	○	–	○	–
	일정기간 이상 패스워드를 변경하지 아니한 이용자에 대해서 주의를 환기하는 기능을 마련한다.	–	–	–	–	○	–
	일정기간 이상 방송통신망을 이용하지 않은 이용자가 방송통신망에 접속할 때에 재개 의사를 확인하는 기능을 마련한다.	–	–	–	–	○	–
9. 예비기기 등의 설치	중요한 통신설비가 자체만으로 신뢰도를 충분히 유지할 수 없을 경우에는 설비의 중요도, 고장발생률, 복구소요시간 등을 고려하	★	★	★	○	★	○

항 목	대 책	실 시 기 준					
		기간통신설비		별정통신설비	전송망설비	부가통신설비	자가통신설비
		전화역무·회선임대 역무설비	주파수를 할당받아 제공하는 역무설비				
	여 예비기기를 설치한다. 다만, 이에 준하는 조치를 강구하는 경우에는 그러하지 아니하다.						
	예비기기를 설치한 경우에는 운용 중인 설비에 장애가 발생했을 때 이를 예비기기로 신속히 전환되도록 한다.	★	★	★	○	★	○
10. 시험기기의 확보	방송통신설비를 시공, 관리 또는 운용하는 사업장에는 그 설비를 점검 또는 검사하는데 필요한 시험기기를 확보하거나 이에 준하는 조치를 한다.	★	★	★	★	★	○
11. 통신량 측정 자료의 기록	교환설비(회선교환, 패킷교환, ATM교환 등)는 이용자 회선별로 이용한 통신량, 횟수 또는 요금 등을 산정하기 위한 각종 자료를 상세히 기록하는 기능을 구비한다.	★	★	★	–	★	–
12. 통신설비 등 지진대책	통신장비, 전원설비, 부대설비 등은 별표 2의 지진대책 기준에 적합하게 설치하여야 한다.	★	★	★	★	○	○
제2절 옥외설비							
1. 풍해대책	방송통신망을 구축하기 위한 시설물로서 건축물 외부에 설치되는 선로설비, 전송장치, 안테나시설 등(이하 '옥외설비'라 한다)을 강한 풍압을 받을 우려가 있는 곳에 설치할 경우 강풍으로 인한 고장 등이 발생하지 않도록 조치를 강구한다.	★	★	★	★	★	★주)
	주 : 철도산업발전기본법에 의한 철도시설, 도시철도법에 의한 도시철도시설 및 전기사업법에 의한 전기설비에 해당하는 자가통신설비에 한함						
2. 낙뢰대책	중요한 옥외설비를 설치할 경우 낙뢰에 따른 고장 등이 발생하지	○	○	○	○	○	○

항 목	대 책	실 시 기 준					
		기간통신설비		별정통신설비	전송망설비	부가통신설비	자가통신설비
		전화역무 · 회선임대역무설비	주파수를 할당받아 제공하는 역무설비				
	아니하도록 조치를 강구한다.						
3. 진동대책	옥외설비를 설치할 경우 진동에 대해 고장 등의 방지조치를 강구한다.	○	○	○	○	○	○
4. 지진대책	옥외설비는 별표 2의 지진대책 기준에 적합하게 설치하여야 한다.	★	★	★	★	○	○
5. 화재대책	화재가 발생할 우려가 있는 곳에 옥외설비를 설치할 경우 불연화 또는 난연화 등의 조치를 강구한다.	○	○	○	○	○	○
6. 내수 등의 대책	수중에 옥외설비를 설치하여야 하는 경우 내수기능을 마련한다.	○	○	—	○	—	○
	수중에 옥외설비를 설치하여야 하는 경우 수압으로 인한 고장 등이 발생하지 않도록 조치를 강구한다.	○	○	—	○	—	○
7. 수해대책	수해를 입을 우려가 있는 장소에 중요한 옥외설비를 설치하는 경우, 다음과 같은 수해방지조치를 하여야 한다. －현재까지 2개년 이상 침수된 지역의 경우 범람에 대비한 조치를 취하도록 한다. －폭우에 의한 지반침하가 우려되는 토사지대와 같이 지반이 약한 지대의 경우 별도의 콘크리트조 등의 기초대를 땅에 매설하여 시설하도록 한다. －선로설비를 제외한 옥외설비가 설치위치의 지형구조상 붕괴우려가 있는 산비탈, 절개지 등을 끼거나 10m 이내 주변지대보다 2m 이상 낮은 위치에 시설되는 경우 산비탈, 절개지, 상	★	★	★	★	★	○

항 목	대 책	실 시 기 준					
		기간통신설비		별정 통신 설비	전송망 설비	부가 통신 설비	자가 통신 설비
		전화역무 · 회선임대 역무설비	주파수를 할당받아 제공하는 역무설비				
	위지대 등과 옥외설비와의 사이 적정한 위치에 보호벽 또는 가드레일을 시설하거나 산비탈, 절개지, 상위지대 등의 자체 붕괴를 방지할 수 있는 수단을 시설하도록 한다.						
8. 동결대책	동결될 우려가 있는 곳에 옥외설비를 설치할 경우 동결로 인한 고장 등이 발생하지 아니하도록 조치를 강구한다.	○	○	○	○	○	○
9. 염해 등 대책	염해, 부식성 가스로 인한 장해 또는 분진으로 인한 장해를 입을 우려가 있는 곳에 옥외설비를 설치할 경우 이로 인한 고장 등이 발생하지 아니하도록 조치를 강구한다.	○	○	○	○	○	○
10. 고온 · 저온대책	고온도 또는 저온도 장소에 설치하는 옥외설비는 해당 조건에서 안정적으로 작동하도록 조치를 강구한다.	○	○	○	○	○	○
	온도차가 심한 장소 또는 온도변화가 심한 환경에 설치하는 옥외설비는 해당 조건에서 안정적으로 작동하도록 조치를 강구한다.	○	○	○	○	○	○
11. 다습도대책	다습할 우려가 있는 장소에 옥외설비를 설치할 경우 습도조치, 방수조치 등을 강구한다.	○	○	○	○	○	○
12. 고신뢰도	해저, 우주공간 등 특수한 장소에 설치해야 할 중요한 옥외설비는 고신뢰도 부품을 사용한다.	○	○	—	○	—	○
13. 제3자의 접촉 방지	쉽게 제3자가 설비를 접촉할 수 없도록 조치를 강구한다.	○	○	○	○	○	○
	도로 등에 설치되는 시설에 대해	○	○	○	○	○	○

항 목	대 책	실 시 기 준					
		기간통신설비		별정통신설비	전송망설비	부가통신설비	자가통신설비
		전화역무·회선임대역무설비	주파수를 할당받아 제공하는 역무설비				
	침입을 방지하는 조치를 강구한다.						
제2장 통신국사 및 통신기계실의 조건							
1. 입지조건	중요한 통신설비의 설치를 위한 통신국사 및 통신기계실은 다음 사항을 고려하여 구축하거나 선정한다. －풍수해로부터 영향을 많이 받지 않는 곳. 다만, 부득이한 경우로서 방풍, 방수 등의 조치를 강구하는 경우에는 그러하지 아니하다. －강력한 전자파장해의 우려가 없는 곳. 다만, 전자차폐 등의 조치를 강구하는 경우에는 그러하지 아니하다. －주변지역의 영향으로 인한 진동발생이 적은 장소	★	★	★	★	★	○
2. 통신국사 조건 및 선정	임차 통신국사는 내진구조의 건축물을 선정한다.	○	○	○	○	○	○
	통신설비 수용을 위하여 건축하는 통신국사는 별표 2의 지진대책 기준에 적합하여야 한다.	★	★	★	★	○	○
	「건축법 시행령」 제56조제1항에서 규정하는 내화구조의 건축물을 선정한다.	○	○	○	○	○	○
	바닥하중에 대한 소요구조내력이 충분한 건축물을 선정한다.	○	○	○	○	○	○
3. 통신기계실의 구조조건	중요한 통신설비 설치용 기계실은 타실에서 사고나 화재의 영향 등을 받지 않도록 전용통신기계실로 설치한다.	★	★	★	★	★	★
	임차 통신국사 내의 바닥, 내벽,	○	○	○	○	○	○

항 목	대 책	실 시 기 준					
		기간통신설비		별정통신설비	전송망설비	부가통신설비	자가통신설비
		전화역무·회선임대역무설비	주파수를 할당받아 제공하는 역무설비				
	천장 등의 내장재는 통상적 예상 규모의 지진으로 인한 낙하, 전도 등을 방지할 수 있도록 조치를 강구한다.						
	제2장제2호에 의한 통신국사 내 통신기계실에 통신설비 설치를 위하여 시설하는 바닥시설은 별표 2의 지진대책에 적합하여야 한다.	★	★	★	★	○	○
	통신기계실의 마루, 내벽, 천장 등에 사용하는 내장재는 불연재료 또는 준불연재료 등을 사용한다.	○	○	○	○	○	○
	중요한 통신설비설치용 기계실은 비, 바람, 자외선 및 대기먼지 등에 의한 저해요인이 발생되지 않도록 하여 통신설비가 적정관리되도록 한다.	★	★	★	★	★	★
4. 출입제한기능	통신국사 및 통신기계실의 모든 출입구에는 시건장치를 설치하고 통상 사용하는 출입구에는 안내와 감시장치 등의 출입통제관리를 실시한다. 다만, 이에 준하는 조치를 강구하는 경우에는 그러하지 아니하다.	○	○	○	○	○	○
5. 화재의 경보·소화	통신설비가 설치되어 있는 통신국사에는 자동화재경보설비 및 소화설비를 적절하게 설치한다.	★	★	★	★	★	★
6. 온·습도관리	통신기계실 중앙위치의 1.5m 높이에서 다음의 온·습도가 일정하게 유지될 수 있는 조치가 강구되어야 한다. –온도 : 16~28℃ –상대습도 : 40~70%	○	○	○	○	○	○

항 목	대 책	실 시 기 준					
		기간통신설비					
		전화역무 · 회선임대역무설비	주파수를 할당받아 제공하는 역무설비	별정통신설비	전송망설비	부가통신설비	자가통신설비
7. 분진 · 유해가스 관리	통신기계실 바닥면으로부터 1.5m 높이에서 분진 및 유해가스가 다음의 허용농도 이하로 연중 유지될 수 있는 조치가 강구되어야 한다. －분진 : $50\mu g/m^3$ －아황산(SO_2) : 0.07ppm $0.2mg/m^3$	○	○	○	○	○	○
제3장 관리기준 제1절 통신망 보전 · 운용관리							
1. 기준의 설정	보전 · 운용기준을 설정하고 보전 · 운용에 관한 각종 데이터를 집계, 관리한다.	★	★	★	★	★	○
2. 상호접속 대응	상호접속을 하는 경우는 설계 시 접속대상 설계공정을 명확히 하고 공정간조정을 시행한다.	○	○	○	○	○	○
	상호접속에 대한 작업의 분담, 연락체계, 책임범위 등의 보전 · 운용체제를 명확히 한다.	○	○	○	○	○	○
제2절 데이터의 관리							
1. 데이터의 복원	통신설비의 데이터 또는 이용자 데이터 등 중요한 데이터의 파괴 시 복원이 가능하도록 전산보조 기억장치를 구비한다.	★	★	○	○	★	○
2. 데이터의 보관	중요한 데이터는 데이터보관실 또는 전용 데이터보관고에 보관한다.	★	★	○	○	★	○
	데이터보관실 및 데이터보관고는 단독방화구역으로 하고 안전한 데이터보관을 위해 시건장치를 설치한다.	★	★	○	○	★	○
	데이터보관실 또는 데이터보관고가 전자파에 의한 영향이 우려되는 경우에는 이에 대한 대책을	★	★	○	○	★	○

항 목	대 책	실 시 기 준					
		기간통신설비		별정통신설비	전송망설비	부가통신설비	자가통신설비
		전화역무·회선임대 역무설비	주파수를 할당받아 제공하는 역무설비				
	강구한다.						
	광역재해 우려가 있는 중요통신국사의 통신설비 및 이용자 데이터 파일 등은 재해로부터 충분히 격리된 다른 중요 통신국사나 보관설비에 보관한다. 다만, 부득이한 경우에는 내화시설이 되어 있는 국사 내 장소에 보관한다.	★	★	○	○	★	○
	통상적 예상규모의 지진으로 인한 전도 및 이동을 방지하도록 데이터보관실에 조치를 강구한다.	○	○	○	○	○	○
3. 중요한 데이터 기록물의 관리	중요한 통신설비 및 이용자 등에 관한 데이터는 통신비밀보호, 데이터보호 및 복원 가능성의 정도를 기준으로 하여 분류·관리한다.	★	★	○	○	★	○
	분류된 데이터는 중요도에 따라 취급범위를 정하여 복사금지, 발행부수 제한 및 보유자 제한 등을 관리한다.	○	○	○	○	○	○
	통신비밀에 관련 가능성이 큰 데이터는 관계자의 비밀보호의무 범위를 명확히 하고 이에 대한 주지를 철저히 한다.	★	★	○	○	★	○
제3절 비상사태의 대응							
1. 응급복구대책의 수립	중요한 통신설비에 고장 등이 발생할 경우 임시 통신설비배치 및 임시 통신회선설정 등에 의한 응급복구대책을 강구한다.	★	★	★	○	★	○
	복구대책의 실시방법 및 순서를 정하여 시행한다.	○	○	○	○	○	○
2. 비상상태 대응체제의 명확화	연락체계, 권한의 범위 등 비상사태 시의 체제를 명확히 한다.	★	★	★	○	★	○
	직원의 집합, 응급 및 복구활동	○	○	○	○	○	○

<table>
<tr><th rowspan="3">항 목</th><th rowspan="3">대 책</th><th colspan="6">실 시 기 준</th></tr>
<tr><th colspan="2">기간통신설비</th><th rowspan="2">별정통신설비</th><th rowspan="2">전송망설비</th><th rowspan="2">부가통신설비</th><th rowspan="2">자가통신설비</th></tr>
<tr><th>전화역무 · 회선임대역무설비</th><th>주파수를 할당받아 제공하는 역무설비</th></tr>
<tr><td rowspan="3"></td><td>등에 관련된 연락을 위해 필요한 조치를 강구한다.</td><td></td><td></td><td></td><td></td><td></td><td></td></tr>
<tr><td>광역 응급구호체제를 명확히 한다.</td><td>○</td><td>○</td><td>○</td><td>○</td><td>○</td><td>○</td></tr>
<tr><td>응급 및 복구활동 등에 대하여 정부부처 또는 관계기관과의 연락체제를 명확히 한다.</td><td>○</td><td>○</td><td>○</td><td>○</td><td>○</td><td>○</td></tr>
</table>

[근거규정] 방송통신설비의 안전성 및 신뢰성에 대한 기술기준 제4조

4.3.1 지진대책 등

제5조 지진대책 대상 방송통신설비의 범위와 방송통신설비의 지진대책 기준은 〈표 4-2〉와 같다.

〈표 4-2〉 지진대책 대상 방송통신설비의 범위와 지진대책 기준(제5조 관련)

1. 지진대책을 하여야 하는 방송통신설비의 범위

<table>
<tr><th colspan="2">구 분</th><th>세부 항목</th></tr>
<tr><td colspan="2">통신국사</td><td>•「건축법 시행령」 제32조에 의한 내진대상 통신국사
• 통신장비를 수용하기 위하여 건축하는 통신국사(임차 건물의 통신국사는 제외)</td></tr>
<tr><td colspan="2">통신장비</td><td>• 교환기, 전송단국장치, 중계장치(단순중계기는 제외), 다중화장치, 분배장치
• 기지국 송수신장치
• 고객정보 저장장치, 단문메시지 저장장치</td></tr>
<tr><td colspan="2">전원설비</td><td>수변전장치, 정류기, 예비전원설비(축전지, 비상용 발전기)</td></tr>
<tr><td colspan="2">부대설비</td><td>통신사업자, 자가통신설비 설치자 등이 건축하는 통신국사에 통신장비를 설치하기 위하여 시설하는 바닥시설(이중마루)</td></tr>
<tr><td rowspan="2">옥외설비</td><td>철탑시설</td><td>• 대지에 직접 시설하는 철탑(강관 등에 의하여 구성된 것) 및 철주(원통, 삼각 및 사각주, 강관에 의한 각주 등)
•「옥상에 시설되는 철탑 및 건축법 시행령」 제118조 규정에 의해 신고하는 철주</td></tr>
<tr><td>선로구조물</td><td>통신구, 관로, 맨홀, 통신용 전주</td></tr>
</table>

2. 지진대책 기준

가. 제1호의 통신국사

(1) 통신국사는 「건축법」 제48조제3항 및 「건축물의 구조기준 등에 관한 규칙」 제3조제2항의 규정에 의한 건축구조기준(이하 "건축구조기준"이라 한다.)의 내진등급 중 특등급을 적용하고 해석검증하여야 한다.

나. 제1호의 통신장비, 전원설비, 부대설비

(1) 통신장비, 전원설비, 부대설비는 설치하고자 하는 건물층에 대한 층응답스펙트럼에 적합한 내진성을 갖도록 하거나 또는 [그림 1]의 층응답스펙트럼에 적합한 내진성을 갖도록 하여야 한다.

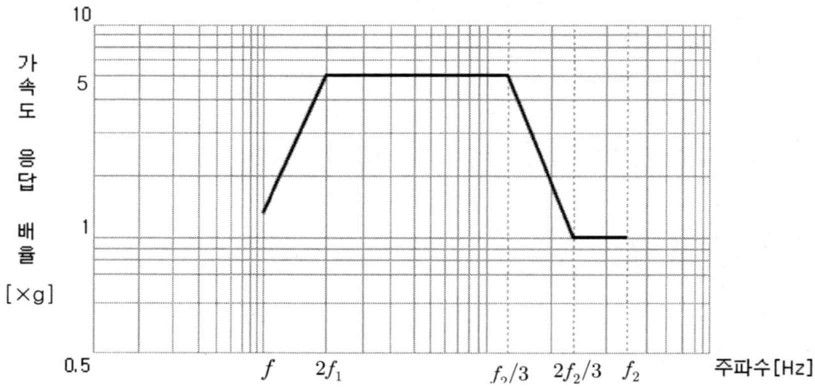

[그림 1] 층응답스펙트럼

(2) 층응답스펙트럼(그림 1)에 적용되는 변수

(가) f_1 =1Hz, f_2= 35Hz

(나) 영주기 가속도는 0.6g로 한다.

(다) f_1에서 $2f_1$까지의 가속도 변화는 12dB/octave의 기울기를 갖도록 한다.

(라) 감쇠율(damping ratio)은 2%를 적용한다.

(마) $2f_1$에서 $f_2/3$까지의 최대 증폭가속도는 영주기 가속도에 5배하여 3g로 한다.

(바) 차단주파수는 $2f_2/3$으로 한다.

(사) $f_2/3$에서 차단주파수($2f_2/3$)까지의 변화는 로가리즘 단위에 의한 선형보간법을 적용한다.

(3) 수직방향 진동에 대한 층응답스펙트럼의 경우 영주기 가속도를 최대 50 %까지 경감시켜 적용할 수 있다.

(4) 통신장비, 전원설비, 부대설비는 설치하고자 하는 건물층에 대한 층응답스펙트럼을 사용할 경우 내진설계 등급은 건축구조기준에 의한 특등급을 적용한다.

(5) 통신장비, 전원설비, 부대설비에 대한 내진성은 시험 검증되어야 한다. 시험 검증에 사용되는 층응답스펙트럼은 통신장비, 전원설비, 부대설비를 설치하고자 하는 건물층에서 정한 층응답스펙트럼을 포괄하여야 한다.

다. 제1호의 옥외설비

(1) 지면에 시설되는 옥외설비는 지반응답스펙트럼을 적용하여 내진성을 갖도록 하여야 한다.

(2) 지반응답스펙트럼은 건축구조기준에서 정한 설계변수를 사용한다. 다만, 옥외설비의 설치위치를 알 수 없는 경우에는 지역계수의 지진지역 1을 적용하고 지반의 분류는 단단한 토사지반(SD)을 적용한다.
(3) 건물의 옥상에 설치하는 옥외설비는 해당 건물에 대한 층응답스펙트럼에 적합한 내진성을 갖도록 하거나 또는 제2호나목의 [그림 1]에 의한 층응답스펙트럼에 적합한 내진성을 갖도록 하여야 한다.
(4) 철탑시설의 내진설계 등급은 건축구조기준에 의한 특등급을 적용한다.
(5) 선로구조물의 내진설계 등급은 건축구조기준에 의한 1등급을 적용한다.
(6) 철탑시설 등의 풍하중이 지진하중보다 크면 풍하중을 반영하여 설치하여야 한다.
(7) 옥외설비에 대한 내진성은 시험 검증 또는 해석 검증되어야 한다.
(8) 검증 시의 응답스펙트럼은 위 (1)항 내지 (5)항에 의하여 정한 응답스펙트럼을 포괄하여야 한다.

라. 가호 내지 다호까지의 내진대책외 다른 방법으로 지진대책을 수립하는 경우에는 가호 내지 다호에서 정한 기준에 적합하도록 검증되어야 한다.

3. 시험 검증방법과 판정조건

가. 시험 검증방법
(1) 시험 대상 설비의 실물 모형을 구성하여야 한다. 다만, 실물 모형 구성이 어려운 경우에는 최대한 역학적 유사성을 갖도록 구성하여야 한다.
(2) (1)목에 의한 시험 대상 실물 또는 모형을 진동대 위에 설치한다.
(3) 2항 나호 (5)목에 의한 시험검증용 층응답스펙트럼을 사용하여 진동대에 수평 및 수직방향에 대한 지진가속도를 부여하여 시험한다.
(4) 통신장비에 대한 검증은 실제 통신신호 전송상태가 구현될 수 있도록 시험용 통신장비를 선로와 단말장치 또는 신호검출기 등에 연결한다.

나. 판정조건
(1) 내진시험 중과 종결 후에 통신 신호전송에 지장을 주지 않도록 정상상태를 유지하여야 한다.
(2) 내진시험 중에 해당 설비의 바닥면을 기준으로 설비 상단의 단방향 진동변위폭이 최대 75mm를 초과하여서는 아니된다.
(3) 내진시험 후 물리적인 파손이 되지 않고 설비 원형이 보존되어 있어야 한다.

[근거규정] 방송통신설비의 안전성 및 신뢰성에 대한 기술기준 제5조

연 | 습 | 문 | 제

1. 중요한 전송로설비의 동작상황을 감시하고 설비고장 또는 품질저하 시 이를 신속하게 검출통보하는 (　　　)을 구비한다.

답 감시기능

[근거규정] 방송통신설비의 안전성 및 신뢰성에 대한 기술기준 제4조

2. 교환설비는 트래픽 소통능력을 현저히 저하시키는 이상폭주 또는 특정교환설비에 발생된 이상 트래픽이 전체망에 파급되는 것을 방지하기 위해 (　　　)의 접속을 규제하는 기능 또는 이와 동등한 기능을 구비한다.

답 통신

[근거규정] 방송통신설비의 안전성 및 신뢰성에 대한 기술기준 제4조

3. 통신망의 비밀보호 및 신뢰성 제고를 위하여 이용자의 식별확인을 필요로 하는 통신을 취급하는 전기통신망에는 정당한 이용자임을 식별확인할 수 있도록 등록 및 (　　　) 등을 구비하여야 한다.

답 인증기능

[근거규정] 방송통신설비의 안전성 및 신뢰성에 대한 기술기준 제4조

4. 방송통신설비의 회선고장, 이상 트래픽 폭주 등의 망상태를 종합적으로 또는 광역적으로 검지하여 이에 대한 필요한 조치를 취할 수 있는 (　　　)을 구비한다.

답 종합망관리 시스템

[근거규정] 방송통신설비의 안전성 및 신뢰성에 대한 기술기준 제4조

5. 이동전화망, 개인휴대통신망, 1920～1940MHz 및 2110～2130MHz 주파수의 전파를 사용하는 이동통신망의 경우 제공하는 서비스에 대해 정당한 사용자 단말기인지 여부를 확인하는 등록(Power On), 발신 및 착신에 대한 (　　　)과 불법 복제된 단말기가 망에 접속할 경우 이를 검출하는 기능을 가져야 한다.

답 인증기능

[근거규정] 방송통신설비의 안전성 및 신뢰성에 대한 기술기준 제4조

6. 2300～2400MHz 주파수의 전파를 사용하는 휴대인터넷망의 경우 다음의 기능을 구비하여야 하는데 초기 접속 시 IC카드와 결합된 단말기와 망 사이의 (　　　)기능 및 주기적인 재인증기능을 갖추어야 한다.

답 상호인증

[근거규정] 방송통신설비의 안전성 및 신뢰성에 대한 기술기준 제4조

7. 통신국사와 통신기계실의 갖출 조건 중 틀린 것은?

가. 중요한 통신설비설치용 기계실은 비, 바람, 자외선 및 대기먼지 등에 의한 저해요인이 발생되지 않도록 하여 통신설비가 적정 관리되도록 한다.

나. 통신국사 및 통신기계실의 모든 출입구에는 시건장치를 설치하고 통상 사용하는 출입구에는 안내와 감시장치 등의 출입통제관리를 실시한다.

다. 통신설비가 설치되어 있는 통신국사에는 자동화재경보설비 및 소화설비를 적절하게 설치한다.

라. 통신기계실 중앙위치의 2.5m 높이에서 다음의 온·습도가 일정하게 유지될 수 있는 조치가 강구되어야 한다.

답 라. 통신기계실 중앙위치의 1.5m 높이

[근거규정] 방송통신설비의 안전성 및 신뢰성에 대한 기술기준 제4조

8. 통신설비의 데이터 또는 이용자 데이터 등 중요한 데이터의 파괴 시 복원이 가능하도록 (　　　)를 구비한다.

답 전산보조기억장치

[근거규정] 방송통신설비의 안전성 및 신뢰성에 대한 기술기준 제4조

9. 중요한 통신설비에 고장 등이 발생할 경우 임시 통신설비 배치 및 임시 통신회선 설정 등에 의한 (　　　)대책을 강구한다.

답 응급복구

[근거규정] 방송통신설비의 안전성 및 신뢰성에 대한 기술기준 제4조

제5장

인터넷 멀티미디어 방송사업의 방송통신설비에 관한 기술기준

5.1 근거규정

「인터넷 멀티미디어 방송사업법」 제2조 · 제14조 · 제16조 · 제17조 · 제18조 및 「방송통신발전기본법」 제28조의 규정에 의하여 인터넷 멀티미디어 방송사업의 방송통신설비에 관한 기술기준(국립전파연구원고시 제2014-6호)

[근거규정] 인터넷 멀티미디어 방송사업의 방송통신설비에 관한 기술기준 제1조

5.1.1 적용범위

「인터넷 멀티미디어 방송사업법」 제4조에 따라 허가를 받아 광대역종합정보통신망 등을 이용하여 인터넷 프로토콜 방식으로 실시간 인터넷 멀티미디어 방송을 제공하는 사업자의 설비에 관한 사항, 가입자 단말장치의 기술적 조건에 관한 사항 및 서비스 품질 등에 관한 사항에 적용

[근거규정] 인터넷 멀티미디어 방송사업의 방송통신설비에 관한 기술기준 제2조

5.2 인터넷 멀티미디어 방송 제공사업자 설비

5.2.1 전원설비

핵심설비 등에 안정적인 전원을 공급하기 위하여 인터넷 멀티미디어 방송국사에는 상용전원설비와 상용전원의 정전 등 이상발생 시에 대비한 예비전원설비의 설치는 「방송통신설비의 기술기준에 관한 규정」 제10조를 준용한다.

[근거규정] 인터넷 멀티미디어 방송사업의 방송통신설비에 관한 기술기준 제4조

5.2.2 보호기 및 접지

과전압 · 과전류 및 낙뢰 등 전기적 이상으로부터 이용자 · 운용자 및 설비 보호를 위한 보호기 및 접지설비의 설치는 「방송통신설비의 기술기준에 관한 규정」 제7조를 준용한다.

[근거규정] 인터넷 멀티미디어 방송사업의 방송통신설비에 관한 기술기준 제5조

5.2.3 예비설비

핵심설비는 고장 등 이상발생시 교체 및 절체를 위해 인터넷 멀티미디어 방송국사 내에 예비설비를 갖추어야 한다.

[근거규정] 인터넷 멀티미디어 방송사업의 방송통신설비에 관한 기술기준 제6조

5.2.4 음성압축방식 규격

음성신호의 압축방식은 국제표준화기구와 국제전기표준회의(ISO/IEC)의 13818-7 Advanced Audio Coding(AAC) 형식을 따른다. 다만, 단순전달(Pass Through)되는 콘텐츠의 경우에는 AC-3의 형식을 따른다.

[근거규정] 인터넷 멀티미디어 방송사업의 방송통신설비에 관한 기술기준 제7조

5.2.5 영상압축방식 규격

영상신호의 압축방식은 ITU-T H.264(ISO/IEC 14496-10 Advanced Video Coding (AVC)) 또는 ITU-T H.265(ISO/IEC 23008-2 High Efficiency Video Coding(HEVC)) 형식을 따른다.

[근거규정] 인터넷 멀티미디어 방송사업의 방송통신설비에 관한 기술기준 제8조

5.2.6 전송스트림 다중화 규격

영상, 음성, 데이터방송 신호 및 시스템 정보의 다중화는 ISO/IEC 13818-1의 MPEG-2 전송스트림 형식을 따른다.

[근거규정] 인터넷 멀티미디어 방송사업의 방송통신설비에 관한 기술기준 제9조

5.2.7 지상파 재송신

① 인터넷 멀티미디어 방송사업자가 지상파를 재송신하는 경우 서비스 및 시스템 정보는 PSIP 형식으로 변경없이 재송신한다.

② 인터넷 멀티미디어 방송사업자가 지상파를 재송신하는 경우 데이터방송 형식은 방송통신표준의 지상파 데이터방송 표준(KCS.OT-07.001)을 따른다. 다만, 채널 주파수와 관련된 부분은 예외사항으로 한다.

[근거규정] 인터넷 멀티미디어 방송사업의 방송통신설비에 관한 기술기준 제10조

5.2.8 서비스 및 시스템 정보

① 인터넷 멀티미디어 방송사업자는 다음 각 호의 서비스 및 시스템 정보와 관련된 사항들은 동일한 형식으로 제공한다.

1. 방송서비스 이름
2. 방송채널 번호
3. 서비스 ID
4. 멀티캐스트 주소 및 포트 번호
5. 프로그램 제목
6. 프로그램 시작시간
7. 프로그램 상영시간
8. 프로그램 시청등급

② 제1항에 따른 서비스 및 시스템 정보에 대한 사항은 한국정보통신기술협회의 "IPTV 서비스 탐색 및 전송방식(TTAK.KO-08.0027/R1)"과 "IPTV 콘텐츠 가이드 정보 및 전송방식(TTAK.KO-08.0028/R2)" 표준을 따른다.

[근거규정] 인터넷 멀티미디어 방송사업의 방송통신설비에 관한 기술기준 제11조

5.2.9 콘텐츠 보호

콘텐츠에 대한 제한수신 및 불법복제방지 기능을 지원한다.

[근거규정] 인터넷 멀티미디어 방송사업의 방송통신설비에 관한 기술기준 제12조

5.3 가입자 단말장치

5.3.1 물리적인 망접속 규격

물리적인 망접속은 미국전기전자학회(IEEE)의 802.3/802.3u Ethernet(10/100M) 규격을 따른다.

[근거규정] 인터넷 멀티미디어 방송사업의 방송통신설비에 관한 기술기준 제13조

5.3.2 멀티캐스트 채널 전환 규격

멀티캐스트 채널 전환방식은 인터넷 엔지니어링 태스크포스(IETF)의 RFC 2236 IGMP 규격 중 접속(join) / 해제(leave) 형식을 따른다.

[근거규정] 인터넷 멀티미디어 방송사업의 방송통신설비에 관한 기술기준 제14조

5.3.3 음성복호화 규격

음성복호화는 ISO / IEC 13818-7 Advanced Audio Coding(AAC) 및 AC-3의 형식을 따른다.

[근거규정] 인터넷 멀티미디어 방송사업의 방송통신설비에 관한 기술기준 제15조

5.3.4 영상복호화 규격

영상복호화는 ITU-T H.264(ISO / IEC 14496-10 Advanced Video Coding(AVC)) 또는 ITU-T H.265 (ISO/IEC 23008-2 High Efficiency Video Coding(HEVC)) 형식을 따른다.

[근거규정] 인터넷 멀티미디어 방송사업의 방송통신설비에 관한 기술기준 제16조

5.3.5 전송스트림 역다중화 규격

전송스트림의 역다중화는 ISO/IEC 13818-1의 MPEG-2 전송스트림 형식을 따른다.

[근거규정] 인터넷 멀티미디어 방송사업의 방송통신설비에 관한 기술기준 제17조

5.3.6 제한수신

① 가입자 제한수신 모듈은 가입자 단말장치와 분리되거나 교환될 수 있어야 하고 상호호환이 가능해야 한다.

② 제1항에 따른 제한수신 모듈의 분리 또는 교환과 상호호환에 대한 사항은 한국정보통신기술협회의 "IPTV용 교환 가능한 CAS(iCAS) (TTAK.KO-08.0023/R2)" 표준을 따른다.

[근거규정] 인터넷 멀티미디어 방송사업의 방송통신설비에 관한 기술기준 제18조

5.3.7 콘텐츠 보안

보안이 요구되는 콘텐츠에 대한 불법복제방지 기능을 지원한다.

[근거규정] 인터넷 멀티미디어 방송사업의 방송통신설비에 관한 기술기준 제19조

5.3.8 네트워크 품질

인터넷 멀티미디어 방송사업자 설비의 품질기준은 다음 각 호와 같다.

① 패킷 전달지연 : 100ms 이하

② 패킷 손실률 : 10-3 이하

③ 패킷 지연편차 : 50ms 이하

[근거규정] 인터넷 멀티미디어 방송사업의 방송통신설비에 관한 기술기준 제20조

연 | 습 | 문 | 제

1. 인터넷 멀티미디어 방송 음성압축방식 중 맞는 것은?

가. ISO/IEC의 13818-7 Advanced Audio Coding(AAC) 형식

나. 단순전달(Pass Through)되는 콘텐츠의 경우에는 AC-1의 형식

다. 단순전달(Pass Through)되는 콘텐츠의 경우에는 AC-2의 형식

라. ISO/IEC의 13818-7 Advanced Audio Coding(AAb) 형식

답 가. ISO/IEC의 13818-7 Advanced Audio Coding(AAC) 형식

[근거규정] 인터넷 멀티미디어 방송사업의 방송통신설비에 관한 기술기준 제7조

2. 영상압축방식의 형식 중 맞는 것은?

가. ITU-T H.264(ISO/IEC 14496-11 Advanced Video Coding(AVb))

나. ITU-T H.264(ISO/IEC 14496-10 Advanced Video Coding(AVC))

다. ITU-T H.265 (ISO/IEC 23008-1 High Efficiency Video Coding(HEVC))

라. ITU-T H.265 (ISO/IEC 23008-3 High Efficiency Video Coding(HEVC))

답 나. ITU-T H.264(ISO/IEC 14496-10 Advanced Video Coding(AVC))

[근거규정] 인터넷 멀티미디어 방송사업의 방송통신설비에 관한 기술기준 제8조

3. 전송스트림 다중화 규격의 영상, 음성, 데이터방송 신호 및 시스템 정보의 다중화 형식은?

답 ISO/IEC 13818-1의 MPEG-2 전송스트림 형식

[근거규정] 인터넷 멀티미디어 방송사업의 방송통신설비에 관한 기술기준 제9조

4. 지상파 재송신하는 경우의 설명 중 틀린 것은?

가. 인터넷 멀티미디어 방송사업자가 지상파를 재송신하는 경우 서비스 정보는 PSIP 형식으로 변경 없이 재송신한다.

나. 인터넷 멀티미디어 방송사업자가 지상파를 재송신하는 경우 시스템 정보는 PSIP 형식으로 변경 없이 재송신한다.

다. 인터넷 멀티미디어 방송사업자가 지상파를 재송신하는 경우 데이터방송 형식은 방송통신표준의 지상파 데이터방송 표준(KCS.OT-07.001)을 따른다.

라. 인터넷 멀티미디어 방송사업자가 지상파를 재송신하는 경우 데이터방송 형식은 방송통신표준의 지상파 음성방송 표준(KCS.OT-07.001)을 따른다.

답 라.

[근거규정] 인터넷 멀티미디어 방송사업의 방송통신설비에 관한 기술기준 제10조

5. 인터넷 멀티미디어 방송서비스와 시스템 정보를 제공하는 것이 아닌 것은?

가. 방송서비스 이름, 방송채널 번호, 수신시 등록번호

나. 서비스 ID, 멀티캐스트 주소 및 포트 번호

다. 프로그램 제목, 프로그램 시작시간

라. 프로그램 상영시간, 프로그램 시청등급

답 가. 수신기등록번호는 포함이 되지 않는다.

[근거규정] 인터넷 멀티미디어 방송사업의 방송통신설비에 관한 기술기준 제11조

6. 가입자 단말장치의 물리적인 망접속 규격 미국전기전자학회(IEEE)의 ( )규격을 따르는가?

답 (802.3/802.3u Ethernet(10/100M)

[근거규정] 인터넷 멀티미디어 방송사업의 방송통신설비에 관한 기술기준 제13조

7. 인터넷 엔지니어링 태스크포스(IETF)의 RFC 2236 IGMP 규격 중 접속(join) / 해제(leave) 형식은 어떤 규격인가?

가. 멀티캐스트 채널 변환 규격

나. 멀티캐스트 채널 전환 규격

다. 멀티캐스트 채널 전달 규격

라. 멀티캐스트 채널 전송 규격

답 나. 멀티캐스트 채널 전환

[근거규정] 인터넷 멀티미디어 방송사업의 방송통신설비에 관한 기술기준 제14조

8. ISO/IEC 13818-7 Advanced Audio Coding(AAC) 및 AC-3의 형식은 어떤 규격인가?

가. 음성복구화 규격

나. 음성복원화 규격

다. 음성복호화 규격

라. 음성복사화 규격

답 다. 음성복호화 규격

[근거규정] 인터넷 멀티미디어 방송사업의 방송통신설비에 관한 기술기준 제15조

9. ITU-T H.264(ISO/IEC 14496-10 Advanced Video Coding(AVC)) 또는 ITU-T H.265 (ISO/IEC 23008-2 High Efficiency Video Coding(HEVC)) 형식을 어떤 규격이라 하는가?

가. 영상복호화 규격

나. 영상복구화 규격

다. 영상복원화 규격

라. 영상복사화 규격

답 가. 영상복호화 규격

[근거규정] 인터넷 멀티미디어 방송사업의 방송통신설비에 관한 기술기준 제16조

10. ISO/IEC 13818-1의 MPEG-2는 어떤 형식인가?

가. 전송스트림 역다중화 규격

나. 전송스트림 다중화 규격

다. 전송스트림 역다양화 규격　　　　라. 전송스트림 다중화압축 규격

답 가. 전송스트림 역다중화 규격

[근거규정] 인터넷 멀티미디어 방송사업의 방송통신설비에 관한 기술기준 제17조

11. 가입자 제한수신 모듈에 대한 설명 중 맞는 것은?

가. 가입자 제한수신 모듈은 가입자 단말장치와 분리가 되면 안된다.

나. 가입자 제한수신 모듈은 가입자 단말장치와 분리가 되더라도 교환이 되면 안된다.

다. 가입자 제한수신 모듈은 가입자 단말장치와 분리되거나 교환이 될 수 있어도 상호호환이 되면 안된다.

라. 가입자 제한수신 모듈은 가입자 단말장치와 분리되거나 교환이 될 수 있어야 하고 상호호환이 가능해야 한다.

답 라. 가입자 제한수신 모듈은 가입자 단말장치와 분리되거나 교환될 수 있어야 하고 상호호환이 가능해야 한다.

[근거규정] 인터넷 멀티미디어 방송사업의 방송통신설비에 관한 기술기준 제18조

12. 인터넷 멀티미디어 방송사업자 설비의 네트워크 품질의 품질기준 중 틀린 것은?

가. 패킷 전달지연 : 100ms 이하　　　　나. 패킷 손실률 : 10^{-3} 이하

다. 패킷 지연편차 : 50ms 이하　　　　라. 패킷 복원속도 : 50ms 이상

답 라. 패킷 복원속도에 대한 기술기준은 없다.

[근거규정] 인터넷 멀티미디어 방송사업의 방송통신설비에 관한 기술기준 제20조

제6장

유선방송국설비 등에 관한 기술기준

6.1 근거규정

「방송법」 제79조제1항 및 「방송통신설비의 기술기준에 관한 규정」 제26조에 따라 유선방송국설비(종합유선방송 및 중계유선방송·음악유선방송을 행하기 위한 설비를 포함한다.)의 설치 및 유지에 관한 사항과 전송선로설비의 분계점 등에 필요한 사항을 규정(미래창조과학부고시 제2014-67호)

「방송법」 제79조(유선방송국설비 등에 관한 기술기준과 준공검사 등) ① 미래창조과학부장관은 유선방송국설비(종합유선방송국 및 중계유선방송·음악유선방송을 행하기 위한 설비를 포함한다. 이하 같다)의 설치 및 유지에 관한 사항과 전송·선로설비의 분계점 등에 필요한 기술기준(이하 "기술기준"이라 한다)을 정하여 고시하여야 한다.

「방송통신설비의 기술기준에 관한 규정」 제26조(전송망사업용설비 등) ① 전송망사업용설비와 수신자설비의 분계점에서 수신자에게 종합유선방송신호를 전송하기 위한 전송설비 및 선로설비에 대한 세부기술기준은 미래창조과학부장관이 정하여 고시한다.

② 전송망사업용설비에는 전송되는 종합유선방송신호가 정상적으로 제공되고 있는지를 확인할 수 있도록 전송선로시설의 감시장치를 설치하여야 한다.

③ 전송망사업용설비에 관하여 이 영에서 정하는 것 외에는 전파에 관한 법령에서 정한 기준을 적용한다.

④ 「방송법」 제79조제3항에 따라 종합유선방송사업자 및 중계유선방송사업자가 자체적으로 설치하는 전송설비 및 선로설비의 설치 및 철거 등에 관하여는 제1항부터 제3항까지(중계유선방송사업자의 경우에는 제3항만 해당한다) 및 제18조를 준용한다.

6.1.1 수신공중선

유선방송을 위한 수신공중선의 설치기준에 관하여는 「무선설비규칙」 제9조의 규정을 준용하여 설치하여야 한다.

「무선설비규칙」 제9조(수신설비) ① 수신설비로부터 부차적으로 발사되는 전파의 세기는 수신공중선과 전기적 상수가 같은 의사공중선회로를 사용하여 측정한 경우에 −54dBmW 이하이어야 한다.

② 수신설비는 다음 각 호의 조건을 충족하여야 한다.

1. 수신주파수는 운용범위 이내일 것
2. 선택도가 클 것
3. 내부잡음이 적을 것

4. 감도는 낮은 신호입력에서도 양호할 것

[근거규정] 유선방송국설비 등에 관한 기술기준 제3조

6.1.2 유선방송국설비의 공동사용

① 복수의 종합유선방송국, 중계 · 음악유선방송국이 유선방송국설비를 공동으로 사용하는 경우 유선방송국설비를 하나의 시설로 설치 · 운영할 수 있다.

② 유선방송국설비를 하나의 시설로 설치 · 운영하는 경우 그 사실을 증명할 수 있는 유선방송사업의 시설공동사용 관련 자료를 중앙전파관리소장에게 제출하여야 한다.

③ 유선방송국설비를 하나의 시설로 설치 · 운영하는 경우 중앙전파관리소장은 「방송법」 제79조제2항(종합유선방송사업자 · 중계유선방송사업자 및 음악유선방송사업자는 대통령령이 정하는 기한까지 기술기준이 정하는 바에 의하여 유선방송국설비를 설치하고 미래창조과학부장관의 준공검사를 받아야 하고 설치한 유선방송국설비를 변경한 때에도 또한 같다)을 준용하여 그 시설의 적합여부를 검사하여야 한다.

[근거규정] 유선방송국설비 등에 관한 기술기준 제4조

6.1.3 전원설비

① 유선방송국용 전원설비는 최대로 사용되는 때의 전력을 안정적으로 공급할 수 있는 용량을 가진 것으로서 전압 · 전류의 변동허용범위는 ±10% 이내로 유지할 수 있는 것이어야 한다.

② 유선방송국용 전원설비에는 상용전원의 공급중단시 예비전원을 안정적으로 공급할 수 있는 설비가 설치되어야 한다. 이 경우 예비전원의 용량은 상용전원의 공급이 중단된 경우에 최대사용전원을 기준으로 하여 3시간 이상 공급할 수 있는 수준이어야 한다.

[근거규정] 유선방송국설비 등에 관한 기술기준 제5조

6.1.4 보호기 및 접지

① 유선방송국설비에는 보호기를 설치하여야 한다.

② 유선방송국설비 보호기의 성능 및 접지에 관하여는 「방송통신설비의 기술기준에 관한 규정」 제7조를 준용한다.

> **「방송통신설비의 기술기준에 관한 규정」 제7조(보호기 및 접지)** ① 낙뢰 또는 강전류전선과의 접촉 등으로 이상전류 또는 이상전압이 유입될 우려가 있는 방송통신설비에는 과전류 또는 과전압을 방전시키거나 이를 제한 또는 차단하는 보호기가 설치되어야 한다.

③ 보호기와 금속으로 된 주배선반 · 지지물 · 단자함 등이 사람 또는 방송통신설비에 피해를 줄 우려가 있을 경우에는 접지되어야 한다.

[근거규정] 유선방송국설비 등에 관한 기술기준 제6조

6.1.5 종사자의 자격과 정원

① 종합유선방송사업자 · 중계유선방송사업자 및 음악유선방송사업자가 확보하여야 할 종사자의 자격과 정원은 〈표 6-1〉과 같다.

② 제4조에 따라 유선방송국설비를 공동으로 사용하는 경우 종합유선방송사업자 · 중계유선방송사업자 및 음악유선방송사업자가 확보하여야 할 종사자는 각각의 방송국이 갖추어야 할 자격과 정원을 합한 수의 1/2로 한다. 이때 산출된 정원이 정수가 아닌 경우에는 소수점 이하를 버리되 1인 미만인 경우에는 1인으로 한다.

③ 종합유선방송사업자 · 중계유선방송사업자 및 음악유선방송사업자의 종사자는 유선방송국 설비의 방송신호 측정 · 시험 등 방송품질유지를 위한 관리업무를 수행하여야 한다.

〈표 6-1〉 유선방송사업자가 확보하여야 할 종사자의 자격과 정원(제8조제1항 관련)

1. 유선방송사업자별 종사자의 자격과 정원

구 분	규모(가입자)	종사자의 자격과 정원
종합유선방송사업	3만 이상	전파통신기사, 정보통신산업기사, 통신선로산업기사, 무선설비산업기사, 방송통신산업기사, 또는 정보통신기술자(초급 이상) 2명 이상
	3만 미만	전파통신기사, 정보통신산업기사, 통신선로산업기사, 무선설비산업기사, 방송통신산업기사 또는 정보통신기술자(초급 이상) 1명 이상
중계유선방송사업	3만 이상	전파통신기사, 정보통신산업기사, 통신선로산업기사, 무선설비산업기사, 방송통신산업기사 또는 정보통신기술자(초급 이상) 2명 이상
	1만 이상~3만 미만	전파통신기사, 정보통신산업기사, 통신선로산업기사, 무선설비산업기사, 방송통신산업기사 또는 정보통신기술자(초급 이상) 1명 이상
	2천 이상~1만 미만	정보통신산업기사, 통신선로기능사, 무선설비기능사, 방송통신기능사 또는 통신기기기능사 1명 이상
	2천 미만	자격 또는 경력인정자
음악유선방송사업	1천 이상	전파통신기사, 정보통신산업기사, 통신선로산업기사, 무선설비산업기사, 방송통신산업기사 또는 정보통신기술자(초급 이상) 1명 이상
	1천 미만	자격 또는 경력인정자

가. 자격 및 경력자 인정기준

(1) 교육법상의 고등학교 또는 고등기술학교 이상 학교의 전기, 전자, 통신학과 졸업자(졸업증명서로 인정)

(2) 아래 시설에서 전기통신분야 기술을 6월 이상 교습받은 자(수료증 사본 또는 해당 시설발급의 확인서로 인정)

(가) 「학원의 설립 · 운영 및 과외 교습에 관한 법률」 제6조에 의해 설립된 학원

(나) 「평생교육법」 제21조의 규정에 의해 설치된 평생교육시설 및 동법 제25조의 규정에 의해 학교에 부설된 시설

(3) 전파법령에 의하여 허가를 받은 방송국의 기술분야에서 1년 이상 근무한 자(경력증명서로 인정)

(4) 「정보통신공사업법」에 의한 공사업체에서 1년 이상 시설의 설치 및 관리를 담당한 자(경력증명서로 인정)

(5) 유선방송사업에 2년 이상 근무한 자(아래 서류에 의해 인정)

(가) 2년 이상 유선방송사업을 운영하였음을 증명하는 허가증사본 또는 체신청장이 당해 지역에서 2년 이상 유선방송사업을 운영하였음을 증명하는 확인서

(나) 해당인이 그 사업체에서 2년 이상 근무하였음을 증명할 수 있는 사업자발행 경력증명서(사업자가 본인인 경우는 제외)

2. 제1호의 규정을 적용함에 있어서 동일한 사업자가 중계유선방송사업 및 음악유선방송사업을 동일 사업구역 내에서 중복 운용하는 경우에도 하나의 사업자로 간주하되 그 중 상위급의 종사자의 자격과 정원으로 한다.

[근거규정] 유선방송국설비 등에 관한 기술기준 제8조

6.2 아날로그 종합유선방송국설비

6.2.1 적용범위

종합유선방송을 행하는 방송국의 설비는 텔레비전카메라 및 영상송신설비와 마이크로폰 증폭기 또는 녹음재생장치와 수신공중선의 출력단자로부터 주 전송장치를 거쳐 전송선로설비와 접속되는 최초의 접속점까지의 범위에 적용한다.

[근거규정] 유선방송국설비 등에 관한 기술기준 제9조

6.2.2 분계점

① 종합유선방송국설비와 전송선로설비의 분계점은 다음과 같다.

1. 종합유선방송국설비에 접속하는 전송선로설비가 동축케이블인 경우 : 진폭변조기(진폭변조기가 혼합기와 연결되어 설치된 경우에는 혼합기를 말한다)와 동축케이블의 최초 접속점
2. 종합유선방송국설비에 접속하는 전송선로설비가 광케이블인 경우에는 다음 각 목의 어느 하나에 해당되는 접속점
   가. 진폭변조방식 : 진폭변조기(진폭변조기가 혼합기와 연결되어 설치된 경우에는 혼합기를 말한다)와 광송신기의 최초 접속점
   나. 주파수변조방식 : 주파수변조기(주파수변조기가 혼합기와 연결되어 설치된 경우에는 혼합기를 말한다)와 광송신기의 최초 접속점
   다. 펄스변조방식 및 디지털 변조방식 : 텔레비전 인코더(텔레비전 인코더가 변조기 및 혼합기와 연결되어 설치된 경우에는 혼합기를 말한다)와 광송신기의 최초 접속점
3. 종합유선방송국설비에 접속하는 전송선로설비가 무선방식인 경우에는 다음 각 목의 어느 하나에 해당하는 접속점
   가. 진폭변조방식 : 진폭변조기(진폭변조기가 혼합기와 연결되어 설치된 경우에는 혼합기를 말한다)와 무선송신기의 최초 접속점
   나. 주파수변조방식 : 주파수변조기(주파수변조기가 혼합기와 연결되어 설치된 경우에는 혼합기를 말한다)와 무선송신기의 최초 접속점
   다. 펄스변조방식 또는 디지털 변조방식 : 텔레비전 인코더(텔레비전 인코드

가 변조기 및 혼합기와 연결되어 설치된 경우에는 혼합기를 말한다)와 무선송신기의 최초 접속점

② 텔레비전 인코더 · 변조기 또는 혼합기 등에 광송신 기능이 내장된 경우에는 종합유선방송국과 전송망사업자가 상호 협의하여 정하는 점을 분계점으로 한다.

③ 전송선로설비와 구내전송선로설비의 분계점은 도로와 택지 또는 공동주택단지의 각 단지와의 경계점으로 한다. 다만 케이블의 분계점은 이를 수용하는 구내전송선로설비와 최초로 접속되는 곳으로 한다.

④ 분계점이 사업자간 상호협의가 이루어지지 아니하는 경우에는 「방송법」 제35조의3에 따라 방송통신위원회에 조정을 신청할 수 있다.

[근거규정] 유선방송국설비 등에 관한 기술기준 제10조

6.2.3 방송채널

① 종합유선방송국이 사용할 수 있는 채널 및 주파수대역은 〈표 6-2〉와 같다.

② 제1항에 따른 채널 중 1,002MHz까지 디지털 방송 및 데이터서비스용으로 사용하며 아날로그 방송용은 552MHz까지만 사용할 수 있다.

〈표 6-2〉 종합유선방송국의 채널 및 주파수대역(제12조제1항 관련)

구분	채널번호	주파수대역	용 도	구분	채널번호	주파수대역	용 도
상향		5.75～41.75MHz	데이터서비스대역	하향	21	162～168MHz	종합유선방송 대역 및 데이터 서비스대역
하향	2	54～60MHz	종합유선방송대역 및 데이터서비스대역		22	168～174MHz	
	3	60～66MHz			7	174～180MHz	
	4	66～72MHz			8	180～186MHz	
	5	76～82MHz			9	186～192MHz	
	6	82～88MHz			10	192～198MHz	
	95	90～96MHz	음악방송대역(88～108MHz) 또는 종합유선방송대역 및 데이터서비스대역		11	198～204MHz	
	96	96～102MHz			12	204～210MHz	
	97	102～108MHz			13	210～216MHz	
					23	216～222MHz	
	14	120～126MHz	종합유선방송 대역 및 데이터 서비스대역		24	222～228MHz	
	15	126～132MHz			25	228～234MHz	
	16	132～138MHz			26	234～240MHz	
	17	138～144MHz			27	240～246MHz	
	18	144～150MHz			28	246～252MHz	
	19	150～156MHz			29	252～258MHz	
	20	156～162MHz			30	258～264MHz	

구분	채널번호	주파수대역	용 도
하향	31	264~270MHz	종합유선방송대역 및 데이터서비스 대역
	32	270~276MHz	
	33	276~282MHz	
	34	282~288MHz	
	35	288~294MHz	
	36	294~300MHz	
	37	300~306MHz	
	38	306~312MHz	
	39	312~318MHz	
	40	318~324MHz	
	41	324~330MHz	
	42	330~336MHz	
	43	336~342MHz	
	44	342~348MHz	
	45	348~354MHz	
	46	354~360MHz	
	47	360~366MHz	
	48	366~372MHz	
	49	372~378MHz	
	50	378~384MHz	
	51	384~390MHz	
	52	390~396MHz	
	53	396~402MHz	
	54	402~408MHz	
	55	408~414MHz	
	56	414~420MHz	
	57	420~426MHz	
	58	426~432MHz	
	59	432~438MHz	
	60	438~444MHz	
	61	444~450MHz	
	62	450~456MHz	
	63	456~462MHz	
	64	462~468MHz	
	65	468~474MHz	
	66	474~480MHz	
	67	480~486MHz	
	68	486~492MHz	
	69	492~498MHz	
	70	498~504MHz	
	71	504~510MHz	
	72	510~516MHz	

구분	채널번호	주파수대역	용 도
하향	73	516~522MHz	종합유선방송 대역 및 데이터 서비스대역
	74	522~528MHz	
	75	528~534MHz	
	76	534~540MHz	
	77	540~546MHz	
	78	546~552MHz	
	79	552~558MHz	디지털 유선방송 대역 및 데이터서비스대역
	80	558~564MHz	
	81	564~570MHz	
	82	570~576MHz	
	83	576~582MHz	
	84	582~588MHz	
	85	588~594MHz	
	86	594~600MHz	
	87	600~606MHz	
	88	606~612MHz	
	89	612~618MHz	
	90	618~624MHz	
	91	624~630MHz	
	92	630~636MHz	
	93	636~642MHz	
	94	642~648MHz	
	100	648~654MHz	
	101	654~660MHz	
	102	660~666MHz	
	103	666~672MHz	
	104	672~678MHz	
	105	678~684MHz	
	106	684~690MHz	
	107	690~696MHz	
	108	696~702MHz	
	109	702~708MHz	
	110	708~714MHz	
	111	714~720MHz	
	112	720~726MHz	
	113	726~732MHz	
	114	732~738MHz	
	115	738~744MHz	
	116	744~750MHz	

구분	채널번호	주파수대역	용 도	구분	채널번호	주파수대역	용 도
하향	117	750~756MHz	디지털 유선방송 대역 또는 전송 선로설비를 설치한 사업자의 운영대역 및 데이터서비스 대역	하향	134	852~858MHz	디지털 유선방송 대역 또는 전송 선로설비를 설치한 사업자의 운영대역 및 데이터서비스 대역
	118	756~762MHz			135	858~864MHz	
	119	762~768MHz			136	864~870MHz	
	120	768~774MHz			137	870~876MHz	
	121	774~780MHz			138	876~882MHz	
	122	780~786MHz			139	882~888MHz	
	123	786~792MHz			140	888~894MHz	
	124	792~798MHz			141	894~900MHz	
	125	798~804MHz			142	900~906MHz	
	126	804~810MHz			143	906~912MHz	
	127	810~816MHz			144	912~918MHz	
	128	816~822MHz			145	918~924MHz	
	129	822~828MHz			146	924~930MHz	
	130	828~834MHz			147	930~936MHz	
	131	834~840MHz			148	936~942MHz	
	132	840~846MHz			149	942~948MHz	
	133	846~852MHz					

〈비고〉

1. 상향대역 중 7.0~7.1MHz, 10.1~10.15MHz, 14.0~14.35MHz, 18.068~18.168MHz, 21~21.45MHz, 24.89~24.99MHz, 28.0~29.7MHz와 하향대역 중 채널 10, 채널 18, 채널 21, 채널 59, 채널 60은 아마추어대역 등이고, 채널 124~채널 128은 이동전화 서비스대역이므로 사용 시 주의가 요구된다.
2. 상향대역을 5.75~65MHz까지 사용하고자 하는 경우 「방송법」 제15조 및 「동법 시행령」 제15조에 따라 변경허가를 받는다.
3. 종합유선방송 대역 내의 데이터서비스 대역은 채널당 주파수대역폭 6MHz 규정을 적용하지 아니할 수 있다.

주 : 1) 상향대역을 5.75~41.75MHz까지 사용하고자 하는 경우 2~6번 채널을 하향대역으로 사용할 수 있다.
2) 상향대역을 5.75~65MHz까지 사용하고자 하는 경우 2~6번 채널을 하향대역으로 사용할 수 없다.

[근거규정] 유선방송국설비 등에 관한 기술기준 제12조

6.2.4 주 전송장치

① 종합유선방송국의 주 전송장치의 전송방식은 진폭변조방식으로 한다.

② 미래창조과학부장관은 다음에 해당되는 경우에는 종합유선방송국이 사용하는 주 전송장치의 전송방식을 지정하거나 변경하도록 할 수 있다.

1. 기술의 발전에 따라 전송방식을 변경할 필요가 있는 경우
2. 방송구역의 규모 또는 형태에 따라 특정한 전송방식의 사용이 필요한 경우

3. 전송선로설비와 주 전송장치의 호환성을 확보하기 위하여 필요한 경우

③ 종합유선방송국의 주 전송장치 등의 기술적 조건 및 특성은 〈표 6-3〉와 같다.

〈표 6-3〉 주 전송장치 등의 기술적 조건(제13조제3항 관련 : 진폭변조기)

구 분			단 위	기준값	비 고	
					단일채널	멀티채널
입력 특성	영상 신호 특성	입력레벨	IRE	140±4	동기신호 첨두치 기준	적용 제외
		반사손실	dB 이상	30	25Hz~6MHz	
		임피던스	Ω	75	불평형(공칭)	
	음성 신호 특성	입력레벨	dBm	0±5		
		제1음성신호 주파수편이 제2음성신호 주파수편이	kHz kHz	±25 ±27.5	파이롯트 신호 주파수편이 ±2.5	
		임피던스	Ω	600±30	평형, 불평형	
출력 특성	영상반송파		dBmV	55±5		
	주파수안정도		kHz 이내	±12	영상반송파기준	
	제1/2음성신호 반송파레벨		dB	−16±1/ −23±1	영상반송파기준	
	스퓨리어스		dB 이하	−60	영상, 음성합성변환 후	
	임피던스		Ω	75	불평형(공칭)	
	반사손실		dB 이상	10		

[근거규정] 유선방송국설비 등에 관한 기술기준 제13조

6.3 디지털 종합유선방송국설비

6.3.1 방송신호의 구성

① 방송신호는 영상·음성 및 보조데이터로 구성되는 텔레비전 프로그램 신호, 음성으로 구성되는 음성 프로그램 신호 또는 데이터 방송을 위한 데이터 신호로 구성된다.

② 방송신호는 영상, 음성 및 데이터 등의 여러 조합으로 프로그램 신호를 구성할 수 있다.

[근거규정] 유선방송국설비 등에 관한 기술기준 제15조

6.3.2 방송신호의 표현형식

영상신호 및 음성신호의 표현형식은 「디지털 유선방송 송수신정합」 표준에서 규정하는 형식을 따른다.

[근거규정] 유선방송국설비 등에 관한 기술기준 제16조

6.3.3 신호압축

① 영상신호의 압축방식은 국제표준인 ISO/IEC 13818-2(MPEG-2 Part 2), ISO/IEC 14496-10(MPEG-4 Part 10) 또는 ITU-T H.265의 형식을 따른다.

② 음성신호의 압축방식은 AC-3(돌비 디지털 방식)의 형식을 따른다.

[근거규정] 유선방송국설비 등에 관한 기술기준 제17조

6.3.4 다중화

영상 · 음성 · 데이터방송 신호 또는 시스템정보는 국제표준인 ISO/IEC 13818-1(MPEG-2 Part 1)에 규정된 전송스트림의 형식에 따라 다중화하여야 한다. 다만, 다중화의 제한사항에 대한 규정은 「디지털 유선방송 송수신정합」 표준에서 규정한 형식에 적합하여야 한다.

[근거규정] 유선방송국설비 등에 관한 기술기준 제18조

6.3.5 제한수신

① 디지털 유선방송에서의 가입자 제한과 복사방지를 위한 제한수신 모듈은 가입자 단말장치에서 분리 또는 교환이 가능하여야 한다.

② 가입자 단말장치와 제한수신 모듈의 접속방식은 「디지털 유선방송 송수신정합」 표준에서 규정하는 형식을 따른다.

③ 가입자 단말장치의 입출력 특성은 〈표 6-4〉과 같다.

④ 종합유선방송사업자가 임대하는 가입자 단말장치의 대역외 채널변조 및 전

송조건 등은「디지털 유선방송 송수신정합」 표준을 따른다.

⑤ 가입자 단말장치와 외부장치와의 정합을 위한 외부출력단자의 조건은「디지털 유선방송 송수신정합」 표준을 따른다.

〈표 6-4〉 가입자 단말장치의 입출력 특성(제19조제3항 관련)

1. 가입자 단말장치의 하향채널 조건

구 분					단 위	기준값
주파수대역					MHz	54~1,002 (88~1,002)
입력특성	입력레벨				dBμV	45~75
	반사손실				dB 이상	6
	입력임피던스				Ω	75
	국부발진기 누설				dBμV 이하	23
출력특성 주1)	RF 특성	임피던스			Ω	75
		출력레벨			dBμV	45~75
		반사손실			dB 이상	6
		잡음지수 (채널3/채널4 출력이 있는 경우)			dB 이하	12
	기저대역특성	영상신호특성	주파수 응답특성		dB	±2 (0~3.75MHz)
			색도 대 휘도	이득특성	%	±10
				지연특성	ns 이하	100
			직선파형 왜곡	필드시간왜곡	%	±4
				라인시간왜곡		±2
				단시간왜곡		±6
			비직선 왜곡	미분이득(DG)	% 이내	5p-p
				미분위상(DP)	도 이내	5p-p
			영상출력 S/N		dB 이상	57
			영상출력레벨		Vp-p	1±0.2
		음성신호특성	주파수 응답특성		dB	±1(20Hz~20kHz)
			음성 L/R 분리도		dB 이상	60(20Hz~20kHz)
			음성왜율		% 이하	0.3(20Hz~20kHz)
			음성출력 S/N		dB 이상	45
			음성출력레벨		Vrms	2±10%(0dBFS 기준)

주 : 가입자 단말장치가 RF 또는 기저대역 출력단자를 제공할 경우에 한함

2. 가입자 단말장치의 상향채널 조건

구 분	항 목	단 위	기준값
ATM 셀구조	변조방식		QPSK
	주파수대역	MHz	5.75~41.75 또는 5.75~65
	출력레벨	dBμV	84~113
	출력임피던스	Ω	75
	반사손실	dB 이상	11
	스퓨리어스	dB 이하	−50
IP 패킷구조	「단말장치 기술기준」 제5장의2 유선방송설비에 접속되는 데이터통신용 단말장치 규정을 준용		

[근거규정] 유선방송국설비 등에 관한 기술기준 제19조

6.3.6 방송 관련 정보

① 방송서비스정보(SI)의 처리는 「디지털 유선방송 송수신정합」 표준에서 규정한 형식을 따른다.

② 방송프로그램 및 시스템정보(PSIP)의 처리는 ATSC에서 규정하는 A/65를 따른다. 다만, 대역내 채널 변조방식으로 8-VSB 전송방식을 송출할 경우 지상파 가상 채널 테이블(TVCT)을 사용하여야 한다.

③ 서비스정보(SI)와 프로그램 및 시스템정보(PSIP)가 동시에 제공되는 경우에는 서비스정보가 우선한다.

[근거규정] 유선방송국설비 등에 관한 기술기준 제20조

6.3.7 대역 내 채널변조 및 전송조건

① 대역 내 채널은 54MHz부터 1,002MHz 또는 88MHz부터 1,002MHz까지의 주파수대역에서 사용하여야 한다.

② 대역 내 채널에서 변조된 신호의 채널당 주파수대역폭은 6MHz로 하여야 한다.

③ 대역 내 채널의 변조방식은 QAM 또는 8-VSB 전송방식으로 하여야 한다.

④ 대역 내 채널의 변조방식에 따른 전송속도는 「디지털 유선방송 송수신정합」 표준에서 규정하는 값을 따른다.

[근거규정] 유선방송국설비 등에 관한 기술기준 제21조

6.3.8 대역 외 하향채널 변조 및 전송조건

대역 외 채널의 변조방식에 따른 전송속도는「디지털 유선방송 송수신정합」표준을 따른다.

[근거규정] 유선방송국설비 등에 관한 기술기준 제23조

6.3.9 주 전송장치

① 종합유선방송국의 주 전송장치의 전송방식은 디지털 변조방식으로 한다.

② 제1항에 따른 주 전송장치 등의 기술적 조건 및 특성은 〈표 6-4〉와 같다.

〈표 6-4〉 주 전송장치 등의 기술적 조건(제26조제2항 관련)

1. 변조기의 특성

가. 디지털 변조기

(1) 64QAM 또는 256QAM 변조기

구 분		단 위	기준값		비 고
			64QAM	256QAM	
출력 특성	출력레벨	dBμV 이상	100		
	EVM	% 이하	2.3	2.4	
	위상잡음	dBc/Hz 이하	−93dBc@10kHz		
	출력임피던스	−	−		삭제
	스퓨리어스	dB 이하	−60		
	주파수편차	ppm 이하	10		
	반사손실	−	−		삭제

(2) QPSK 변조기

구 분		단 위	기준값	비 고
출력 특성	출력레벨	dBμV	90∼110	
	EVM	% 이하	6.0	
	위상잡음	dBc/Hz 이하	−73@10kHz	
	주파수편차	ppm 이하	50	
	스퓨리어스	dB 이하	−40	

(3) 8-VSB 변조기

구 분		단 위	기준값	비 고
출력레벨		dBmV	50±5	ATSC 8-VSB 변조방식
인접채널 감쇠특성		dB 이하	그림 참조	경계선 이내
스퓨리어스		dB 이하	−60	
주파수편차		ppm 이내	±5	
위상 잡음	VHF 채널	dBc/Hz 이하	−98	파이롯트 주파수로부터 20kHz 이격지점에서
	UHF 채널	dBc/Hz 이하	−95	파이롯트 주파수로부터 20kHz 이격지점에서
주파수응답		dB 이내	±0.5	5.38MHz 대역 내에서
그룹지연응답		ns 이내	±50	5.38MHz 대역 내에서
신호 대 잡음비		dB 이상	27	수신등화를 행하지 아니한 경우에서

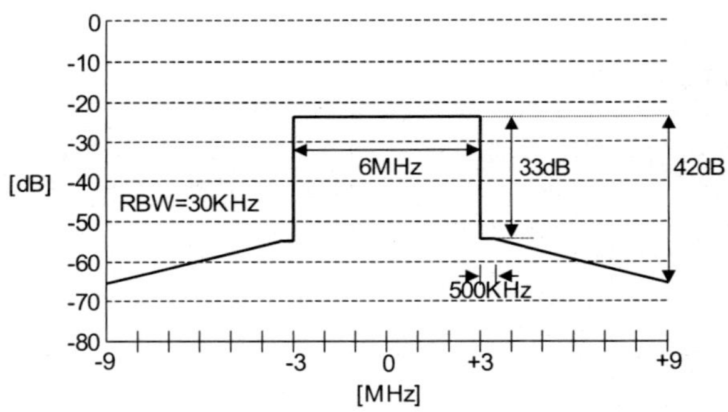

[그림 1] 인접채널 감쇠특성

2. 텔레비전 신호처리기의 특성

가. 디지털 방식

구 분		단 위	기준값	비 고
입력레벨		dBmV	−20～+20	
출력레벨		dBmV	50±5	
잡음지수	VHF 채널	dB 이하	8	
	UHF 채널	dB 이하	11	
자동이득조정		dB	40	
인접채널 감쇠특성(대역 외)		dB 이하	그림 참조	경계선 이내
스퓨리어스		dB 이하	−60	
주파수편차		ppm 이내	±10	

구 분		단 위	기준값	비 고
반사손실		–	–	삭제
위상잡음	VHF 채널	dBc/Hz 이하	−98	파이롯트 주파수로부터 20kHz 이격지점에서
	UHF 채널	dBc/Hz 이하	−95	파이롯트 주파수로부터 20kHz 이격지점에서
그룹지연응답		ns 이내	±50	5.38MHz 대역 내에서
에러벡터 크기변화(EVM)		% 이하	0.5	입력 EVM이 1.8% 이하에서

다. 디지털 지상파 재전송용 변조기

구 분		단 위	기준값	비 고
입력레벨		dBmV	−20～+20	ATSC 8-VSB 변조방식 기준
출력레벨		dBmV	50±5	
인접채널 감쇠특성(대역외)		dB 이하	그림 참조	경계선 이내
스퓨리어스		dB 이하	−60	
주파수편차		ppm 이내	±5	
반사손실		–	–	삭제
위상 잡음	VHF 채널	dBc/Hz 이하	−98	파이롯트 주파수로부터 20kHz 이격지점에서
	UHF 채널	dBc/Hz 이하	−95	파이롯트 주파수로부터 20kHz 이격지점에서
주파수응답		dB 이내	±0.5	5.38MHz 대역 내에서
그룹지연응답		ns 이내	±50	5.38MHz 대역 내에서
신호 대 잡음비		dB 이상	27	수신등화를 행하지 아니한 경우에서

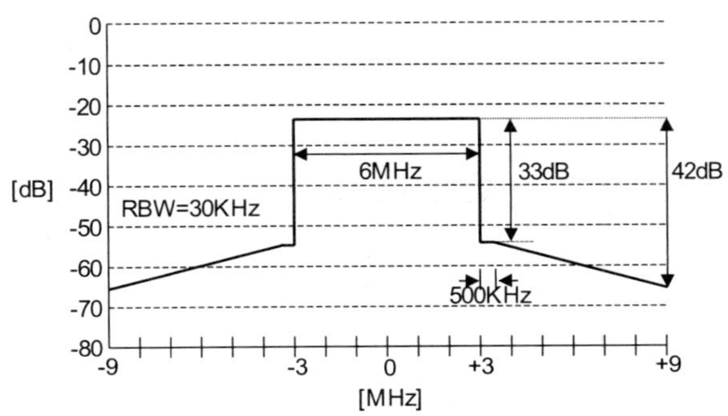

[그림 2] 인접채널 감쇠특성(대역 외)

[근거규정] 유선방송국설비 등에 관한 기술기준 제26조

6.4 전송선로설비

6.4.1 적용범위

종합유선방송 전송선로설비는 종합유선방송국설비와 최초로 접속되는 점에서부터 구내전송선로설비와 최초로 접속되는 점까지의 범위에 적용한다.

[근거규정] 유선방송국설비 등에 관한 기술기준 제27조

6.4.2 전송선로설비의 질적수준

① 종합유선방송신호를 전송하기 위한 전송선로설비의 누설전자파는 54MHz 이하인 경우는 15μV/m 이하(30m), 54MHz 초과 ~216MHz 이하인 경우는 20μV/m 이하(3m), 216MHz 초과인 경우는 15μV/m 이하(30m)를 만족해야 한다. 다만, 824~849MHz인 경우에는 3μV/m 이하(10m, 기준대역폭 1.23MHz)를 만족해야 한다.

② ①항 외의 영상반송파의 신호레벨, 채널간 영상반송파의 레벨차, 혼변조도, 영상방송파 대 잡음비 등을 포함한 아날로그신호와 디지털신호에 대한 질적 수준은 '종합 유선방송 전송 선로설비 정합' 표준에서 규정한 형식을 따른다.

③ 제1항에 따른 전송선로설비의 질적 수준은 전송선로설비와 구내전송선로설비의 분계점에서 적합한 품질을 유지하여야 한다.

④ 종합유선방송 전송선로설비는 주파수대역을 전송할 수 있도록 설치 · 운용되어야 한다.

[근거규정] 유선방송국설비 등에 관한 기술기준 제28조

6.5 중계유선방송 및 음악유선방송설비

6.5.1 적용범위

중계유선방송 및 음악유선방송을 행하는 유선방송설비는 유선방송국설비와 전송선로설비를 거쳐 수신자설비의 분계점까지의 범위에 적용한다.

[근거규정] 유선방송국설비 등에 관한 기술기준 제29조

6.5.2 분계점

① 중계유선방송 및 음악유선방송설비(제2항에 따른 전기통신설비를 포함한다)와 수신자설비의 분계점은 도로와 택지 또는 공동주택단지의 각 단지와의 경계점으로 한다. 다만, 케이블의 분계점은 이를 수용하는 구내전송선로설비와 최초로 접속되는 곳으로 한다.

② 기간통신사업자의 전기통신설비 또는 전송망사업자의 전송선로설비와 유선방송사업자의 유선방송설비의 분계점은 사업자 상호간의 합의에 의한다. 다만, 사업자간에 합의가 이루어지지 아니하는 경우에는 「방송법」 제35조의3에 따라 방송통신위원회에 조정을 신청할 수 있다.

[근거규정] 유선방송국설비 등에 관한 기술기준 제30조

6.5.3 방송채널

① 중계유선방송사업자는 채널별 주파수대역은 〈표 6-5〉와 같다.

〈표 6-5〉 중계유선방송의 기본채널별 주파수대역(제31제1항 관련)

구분	채널번호	주파수대역	용 도	구분	채널번호	주파수대역	용 도
상향1)		5.75~41.75MHz	데이터서비스대역	하향	15	126~132MHz	중계유선방송대역
상향2)		5.75~65MHz	데이터서비스대역		16	132~138MHz	
하향1)	2	54~60MHz	중계유선방송대역		17	138~144MHz	
	3	60~66MHz			18	144~150MHz	
	4	66~72MHz			19	150~156MHz	
	5	76~82MHz			20	156~162MHz	
	6	82~88MHz			21	162~168MHz	
하향	95	90~96MHz	음악방송대역 (88~108MHz) 또는 중계유선방송대역		22	168~174MHz	
	96	96~102MHz			23	216~222MHz	
	97	102~108MHz			24	222~228MHz	
	7	174~180MHz	중계유선방송대역		25	228~234MHz	
	8	180~186MHz			26	234~240MHz	
	9	186~192MHz			27	240~246MHz	
	10	192~198MHz			28	246~252MHz	
	11	198~204MHz			29	252~258MHz	
	12	204~210MHz			30	258~264MHz	
	13	210~216MHz			31	264~270MHz	
	14	120~126MHz			32	270~276MHz	
기타	276~750MHz			디지털 유선방송 대역			

〈비고〉

1) 상향대역 중 7.0~7.1MHz, 10.1~10.15MHz, 14.0~14.35MHz, 18.068~18.168MHz, 21~21.45MHz, 24.89~24.99MHz, 28.0~29.7MHz와 하향대역 중 채널 10, 채널 18, 채널 21은 아마추어대역 등이므로 사용 시 주의가 요구된다.
2) 상향대역을 5.75~65MHz까지 사용하고자 하는 경우 「방송법」 제15조 및 「동법 시행령」 제15조에 따라 변경허가를 받을 것.

주 : 1) 상향대역을 5.75~41.75MHz까지 사용하고자 하는 경우 2~6번 채널을 하향대역으로 사용 가능하다.
2) 상향대역을 5.75~65MHz까지 사용하고자 하는 경우 2~6번 채널을 하향대역으로 사용할 수 없다.

[근거규정] 유선방송국설비 등에 관한 기술기준 제31조

② 중계유선방송사업자가 「전기통신사업법」 제31조제2항에 따라 전기통신역무를 제공하고자 하는 경우에 사용할 수 있는 상향 주파수대역은 5.75MHz부터 41.75MHz 또는 5.75MHz부터 65MHz까지로 하고, 276MHz부터 750MHz 또는 324MHz부터 750MHz까지의 주파수대역은 디지털 유선방송용으로 우선 사용할 수 있다.

③ 음악유선방송사업자가 사용할 수 있는 주파수대역은 88MHz부터 108MHz까지이며, 채널간격은 200kHz로 한다.

6.5.4 유선방송의 질적수준

중계유선방송 및 음악유선방송의 질적수준은 〈표 6-6〉과 같다.

〈표 6-6〉 중계유선방송 및 음악유선방송의 질적수준(제32조 관련)

1. 중계유선방송

구 분	기준값		비 고
수신공중선의 출력레벨	VHF	36dBμV 이상	유선방송국설비
	UHF	41dBμV 이상	
영상신호의 주파수대역 특성	−0.5~4MHz에서 ±3dB 이내(영상반송파 기준)		유선방송국설비 및 전송·선로 설비
영상반송파의 주파수편차	±20kHz 이내		
영상반송파와 음성반송파 간의 간격	4.5MHz±2kHz 이내		
영상반송파의 신호레벨	수신자설비의 분계점	65~85dBμV (75Ω 기준)	
	주 전송장치 후단	85~95dBμV (75Ω 기준)	

구 분	기준값		비 고
영상반송파의 레벨안정도	4dB 이내(1분간)		
채널간 영상반송파의 레벨차	인접채널	3dB 이내	
	비인접채널	10dB 이내	
음성반송파의 영상방송파에 대한 레벨차(제1음성파 기준)	상측 인접채널 영상방송파의 경우에는 −17～−3dB		
	상기 이외의 경우에는 −17～−10dB		
영상반송파대 잡음비(C/N비)	40dB 이상(주파수대역 4MHz 기준)		
혼변조도	−46dB 이하		
전원 험변조도	−40dB 이하		
2차 비트	−60dB 이하		
3차 비트	−51dB 이하		
수신단자 간 결합도	−15dB 이하. 다만, FM음악방송신호와 동시에 전송되는 경우에는 −25dB 이하		전송 · 선로설비
누설전자파	제28조(전송선로설비의 질적수준)의 규정을 따른다		

〈비고〉

가. "신호레벨"이라 함은 채널의 신호의 세기를 1마이크로볼트를 기준으로 하여 데시벨로 나타낸 것을 말한다(이하 2.에서 같다).

나. "레벨안정도"라 함은 신호레벨이 단위시간(1분)동안 변동한 폭을 말한다.

다. "영상반송파 대 잡음비(C/N비)"라 함은 해당 채널잡음에 대한 반송파의 비율을 데시벨로 나타낸 것을 말한다(이하 2.에서 같다).

라. "비트방해비(D/U비)"라 함은 방해신호에 대한 영상반송파의 비율을 데시벨로 나타낸 것을 말한다.

마. "반송파"라 함은 방송신호정보를 전송로에 전송시키기 적합한 형태의 신호로 변조시킨 주된 주파수신호를 말한다(이하 2.에서 같다).

바. "수신단자 간 결합도"라 함은 수신단자에 전송되는 영상반송파가 다른 수신단자에 넘어 들어오는 비율을 데시벨로 나타낸 것을 말한다(이하 2.에서 같다).

사. "신호 대 잡음비(S/N비)"라 함은 잡음에 대한 유선방송신호의 비율을 데시벨로 나타낸 것을 말한다(이하 2.에서 같다).

아. 유선방송국설비 중 수신공중선 출력레벨은 공중선 후단에서, 나머지는 주 전송장치 후단에서 측정한다.

자. 전송선로설비는 제15조제1항의 규정에 의한 분계점에서 측정한다.

차. 디지털 방송을 위한 변조기 특성은 별표 4의 8-VSB 변조기 특성을 따른다.

2. 음악유선방송

가. 동축케이블 사용 시

구 분	기준값
신호레벨	50dBμV 이상. 다만, 중계유선방송 신호와 동시에 전송하는 경우에는 55dBμV부터 85dBμV
채널간 반송파의 레벨차	10dB 이내
반송파 대 잡음비(C/N비)	28dB 이상(주파수대역 200kHz 기준)
전원 험변조도	−50dB 이하(주파수편이 75kHz 기준)
주파수편차	$\pm f \times 20/106$(f는 반송파를 말한다)
수신단자 간 결합도	−25dB 이하. 다만, FM 분기기 사용 시는 −35dB 이하

[근거규정] 유선방송국설비 등에 관한 기술기준 제32조

연|습|문|제

1. 유선방송국용 전원설비의 기술적 조건 중 틀린 것은?
   가. 유선방송국용 전원설비는 최대로 사용되는 때의 전력을 안정적으로 공급할 수 있는 용량을 가진 것
   나. 전압 · 전류의 변동허용범위는 ±10% 이내로 유지할 수 있는 것이어야 한다.
   다. 전원설비에는 상용전원의 공급중단 시 예비전원을 안정적으로 공급할 수 있는 설비가 설치되어야 한다.
   라. 예비전원의 용량은 상용전원의 공급이 중단된 경우에 최대사용전원을 기준으로 하여 2시간 이상 공급할 수 있는 수준이어야 한다.

   답 3시간 이상 공급할 수 있는 수준

   [근거규정] 유선방송국설비 등에 관한 기술기준 제5조

2. 종합유선방송국설비에 접속하는 전송선로설비가 광케이블인 경우의 접속점 설명 중 틀린 것은?
   가. 진폭변조방식 : 위상변조기와 광송신기의 최초 접속점
   나. 주파수변조방식 : 주파수변조기와 광송신기의 최초 접속점
   다. 펄스변조방식 텔레비전 인코더와 광송신기의 최초 접속점
   라. 디지털 변조방식 : 텔레비전 인코더와 광송신기의 최초 접속점

   답 가. 진폭변조기와 광송신기의 최초 접속점

   [근거규정] 유선방송국설비 등에 관한 기술기준 제10조

3. 종합유선방송국설비에 접속하는 전송선로설비가 무선방식인 경우에 접속점 설명 중 틀린 것은?
   가. 진폭변조방식 : 진폭변조기와 무선송신기의 최초 접속점
   나. 주파수변조방식 : 주파수변조기와 무선송신기의 최초 접속점
   다. 펄스변조방식 : 텔레비전인코더와 무선수신기의 최초 접속점
   라. 디지털 변조방식 : 텔레비전인코더와 무선송신기의 최초 접속점

   답 다. 텔레비전 인코더와 무선송신기의 최초 접속점

   [근거규정] 유선방송국설비 등에 관한 기술기준 제10조

4. 방송신호의 구성을 설명한 것 중 틀린 것은?
   가. 영상 · 음성 및 보조데이터로 구성되는 텔레비전 프로그램 신호, 음성으로 구성되는 음

성프로그램 신호로 구성된다.

나. 영상·음성 및 보조데이터로 구성되는 텔레비전 프로그램 신호 중 데이터방송을 위한 데이터 신호로 구성된다.

다. 방송신호는 영상, 음성 및 데이터 등의 여러 조합으로 프로그램 신호를 구성할 수 있다.

라. 방송신호는 영상, 음성 및 데이터 등의 여러 조합으로 프로그램 신호를 구성할 수 없다.

답 라. 방송신호는 영상, 음성 및 데이터 등의 여러 조합으로 프로그램 신호를 구성할 수 있다.

[근거규정] 유선방송국설비 등에 관한 기술기준 제15조

5. 신호압축의 설명 중 틀린 것은?

가. 영상신호의 압축방식은 국제표준인 ISO/IEC 13818-2(MPEG-2 Part 2)

나. ISO/IEC 14496-10(MPEG-4 Part 10)

다. ITU-T H.264의 형식을 따른다.

라. 음성신호의 압축방식은 AC-3(돌비 디지털 방식)의 형식을 따른다.

답 다. ITU-T H.265의 형식을 따른다.

[근거규정] 유선방송국설비 등에 관한 기술기준 제17조

6. 다중화를 하는 기술에서 영상·음성·데이터방송 신호 또는 시스템정보는 국제표준인 ISO/IEC 13818-1(MPEG-2 Part 1)에 규정된 (　　　)형식에 따라 다중화하여야 한다.

답 전송스트림의 형식

[근거규정] 유선방송국설비 등에 관한 기술기준 제18조

7. 디지털 유선방송에서의 가입자 제한과 복사방지를 위한 제한수신 모듈은 가입자 (　　　)에서 분리 또는 교환이 가능하여야 한다.

답 단말장치

[근거규정] 유선방송국설비 등에 관한 기술기준 제19조

8. 가입자 단말장치의 하향채널 조건 중 틀린 것은?

가. 주파수대역 : 54～1,002 또는 88～1,002MHz

나. 입력레벨 : 55～75dBμV

다. RF 특성의 임피던스 : 75Ω

라. 영상신호특성의 주파수 응답특성 : ±2dB

답 입력레벨 : 45～75dBμV

[근거규정] 유선방송국설비 등에 관한 기술기준 제19조

9. 방송 관련 정보의 기술기준 설명 중 틀린 것은?

가. 방송서비스정보(SI)의 처리는 「디지털 유선방송 송수신정합」 표준에서 규정한 형식을 따른다.

나. 방송프로그램의 처리는 ATSC에서 규정하는 A/65를 따른다.

다. 서비스정보(SI)와 프로그램 및 시스템정보(PSIP)가 동시에 제공되는 경우에는 영상정보가 우선한다.

라. 시스템정보(PSIP)의 처리는 ATSC에서 규정하는 A/65를 따른다.

답 서비스정보(SI)와 프로그램 및 시스템정보(PSIP)가 동시에 제공되는 경우에는 서비스정보가 우선한다.
[근거규정] 유선방송국설비 등에 관한 기술기준 제20조

10. 대역 내 채널변조 및 전송조건의 설명 중 틀린 것은?

가. 대역 내 채널은 54MHz부터 1,002MHz 또는 88MHz부터 1,002MHz까지의 주파수대역에서 사용하여야 한다.

나. 대역 내 채널에서 변조된 신호의 채널당 주파수대역폭은 3MHz로 하여야 한다.

다. 대역 내 채널의 변조방식은 QAM으로 하여야 한다.

라. 대역 내 채널의 변조방식에 따른 전송속도는 「디지털 유선방송 송수신정합」 표준에서 규정하는 값을 따른다.

답 대역 내 채널에서 변조된 신호의 채널당 주파수대역폭은 6MHz로 하여야 한다.
[근거규정] 유선방송국설비 등에 관한 기술기준 제21조

11. 종합유선방송국의 주 전송장치의 전송방식은 ( )으로 한다.

답 디지털 변조방식
[근거규정] 유선방송국설비 등에 관한 기술기준 제26조

12. 전송선로설비의 질적수준에서 종합유선방송신호를 전송하기 위한 전송선로설비의 누설전자파 중 틀린 것은?

가. 54MHz 이하인 경우는 15μV/m 이하(30m)

나. 54MHz 초과 ~216MHz 이하인 경우는 10μV/m 이하(3m)

다. 216MHz 초과인 경우는 15μV/m 이하(30m)를 만족해야 한다.

라. 824~849MHz인 경우에는 3μV/m 이하(10m, 기준대역폭 1.23MHz)를 만족해야 한다.

답 나. 54MHz 초과~216MHz 이하인 경우는 20μV/m 이하(3m)
[근거규정] 유선방송국설비 등에 관한 기술기준 제28조

13. 영상반송파의 신호레벨, 채널 간 영상반송파의 레벨차, 혼변조도, 영상방송파 대 잡음비 등을 포함한 아날로그신호신호와 디지털 신호에 대한 질적 수준은 ( )표준에서 규정한 형식을 따른다.

답 종합유선방송 전송선로설비 정합

[근거규정] 유선방송국설비 등에 관한 기술기준 제28조

14. 전송선로설비의 질적수준은 전송선로설비와 구내전송선로설비의 ( )에서 적합한 품질을 유지하여야 한다.

답 분계점

[근거규정] 유선방송국설비 등에 관한 기술기준 제28조

15. 중계유선방송 및 음악유선방송설비와 수신자설비의 분계점은 도로와 택지 또는 공동주택단지의 각 단지와의 ( )으로 한다.

답 경계점

[근거규정] 유선방송국설비 등에 관한 기술기준 제29조

16. 중계유선방송사업자가 전기통신역무를 제공하고자 하는 경우에 사용할 수 있는 상향 주파수대역은?

가. 5.75MHz부터 41.70MHz까지　　나. 5.75MHz부터 650MHz까지
다. 5.75MHz부터 41.75MHz까지　　라. 5.75MHz부터 655MHz까지

답 다. 5.75MHz부터 41.75MHz까지

[근거규정] 유선방송국설비 등에 관한 기술기준 제31조

17. 디지털 유선방송용 주파수대역은?

가. 273MHz부터 750MHz까지　　나. 320MHz부터 750MHz까지
다. 270MHz부터 750MHz까지　　라. 324MHz부터 750MHz까지

답 라. 324MHz부터 750MHz까지

[근거규정] 유선방송국설비 등에 관한 기술기준 제31조

18. 음악유선방송사업자가 사용할 수 있는 주파수대역은 88MHz부터 108MHz까지이며, 채널간격은 ( )kHz로 한다.

답 200

[근거규정] 유선방송국설비 등에 관한 기술기준 제31조

19. 중계유선방송의 질적수준은 얼마인가?

가. 수신공중선의 출력레벨(UHF) : 41dBμV 이상

나. 영상반송파의 주파수편차 : ±20kHz 이내

다. 영상반송파의 신호레벨의 수신자설비의 분계점 : 45～85dBμV(75Ω 기준)

라. 영상반송파 대 잡음비(C/N비) : 40dB 이상

답 65～85dBμV(75Ω 기준)

[근거규정] 유선방송국설비 등에 관한 기술기준 제32조

20. 음악유선방송의 동축케이블 사용 시 기준값이 틀린 것은?

가. 신호레벨 : 65dBμV 이상

나. 채널 간 반송파의 레벨차 : 10dB 이내

다. 반송파 대 잡음비(C/N비) : 28dB 이상

라. 수신단자 간 결합도 : －25dB 이하

답 신호레벨 : 50dBμV 이상

[근거규정] 유선방송국설비 등에 관한 기술기준 제32조

부 록

- 방송통신발전 기본법
- 방송통신발전 기본법 시행령
- 지능형 홈네트워크설비 설치 및 기술기준
- 방송통신기술기준에 사용하는 용어의 정의

[부록 1]

방송통신발전 기본법

[시행 2014.12.4.] [법률 제12743호, 2014.6.3., 타법개정]

제1장 총 칙

제1조(목적) 이 법은 방송과 통신이 융합되는 새로운 커뮤니케이션 환경에 대응하여 방송통신의 공익성·공공성을 보장하고, 방송통신의 진흥 및 방송통신의 기술기준·재난관리 등에 관한 사항을 정함으로써 공공복리의 증진과 방송통신 발전에 이바지함을 목적으로 한다.

제2조(정의) 이 법에서 사용하는 용어의 뜻은 다음과 같다. 〈개정 2013.3.23.〉

1. "방송통신"이란 유선·무선·광선(光線) 또는 그 밖의 전자적 방식에 의하여 방송통신콘텐츠를 송신(공중에게 송신하는 것을 포함한다)하거나 수신하는 것과 이에 수반하는 일련의 활동 등을 말하며, 다음 각 목의 것을 포함한다.
   가. 「방송법」 제2조에 따른 방송
   나. 「인터넷 멀티미디어 방송사업법」 제2조에 따른 인터넷 멀티미디어 방송
   다. 「전기통신기본법」 제2조에 따른 전기통신
2. "방송통신콘텐츠"란 유선·무선·광선 또는 그 밖의 전자적 방식에 의하여 송신되거나 수신되는 부호·문자·음성·음향 및 영상을 말한다.
3. "방송통신설비"란 방송통신을 하기 위한 기계·기구·선로(線路) 또는 그 밖에 방송통신에 필요한 설비를 말한다.
4. "방송통신기자재"란 방송통신설비에 사용하는 장치·기기·부품 또는 선조(線條) 등을 말한다.
5. "방송통신서비스"란 방송통신설비를 이용하여 직접 방송통신을 하거나 타인이 방송통신을 할 수 있도록 하는 것 또는 이를 위하여 방송통신설비를 타인에게 제공하는 것을 말한다.
6. "방송통신사업자"란 관련 법령에 따라 미래창조과학부장관 또는 방송통신위원회에 신고·등록·승인·허가 및 이에 준하는 절차를 거쳐 방송통신서비스를 제공하는 자를 말한다.

제3조(방송통신의 공익성·공공성 등) 국가와 지방자치단체는 방송통신의 공익성·공공성에 기반한 공적 책임을 완수하기 위하여 다음 각 호의 사항을 달성하도록 노력하여야 한다.

1. 방송통신을 통한 공공복리의 증진과 지역 간 또는 계층 간의 균등한 발전 및 건전한 사회공동체의 형성
2. 건전한 방송통신문화 창달 및 올바른 방송통신 이용환경 조성
3. 방송통신기술과 서비스의 발전 장려 및 공정한 경쟁 환경의 조성
4. 사회적 소수 또는 약자계층 등의 방송통신 소외 방지
5. 방송통신을 이용한 미디어 환경의 다원성과 다양성의 활성화

6. 투명하고 개방적인 의사결정을 통한 방송통신 정책의 수립 및 추진

제4조(시청자와 이용자의 권익 보호) ① 방송통신사업자는 방송통신서비스 제공과 관련하여 정당한 사유 없이 시청자나 이용자를 차별하여서는 아니된다.

② 방송통신사업자는 방송통신을 통하여 시청자와 이용자의 편익이 증대될 수 있도록 노력하여야 한다.

③ 누구든지 정당한 사유 없이 방송통신을 이용하여 타인의 명예를 훼손하거나 권리를 침해하여서는 아니된다.

제5조(방송통신 규제의 원칙) ① 미래창조과학부장관과 방송통신위원회는 방송통신서비스의 특성이나 기술 또는 시청자와 이용자의 서비스 수용행태 등을 종합적으로 고려하여 동일한 서비스로 볼 수 있는 경우에는 동일한 규제가 적용되도록 노력하여야 한다. 〈개정 2013.3.23.〉

② 미래창조과학부장관과 방송통신위원회는 매년 방송통신 규제에 대하여 자체적으로 평가계획을 수립하여 평가를 시행하여야 하고, 그 평가 결과를 바탕으로 방송통신 관련 규제 합리화에 필요한 계획을 수립 · 공표하여야 한다. 〈개정 2013.3.23.〉

제6조(다른 법률과의 관계) 방송통신과 관련하여 다른 법률에 특별한 규정이 있는 경우 외에는 이 법에서 정하는 바에 따른다.

제2장 방송통신의 발전 및 공공복리의 증진

제7조(방송통신의 발전을 위한 시책 수립) ① 미래창조과학부장관 또는 방송통신위원회는 공공복리의 증진과 방송통신의 발전을 위하여 필요한 기본적이고 종합적인 국가의 시책을 마련하여야 한다. 〈개정 2013.3.23.〉

② 미래창조과학부장관 또는 방송통신위원회는 경제적, 지리적, 신체적 차이 등에 따른 소수자 또는 사회적 약자가 방송통신에서 불이익을 받거나 소외되지 아니하도록 구체적인 지원방안을 수립 · 시행하여야 한다. 〈개정 2013.3.23.〉

③ 미래창조과학부장관 또는 방송통신위원회는 국민이 방송통신에 참여하고, 방송통신을 통하여 다양한 문화를 추구할 수 있도록 필요한 시책을 수립 · 시행하여야 한다. 〈개정 2013.3.23.〉

④ 미래창조과학부장관 또는 방송통신위원회는 국민이 보편적이고 기본적인 방송통신서비스를 제공받을 수 있도록 필요한 시책을 수립 · 시행하여야 한다. 〈개정 2013.3.23.〉

⑤ 미래창조과학부장관 또는 방송통신위원회는 방송통신을 통한 국민의 명예 훼손과 권리 침해를 방지하고 정보보호를 위하여 필요한 시책을 수립 · 시행하여야 한다. 〈개정 2013.3.23.〉

⑥ 미래창조과학부장관 또는 방송통신위원회는 모든 국민이 방송통신서비스를 효율적이고 안전하게 이용할 수 있도록 관련 서비스의 품질 평가, 교육 및 홍보 활동 등에 관한 시책을 수립 · 시행하여야 한다. 〈개정 2013.3.23.〉

제8조(방송통신기본계획의 수립) ① 미래창조과학부장관과 방송통신위원회는 방송통신을 통한 국

민의 복리 향상과 방송통신의 원활한 발전을 위하여 방송통신기본계획(이하 "기본계획"이라 한다)을 수립하고 이를 공고하여야 한다. 〈개정 2013.3.23.〉

② 기본계획에는 다음 각 호의 사항이 포함되어야 한다.

1. 방송통신서비스에 관한 사항
2. 방송통신콘텐츠에 관한 사항
3. 방송통신설비 및 방송통신에 이용되는 유·무선 망에 관한 사항
4. 방송통신광고에 관한 사항
5. 방송통신기술의 진흥에 관한 사항
6. 방송통신의 보편적 서비스 제공 및 공공성 확보에 관한 사항
7. 방송통신의 남북협력 및 국제협력에 관한 사항
8. 그 밖에 방송통신에 관한 기본적인 사항

③ 제2항제2호 및 제4호의 구체적 범위에 관하여는 미래창조과학부장관과 문화체육관광부장관 및 방송통신위원회의 협의를 거쳐 대통령령으로 정한다. 〈개정 2013.3.23.〉

④ 삭제 〈2013.3.23.〉

제9조(전담기관의 지정) ① 미래창조과학부장관과 방송통신위원회는 기본계획의 효율적인 추진·집행을 위하여 필요한 때에는 해당 업무를 전담할 기관(이하 "전담기관"이라 한다)을 분야별로 지정할 수 있으며 이에 소요되는 비용을 지원할 수 있다. 〈개정 2013.3.23.〉

② 전담기관의 지정대상과 지정절차 등에 관한 구체적 사항은 대통령령으로 정한다.

제10조(방송통신 지수·지표 개발) 미래창조과학부장관 또는 방송통신위원회는 방송통신서비스 등 방송통신 수준의 국제 비교, 방송통신 이용 등과 관련된 종합적 정보제공, 관련 정책수립 등을 위하여 방송통신과 관련된 지수(指數) 및 지표(指標)를 개발하여 공표할 수 있다. 〈개정 2013.3.23.〉

제11조(공정한 경쟁환경 조성) ① 미래창조과학부장관 또는 방송통신위원회는 방송통신시장의 효율적이고 공정한 경쟁환경 조성을 위하여 노력하여야 한다. 〈개정 2013.3.23.〉

② 미래창조과학부장관 또는 방송통신위원회는 방송통신시장의 효율적인 경쟁체제 구축과 공정한 경쟁환경 조성을 위한 경쟁정책을 수립하기 위하여 방송통신시장의 경쟁상황에 대한 평가를 실시할 수 있다. 〈개정 2013.3.23.〉

③ 제2항에 따른 경쟁상황평가를 위한 구체적인 기준과 절차 및 방법 등에 관하여 필요한 사항은 대통령령으로 정한다.

제12조(방송통신콘텐츠의 제작·유통 등 지원) ① 정부는 방송통신콘텐츠가 다양한 방송통신 매체를 통하여 유통·활용 또는 수출될 수 있도록 지원할 수 있다.

② 정부는 방송통신콘텐츠의 제작 지원, 유통구조 개선 및 건전한 이용 유도 등에 관한 사항이 포함된 방송통신콘텐츠 진흥계획을 수립·시행하여야 한다.

제13조(방송통신에 이용되는 유·무선 망의 고도화) 미래창조과학부장관은 국민이 원하는 다양한 방송통신서비스가 차질 없이 안정적으로 제공될 수 있도록 방송통신에 이용되는 유·무선 망의 고도화(高度化)를 위하여 노력하여야 하며, 이를 위하여 필요한 시책을 수립·시행하여

야 한다. 〈개정 2013.3.23.〉

제14조(방송통신기반시설 조성 · 지원) ① 미래창조과학부장관은 방송제작단지 등 방송통신에 필요한 물리적 · 기술적 기반시설(이하 "방송통신기반시설"이라 한다)을 방송통신사업자가 공동으로 조성하는 때에는 필요한 지원을 할 수 있다. 〈개정 2013.3.23.〉

② 정부는 제1항에 따라 조성된 방송통신기반시설이 다른 산업의 기반시설과 연계 운영되도록 할 수 있다.

제15조(한국정보통신진흥협회) ① 정보통신서비스 제공자 및 정보통신망과 관련된 사업을 경영하는 자는 정보통신의 발전을 위하여 대통령령으로 정하는 바에 따라 미래창조과학부장관의 인가를 받아 한국정보통신진흥협회(이하 "진흥협회"라 한다)를 설립할 수 있다. 〈개정 2013.3.23.〉

② 진흥협회는 법인으로 한다.

③ 진흥협회에 관하여 이 법에서 정한 것 외에는 「민법」 중 사단법인에 관한 규정을 준용한다.

④ 정부는 진흥협회의 사업수행을 위하여 필요하면 예산의 범위에서 보조금을 지급할 수 있다.

⑤ 진흥협회의 사업 및 감독 등에 필요한 사항은 대통령령으로 정한다.

제3장 방송통신의 진흥

제16조(방송통신기술의 진흥 등) 미래창조과학부장관은 방송통신기술의 진흥을 통한 방송통신서비스 발전을 위하여 다음 각 호의 시책을 수립 · 시행하여야 한다. 〈개정 2013.3.23.〉

1. 방송통신과 관련된 기술수준의 조사, 기술의 연구개발, 개발기술의 평가 및 활용에 관한 사항
2. 방송통신 기술협력, 기술지도 및 기술이전에 관한 사항
3. 방송통신기술의 표준화 및 새로운 방송통신기술의 도입 등에 관한 사항
4. 방송통신 기술정보의 원활한 유통을 위한 사항
5. 방송통신기술의 국제협력에 관한 사항
6. 그 밖에 방송통신기술의 진흥에 관한 사항

제17조(방송통신에 관한 기술정보의 관리) ① 미래창조과학부장관은 방송통신기술의 진흥을 위하여 방송통신에 관한 기술정보를 체계적이고 종합적으로 관리 · 보급하는 방안을 마련하여야 한다. 〈개정 2013.3.23.〉

② 미래창조과학부장관은 방송통신의 원활한 발전을 위하여 방송통신에 관한 새로운 기술을 예고할 수 있다. 〈개정 2013.3.23.〉

제18조(연구기관 등의 지원) ① 미래창조과학부장관과 방송통신위원회는 방송통신의 진흥을 위하여 방송통신을 연구하는 기관 및 단체에 대한 재정적 지원 등 필요한 시책을 수립 · 시행하여야 한다. 〈개정 2013.3.23.〉

② 제1항에 따른 지원대상 기관 및 단체의 범위와 그 밖에 필요한 사항은 대통령령으로 정한다.

제19조(연구활동의 지원) ① 미래창조과학부장관과 방송통신위원회는 방송통신기술의 연구 · 개발을 위하여 필요하면 방송통신기술에 관한 연구과제 선정 등 연구활동을 지원할 수 있다. 〈개정 2013.3.23.〉

② 제1항에 따른 연구활동의 지원 등에 필요한 사항은 대통령령으로 정한다.

제20조(기술지도) ① 미래창조과학부장관은 방송통신기자재의 방송통신 방식 및 규격 등을 생산단계에서부터 정확하게 적용하고 방송통신서비스의 품질을 확보하기 위하여 필요한 경우에는 방송통신기자재의 생산을 업(業)으로 하는 자 또는 「정보통신공사업법」에 따른 정보통신공사업자에게 기술의 표준화, 기술훈련, 기술정보의 제공 또는 국제기구와의 협력 등에 관하여 기술지도를 할 수 있다. 〈개정 2013.3.23.〉

② 제1항에 따른 기술지도의 대상과 내용 및 그 밖에 필요한 사항은 대통령령으로 정한다.

제21조(방송통신 전문인력의 양성 등) 미래창조과학부장관은 방송통신 발전에 필요한 방송통신 전문인력을 양성하기 위하여 다음 각 호의 계획을 수립 · 시행하여야 한다. 〈개정 2013.3.23.〉

1. 방송통신기술 및 방송통신서비스와 관련된 전문인력(이하 이 조에서 "전문인력"이라 한다) 수요 실태 및 중 · 장기 수급 전망 파악
2. 전문인력 양성사업의 지원
3. 전문인력 양성기관의 지원
4. 전문인력 양성 교육프로그램의 개발 및 보급 지원
5. 방송통신기술 자격제도의 정착 및 전문인력 수급 지원
6. 각급 학교 및 그 밖의 교육기관에서 시행하는 방송통신기술 및 방송통신서비스 관련 교육의 지원
7. 일반국민에 대한 방송통신기술 및 방송통신서비스 관련 교육의 확대
8. 그 밖에 전문인력 양성에 필요한 사항

제22조(남북 간 방송통신 교류 · 협력) ① 정부는 남북 간 방송통신부문의 상호 교류 및 협력을 증진할 수 있도록 노력하여야 한다.

② 남북 간 방송통신 교류 및 협력을 추진하기 위하여 방송통신위원회에 남북방송통신교류추진위원회를 둔다.

③ 제2항에 따른 남북방송통신교류 추진위원회의 구성과 운영에 필요한 사항은 대통령령으로 정한다.

제23조(방송통신 국제협력) ① 미래창조과학부장관 또는 방송통신위원회는 방송통신 분야에 관한 국제적 동향을 파악하고 국제협력을 추진하여야 한다. 〈개정 2013.3.23.〉

② 정부는 방송통신콘텐츠의 국제적 공동제작 및 유통, 방송통신 관련 기술 · 인력의 국제교류, 방송통신의 국제표준화 및 국제 공동연구개발 등의 사업을 지원할 수 있다.

③ 미래창조과학부장관 또는 방송통신위원회는 방송통신 분야와 관련된 민간부문에서의 국제협력사업을 지원할 수 있다. 〈개정 2013.3.23.〉

제4장 방송통신발전기금

제24조(방송통신발전기금의 설치) 미래창조과학부장관과 방송통신위원회는 방송통신의 진흥을 지원하기 위하여 방송통신발전기금(이하 "기금"이라 한다)을 설치한다. 〈개정 2013.3.23.〉

제25조(기금의 조성) ① 기금은 다음 각 호의 재원으로 조성한다.

1. 정부의 출연금 또는 융자금
2. 「전파법」 제7조제2항에 따른 징수금, 같은 법 제11조제1항(같은 법 제16조제4항에 따라 준용되는 경우를 포함한다)에 따른 주파수할당 대가 및 같은 법 제11조제5항에 따른 보증금, 같은 법 제17조제2항에 따라 산정된 금액
3. 제2항부터 제4항까지의 규정에 따른 분담금
4. 방송사업자의 출연금
5. 기금 운용에 따른 수익금
6. 그 밖에 대통령령으로 정하는 수입금

② 방송통신위원회는 「방송법」에 따른 지상파방송사업자 및 종합편성 또는 보도에 관한 전문편성을 행하는 방송채널사용사업자로부터 대통령령으로 정하는 바에 따라 해당 연도 방송광고 매출액의 100분의 6의 범위에서 분담금을 징수할 수 있다. 〈개정 2013.3.23., 2013.8.13.〉

③ 미래창조과학부장관은 「방송법」에 따른 종합유선방송사업자, 위성방송사업자 및 「인터넷 멀티미디어 방송사업법」에 따른 인터넷 멀티미디어 방송 제공사업자로부터 대통령령으로 정하는 바에 따라 전년도 방송서비스 매출액의 100분의 6의 범위에서 분담금을 징수할 수 있다. 〈개정 2013.3.23., 2013.8.13.〉

④ 미래창조과학부장관은 상품 소개와 판매에 관한 전문편성을 하는 방송채널사용사업자로부터 대통령령으로 정하는 바에 따라 전년도 결산상 영업이익의 100분의 15의 범위에서 분담금을 징수할 수 있다. 〈개정 2013.3.23., 2013.8.13.〉

⑤ 미래창조과학부장관과 방송통신위원회는 대통령령으로 정하는 바에 따라 사업 규모나 부담 능력이 일정한 기준에 미치지 못한 자에 대하여는 제1항제3호의 분담금을 면제하거나 경감할 수 있으며, 방송통신의 공공성 · 수익성 등에 따라 방송통신사업자별로 그 징수율을 차등 책정할 수 있다. 〈개정 2013.3.23.〉

⑥ 미래창조과학부장관과 방송통신위원회는 제2항부터 제4항까지의 규정에 따라 분담금을 납부하여야 할 자가 납부기한까지 이를 납부하지 아니한 때에는 체납된 금액의 100분의 5의 범위에서 대통령령으로 정하는 바에 따라 가산금을 부과할 수 있다. 〈개정 2013.3.23.〉

⑦ 미래창조과학부장관과 방송통신위원회는 제1항제3호의 분담금 및 제6항에 따른 가산금을 납부하여야 할 자가 납부기한까지 이를 납부하지 아니한 때에는 국세 체납처분의 예에 따라 징수한다. 〈개정 2013.3.23.〉

제26조(기금의 용도) ① 기금은 다음 각 호의 어느 하나에 해당하는 사업에 사용된다. 〈개정 2012.2.22., 2013.3.23., 2014.6.3.〉

1. 방송통신에 관한 연구개발 사업

2. 방송통신 관련 표준의 개발, 제정 및 보급 사업
3. 방송통신 관련 인력 양성 사업
4. 방송통신서비스 활성화 및 기반 조성을 위한 사업
5. 공익 · 공공을 목적으로 운영되는 방송통신 지원
5의2. 「방송광고판매대행 등에 관한 법률」 제22조에 따른 네트워크 지역지상파방송사업자와 중소지상파방송사업자의 공익적 프로그램의 제작 지원
6. 방송통신콘텐츠 제작 · 유통 지원
7. 시청자가 직접 제작한 방송프로그램 및 미디어 교육 지원
8. 시청자와 이용자의 피해구제 및 권익증진 사업
9. 방송통신광고 발전을 위한 지원
9의2. 「방송광고판매대행 등에 관한 법률」 제23조제7항에 따른 방송광고균형발전위원회 운영 비용 지원
10. 방송통신 소외계층의 방송통신 접근을 위한 지원
11. 방송통신 관련 국제 교류 · 협력 및 남북 교류 · 협력 지원
12. 해외 한국어 방송 지원
13. 「전파법」 제7조제1항에 따른 손실보상금
14. 「전파법」 제7조제5항에 따라 반환하는 주파수할당 대가
15. 「지역방송발전지원 특별법」 제7조의 지역방송발전지원계획의 수행을 위한 지원
16. 그 밖에 방송통신 발전에 필요하다고 인정되는 사업

② 미래창조과학부장관과 방송통신위원회는 기금의 일부를 방송통신의 공공성 제고와 방송통신 진흥 및 시청자 복지를 위하여 융자 및 투자재원으로 활용할 수 있다. 〈개정 2013.3.23.〉

③ 삭제 〈2013.3.23.〉

제27조(기금의 관리 · 운용) ① 기금은 미래창조과학부장관과 방송통신위원회가 관리 · 운용한다. 〈개정 2013.3.23.〉

② 기금의 공정하고 효율적인 관리 · 운용을 위하여 방송통신발전기금운용심의회를 둔다.

③ 방송통신발전기금운용심의회의 위원은 10명 이내로 하며, 방송통신위원회와 협의를 거쳐 미래창조과학부장관이 임명한다. 〈개정 2013.3.23.〉

④ 방송통신발전기금운용심의회의 구성과 운영에 관하여 필요한 사항은 대통령령으로 정한다.

⑤ 미래창조과학부장관과 방송통신위원회는 대통령령으로 정하는 바에 따라 기금의 징수 · 운용 · 관리에 관한 사무의 일부를 방송통신 업무와 관련된 기관 또는 단체에 위탁할 수 있다. 〈개정 2013.3.23.〉

⑥ 기금의 운용 및 관리에 필요한 구체적인 사항은 대통령령으로 정한다.

제5장 방송통신 기술기준 등

제28조(기술기준) ① 방송통신설비를 설치·운영하는 자는 그 설비를 대통령령으로 정하는 기술기준에 적합하게 하여야 한다.

② 방송통신사업자는 미래창조과학부장관이 정하여 고시하는 방송통신설비를 설치하거나 설치한 설비를 확장한 경우에는 방송통신서비스를 제공하기 전에 그 방송통신설비가 제1항에 따른 기술기준에 적합한지를 시험하고 그 결과를 기록·관리하여야 한다. 다만, 방송통신설비를 임차하여 방송통신서비스를 제공하는 등 대통령령으로 정하는 방송통신사업자의 경우에는 그러하지 아니하다. 〈개정 2013.3.23.〉

③ 방송통신설비의 설치 및 보전은 설계도서에 따라 하여야 한다.

④ 제3항에 따른 설계도서의 작성에 필요한 사항은 대통령령으로 정한다.

⑤ 미래창조과학부장관은 방송통신설비가 기술기준에 적합하게 설치·운영되는지를 확인하기 위하여 다음 각 호의 어느 하나에 해당하는 경우에는 소속 공무원으로 하여금 방송통신설비를 설치·운영하는 자의 설비를 조사하거나 시험하게 할 수 있다. 〈개정 2013.3.23.〉

1. 방송통신설비 관련 시책을 수립하기 위한 경우
2. 국가비상사태에 대비하기 위한 경우
3. 재해·재난 예방을 위한 경우 및 재해·재난이 발생한 경우
4. 방송통신설비의 이상으로 광범위한 방송통신 장애가 발생할 우려가 있는 경우

⑥ 제5항에 따른 조사 또는 시험을 하는 경우에는 조사 또는 시험 7일 전까지 그 일시, 이유 및 내용 등 조사·시험계획을 방송통신설비를 설치·운용하는 자에게 알려야 한다. 다만, 긴급한 경우이거나 사전에 통지를 하는 경우 증거인멸 등으로 조사·시험 목적을 달성할 수 없다고 인정하는 경우에는 그러하지 아니하다.

⑦ 제6항에 따른 조사 또는 시험을 하는 공무원은 그 권한을 표시하는 증표를 지니고 이를 관계인에게 보여주어야 하며, 출입 시 성명, 출입시간, 출입목적 등이 표시된 문서를 관계인에게 주어야 한다.

⑧ 제1항에 따라 방송통신설비를 설치·운영하는 자는 불법복제 검출시스템에 의하여 복제가 의심되는 것으로 검출된 이동전화(「전기통신사업법」 제5조제2항에 따른 기간통신역무 중 주파수를 할당받아 제공하는 역무를 이용하기 위한 통신단말장치를 말한다)를 미래창조과학부장관에게 신고하여야 한다. 〈개정 2013.3.23.〉

제29조(기술기준의 적용 예외) 「방송법」 또는 「전파법」에 별도의 기술기준이나 이에 준하는 사항이 규정되어 있는 방송통신설비에 대하여는 제28조를 적용하지 아니한다.

제30조(관리 규정) 방송통신설비 등을 직접 설치·보유하고 방송통신서비스를 제공하는 방송통신사업자 중 대통령령으로 정하는 자는 방송통신서비스를 안정적으로 제공하기 위하여 대통령령으로 정하는 바에 따라 방송통신설비의 관리 규정을 정하고 그 규정에 따라 방송통신설비를 관리하여야 한다.

제31조(기술기준 위반에 대한 시정명령) 미래창조과학부장관은 설치된 방송통신설비가 제28조에

따른 기술기준에 적합하지 아니하게 된 경우에는 이의 시정이나 그 밖에 필요한 조치를 명할 수 있다. 〈개정 2013.3.23.〉

제32조(새로운 방송통신 방식 등의 채택) ① 미래창조과학부장관은 방송통신의 원활한 발전을 위하여 새로운 방송통신 방식 등을 채택할 수 있다. 〈개정 2013.3.23.〉

② 미래창조과학부장관은 제1항에 따라 새로운 방송통신 방식 등을 채택한 때에는 이를 고시하여야 한다. 〈개정 2013.3.23.〉

제33조(표준화의 추진) ① 미래창조과학부장관은 방송통신의 건전한 발전과 시청자 및 이용자의 편의를 도모하기 위하여 방송통신의 표준화를 추진하고 방송통신사업자 또는 방송통신기자재 생산업자에게 그에 따를 것을 권고할 수 있다. 다만, 「산업표준화법」에 따른 한국산업표준이 제정되어 있는 사항에 대하여는 그 표준에 따른다. 〈개정 2013.3.23.〉

② 미래창조과학부장관은 방송통신의 표준을 채택한 때에는 이를 고시하여야 한다. 〈개정 2013.3.23.〉

③ 제1항에 따른 방송통신의 표준화 추진에 필요한 사항은 대통령령으로 정한다.

제34조(한국정보통신기술협회) ① 정보통신의 표준 제정, 보급 및 정보통신기술 지원 등 표준화에 관한 업무를 효율적으로 추진하기 위하여 미래창조과학부장관의 인가를 받아 한국정보통신기술협회(이하 "기술협회"라 한다)를 설립할 수 있다. 〈개정 2013.3.23.〉

② 기술협회는 법인으로 한다.

③ 정부는 정보통신의 표준화에 관한 업무를 추진하기 위하여 필요한 경우 예산의 범위에서 기술협회에 출연할 수 있다.

④ 미래창조과학부장관은 기술협회의 운영이 이 법 또는 정관에서 정한 사항에 위배되는 경우에는 정관 또는 사업계획의 변경이나 임원의 개임(改任)을 요구할 수 있다. 〈개정 2013.3.23.〉

⑤ 기술협회에 관하여 이 법에서 정한 것을 제외하고는 「민법」 중 재단법인에 관한 규정을 준용한다.

제6장 방송통신재난의 관리

제35조(방송통신재난관리기본계획의 수립) ① 미래창조과학부장관과 방송통신위원회는 대통령령으로 정하는 방송통신사업자(이하 "주요방송통신사업자"라 한다)의 방송통신서비스에 관하여 「재난 및 안전관리기본법」에 따른 재난이나 「자연재해대책법」에 따른 재해 및 그 밖에 물리적 · 기능적 결함 등(이하 "방송통신재난"이라 한다)의 발생을 예방하고, 방송통신재난을 신속히 수습 · 복구하기 위한 방송통신재난관리기본계획을 수립 · 시행하여야 한다. 〈개정 2013.3.23.〉

② 방송통신재난관리기본계획에는 다음 각 호의 사항이 포함되어야 한다.

1. 방송통신재난이 발생할 위험이 높거나 방송통신재난의 예방을 위하여 계속적으로 관리할

필요가 있는 방송통신설비와 그 설치지역 등의 지정 및 관리에 관한 사항

2. 국민의 생명과 재산보호를 위한 신속한 재난방송 실시에 관한 사항
3. 방송통신재난에 대비하기 위하여 필요한 다음 각 목에 관한 사항
   가. 우회 방송통신 경로의 확보
   나. 방송통신설비의 연계 운용을 위한 정보체계의 구성
   다. 피해복구 물자의 확보
4. 그 밖에 방송통신재난의 관리에 필요하다고 인정되는 사항

제36조(방송통신재난관리기본계획의 수립절차) ① 미래창조과학부장관과 방송통신위원회는 방송통신재난관리기본계획의 수립지침을 작성하여 주요방송통신사업자에게 통보하여야 한다. 〈개정 2013.3.23.〉

② 주요방송통신사업자는 제1항에 따른 수립지침에 따라 방송통신재난관리계획을 수립하여 미래창조과학부장관과 방송통신위원회에 제출하여야 한다. 이 경우 방송통신재난관리계획은 「재난 및 안전관리기본법」 제23조제3항에 따른 세부집행계획으로 본다. 〈개정 2013.3.23.〉

③ 미래창조과학부장관과 방송통신위원회는 제2항에 따라 주요방송통신사업자가 제출한 방송통신재난관리계획을 종합하여 방송통신재난관리기본계획을 수립하여야 한다. 〈개정 2013.3.23.〉

④ 미래창조과학부장관과 방송통신위원회는 제3항에 따라 수립한 방송통신재난관리기본계획 중 주요방송통신사업자와 관련된 사항을 해당 주요방송통신사업자에게 통보하여야 한다. 〈개정 2013.3.23.〉

⑤ 방송통신재난관리기본계획의 수립에 필요한 세부사항은 대통령령으로 정한다.

⑥ 방송통신재난관리기본계획의 변경에 관하여는 제1항부터 제5항까지의 규정을 준용한다.

제37조(방송통신재난의 대비) ① 미래창조과학부장관과 방송통신위원회는 방송통신재난이 발생하거나 발생할 것이 명백한 경우에 해당 지역의 방송통신 소통과 긴급 복구를 위하여 방송통신사업자로 하여금 그 사업자의 방송통신설비와 다른 방송통신사업자의 방송통신설비 또는 방송통신사업용으로 사용되지 아니한 방송통신설비(이하 "자가방송통신설비"라 한다)를 보유한 자의 방송통신설비를 통합 운용하게 할 수 있다. 〈개정 2013.3.23.〉

② 자가방송통신설비를 보유한 자의 방송통신설비를 통합 운용하기 위하여 사용된 비용은 정부가 부담한다. 다만, 자가방송통신설비가 방송통신서비스에 제공되는 경우에는 그 설비를 제공받는 방송통신사업자가 그 비용을 부담한다.

③ 제1항에 따른 방송통신설비의 통합 운용에 필요한 사항은 대통령령으로 정한다.

제38조(방송통신재난의 보고) 주요방송통신사업자는 그 소관 방송통신서비스에 관하여 방송통신재난이 발생하였을 때에는 그 현황, 원인, 응급조치 내용 및 복구대책 등을 지체 없이 미래창조과학부장관에게 보고하여야 한다. 〈개정 2013.3.23.〉

제39조(방송통신재난 대책본부) ① 미래창조과학부장관은 방송통신재난의 피해가 광범위하여 정부 차원의 종합적인 대처가 필요한 경우에 방송통신재난 대책본부(이하 "대책본부"라 한다)를 설치·운영할 수 있다. 〈개정 2013.3.23.〉

② 대책본부의 장은 미래창조과학부장관이 된다. 〈개정 2013.3.23.〉

③ 대책본부의 구성 · 운영 등에 필요한 사항은 대통령령으로 정한다.

④ 주요방송통신사업자는 대통령령으로 정하는 바에 따라 방송통신재난의 피해복구 진행상황 등을 대책본부에 보고하여야 한다.

제40조(재난방송 등) ①「방송법」에 따른 지상파방송사업자 및 종합편성 또는 보도에 관한 전문편성을 행하는 방송채널사용사업자는「자연재해대책법」 제2조에 따른 재해 또는「재난 및 안전관리 기본법」 제3조에 따른 재난 및「민방위기본법」 제2조에 따른 민방위사태가 발생하거나 발생할 우려가 있는 경우에는 그 발생을 예방하거나 그 피해를 줄일 수 있는 재난방송 및 민방위경보방송을 하여야 한다. 〈개정 2012.1.17.〉

② 미래창조과학부장관과 방송통신위원회는 재해, 재난 또는 민방위사태가 발생하거나 발생이 예상될 때에는 대통령령으로 정하는 바에 따라「방송법」 제2조제3호에 따른 방송사업자 및「인터넷 멀티미디어 방송사업법」 제2조제5호에 따른 인터넷 멀티미디어 방송사업자에 대하여 재해, 재난 또는 민방위사태의 발생을 예방하거나 그 피해를 줄일 수 있는 재난방송 또는 민방위경보방송을 하도록 요청할 수 있다. 이 경우 방송사업자는 특별한 사유가 없으면 재난방송 또는 민방위경보방송을 하여야 한다. 〈개정 2012.1.17., 2013.3.23.〉

③ 미래창조과학부장관과 방송통신위원회는「방송법」에 따라 설립된 한국방송공사를 재난방송 및 민방위경보방송의 주관기관으로 지정할 수 있다. 〈개정 2012.1.17., 2013.3.23.〉

④ 재난방송 및 민방위경보방송에 관한 기준 및 방법 등에 관하여 필요한 사항은 대통령령으로 정한다. 〈개정 2012.1.17.〉

⑤「방송법」에 따라 방송프로그램별 유료방송을 하는 방송사업자에 대하여는 제1항부터 제4항까지의 규정을 적용하지 아니한다.

[제목개정 2012.1.17.]

제40조의2(재난방송 수신시설의 설치)「도로법」 제2조제1호에 따른 도로,「도시철도법」 제2조제3호에 따른 도시철도시설 및「철도건설법」 제2조제6호에 따른 철도시설(마목부터 사목까지의 시설은 제외한다)의 소유자 · 점유자 · 관리자는 터널 또는 지하공간 등 방송수신 장애지역에 제40조제1항에 따른 재난방송 · 민방위경보방송 및「민방위기본법」 제33조에 따른 민방위 경보의 원활한 수신을 위하여 필요한 다음 각 호의 방송통신설비를 설치하여야 한다. 이 경우 국가는 예산의 범위에서 설치에 필요한 비용의 전부 또는 일부를 보조할 수 있다.

1.「방송법」 제2조제1호나목에 따른 라디오방송의 수신에 필요한 중계설비

2.「방송법」 제2조제1호라목에 따른 이동멀티미디어방송의 수신에 필요한 중계설비

[본조신설 2014.6.3.]

제7장 보 칙

제41조(통계의 작성 · 관리) 미래창조과학부장관 또는 방송통신위원회는 방송통신 발전 관련 시책을 효율적으로 수립하기 위하여 통계청장과 협의하여 방송통신에 관한 통계를 작성 · 관리하여야 한다. 〈개정 2013.3.23.〉

제42조(자료 제출) 미래창조과학부장관 또는 방송통신위원회는 이 법에서 정한 각종 시책의 수립 및 시행을 위하여 필요하면 대통령령으로 정하는 바에 따라 방송통신사업자에게 통계 등 관련 자료의 제출을 요청할 수 있다. 다만, 방송통신사업자는 영업비밀의 보호 등 정당한 사유가 있는 경우에는 자료의 제출을 거부할 수 있다. 〈개정 2013.3.23.〉

제43조(보고 · 검사 등) ① 미래창조과학부장관은 다음 각 호의 어느 하나에 해당하는 경우에는 방송통신설비를 설치한 자에게 그 설비에 관한 보고를 하게 하거나 소속 공무원으로 하여금 그 사무소, 영업소, 공장 또는 사업장에 출입하여 설비 상황, 설비 관련 장부 또는 서류 등을 검사하게 할 수 있다. 〈개정 2013.3.23.〉

1. 방송통신설비 설치 · 운용의 적정 여부를 확인하기 위하여 필요한 경우
2. 국가비상사태 · 재해 및 재난 시의 원활한 방송통신 확보를 위하여 필요한 경우

② 미래창조과학부장관은 이 법을 위반하여 방송통신설비를 설치한 자가 있으면 그 설비의 제거 또는 그 밖에 필요한 조치를 명할 수 있다. 〈개정 2013.3.23.〉

③ 제1항에 따른 검사를 하는 경우에는 검사 7일 전까지 검사일시 · 이유 · 내용 등 검사계획을 방송통신설비를 설치한 자에게 알려야 한다. 다만, 긴급한 경우이거나 사전에 통지하는 경우 증거인멸 등으로 검사목적을 달성할 수 없다고 인정하는 경우에는 그러하지 아니하다.

④ 제1항에 따라 검사를 하는 공무원은 그 권한을 표시하는 증표를 지니고 이를 관계인에게 보여주어야 하며, 출입 시 성명, 출입시간, 출입목적 등이 표시된 문서를 관계인에게 주어야 한다.

제44조(권한의 위임 · 위탁) ① 이 법에 따른 미래창조과학부장관 또는 방송통신위원회의 권한은 그 일부를 대통령령으로 정하는 바에 따라 소속 기관의 장이나 전담기관 또는 그 밖에 대통령령으로 정하는 기관 또는 단체에 위임 · 위탁할 수 있다. 〈개정 2013.3.23.〉

② 미래창조과학부장관은 제33조에 따른 방송통신 표준화에 관한 업무를 대통령령으로 정하는 바에 따라 기술협회에 위탁할 수 있다. 〈개정 2013.3.23.〉

③ 미래창조과학부장관 또는 방송통신위원회는 제41조에 따른 통계의 작성 · 관리 업무를 대통령령으로 정하는 바에 따라 진흥협회에 위탁할 수 있다. 〈개정 2013.3.23.〉

제45조(벌칙 적용 시의 공무원 의제) 제44조에 따라 수탁업무를 취급하는 자는 「형법」 제129조부터 제132조까지의 규정에 따른 벌칙을 적용할 때에는 공무원으로 본다.

제8장 벌 칙

제46조(벌칙) 제43조제2항에 따른 방송통신설비의 제거명령을 위반한 자는 1년 이하의 징역 또는 1천만원 이하의 벌금에 처한다.

제47조(양벌규정) 법인의 대표자나 법인 또는 개인의 대리인, 사용인, 그 밖의 종업원이 그 법인 또는 개인의 업무에 관하여 제46조의 위반행위를 하면 그 행위자를 벌하는 외에 그 법인 또는 개인에게도 해당 조문의 벌금형을 과(科)한다. 다만, 법인 또는 개인이 그 위반행위를 방지하기 위하여 해당 업무에 관하여 상당한 주의와 감독을 게을리하지 아니한 경우에는 그러하지 아니하다.

제48조(과태료) ① 제40조제2항을 위반하여 특별한 사유 없이 재난방송 또는 민방위경보방송을 하지 아니한 자에게는 3천만원 이하의 과태료를 부과한다. 〈개정 2012.1.17.〉

② 다음 각 호의 어느 하나에 해당하는 자에게는 1천만원 이하의 과태료를 부과한다.

1. 제28조제2항에 따른 시험을 하지 아니하거나 그 결과를 기록 · 관리하지 아니한 자
2. 제28조제5항에 따른 조사 · 시험을 거부 또는 기피하거나 이에 지장을 주는 행위를 한 자
3. 제30조에 따른 관리 규정을 정하지 아니하고 방송통신설비를 관리한 자
4. 제31조에 따른 명령을 위반한 자
5. 제36조제2항에 따른 방송통신재난관리계획을 제출하지 아니한 자
6. 제38조에 따른 방송통신재난의 보고를 하지 아니하거나 거짓으로 보고한 자
7. 제39조제4항에 따른 피해복구 진행상황 등의 보고를 하지 아니하거나 거짓으로 보고한 자
8. 제43조제1항에 따른 보고를 하지 아니하거나 거짓으로 보고한 자
9. 제43조제1항에 따른 검사를 거부 · 방해 또는 기피한 자

③ 제1항과 제2항에 따른 과태료는 대통령령으로 정하는 바에 따라 미래창조과학부장관이 부과 · 징수한다. 〈개정 2013.3.23.〉

부 칙 〈제12743호, 2014.6.3〉 (지역방송발전지원 특별법)

제1조(시행일) 이 법은 공포 후 6개월이 경과한 날부터 시행한다.

제2조 및 **제3조** 생략

제4조(다른 법률의 개정) ① 생략

② 방송통신발전 기본법 일부를 다음과 같이 개정한다.

제26조제1항제15호를 제16호로 하고, 같은 항에 제15호를 다음과 같이 신설한다.

15. 「지역방송발전지원 특별법」 제7조의 지역방송발전지원계획의 수행을 위한 지원

[부록 2]

방송통신발전 기본법 시행령

[시행 2014.6.29.] [대통령령 제25393호, 2014.6.25., 타법개정]

제1장 총 칙

제1조(목적) 이 영은 「방송통신발전 기본법」에서 위임된 사항과 그 시행에 필요한 사항을 규정함을 목적으로 한다.

제2장 방송통신의 발전 및 공공복리의 증진

제2조(방송통신콘텐츠 조정협의체) ① 미래창조과학부장관, 문화체육관광부장관 및 방송통신위원회는 법 제8조제3항에 따라 방송통신콘텐츠 및 방송통신광고에 관한 다음 각 호의 사항을 협의 · 조정하기 위하여 방송통신콘텐츠 조정협의체(이하 이 조에서 "조정협의체"라 한다)를 구성 · 운영한다. 〈개정 2013.3.23.〉

1. 법 제12조에 따른 방송통신콘텐츠의 제작 · 유통 · 수출 등의 지원 및 방송통신콘텐츠 진흥계획에 관한 사항
2. 법 제23조제2항에 따른 방송통신콘텐츠의 국제협력에 관한 사항
3. 법 제24조에 따른 방송통신발전기금(이하 "기금"이라 한다)을 통한 방송통신콘텐츠의 정책추진에 관한 사항
4. 방송통신광고에 대한 시책 및 지원 등에 관한 사항
5. 그 밖에 미래창조과학부장관, 문화체육관광부장관 및 방송통신위원회가 효율적 업무추진을 위하여 그 협의 · 조정이 필요하다고 인정하는 사항

② 조정협의체의 위원장은 미래창조과학부장관이 지명하는 차관, 문화체육관광부장관이 지명하는 차관 및 방송통신위원회 위원장이 지명하는 방송통신위원회 위원이 공동으로 된다. 〈개정 2013.3.23.〉

③ 그 밖에 조정협의체의 구성 및 운영 등에 필요한 사항은 위원장이 공동으로 정한다.

제3조(전담기관의 지정) ① 법 제9조제1항에 따라 방송통신기본계획과 관련된 업무를 전담할 기관(이하 "전담기관"이라 한다)의 지정분야는 다음 각 호와 같다. 〈개정 2013.3.23.〉

1. 방송통신서비스 활성화 및 기반조성 분야
2. 방송통신기술의 진흥을 위한 방송통신 연구 · 개발 분야
3. 방송의 디지털 전환 지원과 관련된 분야
4. 방송통신시장의 경쟁상황평가와 관련된 분야

5. 방송통신에 대한 건전한 이용문화 조성과 관련된 분야
6. 방송통신망을 이용한 불법정보의 유통방지와 관련된 분야
7. 방송통신 인력양성에 관련된 분야
8. 방송통신 표준화와 관련된 분야
9. 그 밖에 방송통신에 관한 기본적 사항과 관련된 분야로서 미래창조과학부장관 또는 방송통신위원회가 고시하는 분야

② 법 제9조제2항에 따라 전담기관으로 지정할 수 있는 기관은 다음 각 호와 같다. 〈개정 2013.3.23., 2014.6.25.〉

1. 「공공기관의 운영에 관한 법률」 제4조에 따른 공공기관
2. 「정부출연연구기관 등의 설립·운영 및 육성에 관한 법률」 제2조에 따른 정부출연연구기관
3. 「과학기술분야 정부출연연구기관 등의 설립·운영 및 육성어 관한 법률」 제2조에 따른 과학기술분야 정부출연연구기관
4. 그 밖에 방송통신 관련 기관 및 단체로서 미래창조과학부장관 또는 방송통신위원회가 고시하는 기관·단체

③ 미래창조과학부장관 또는 방송통신위원회는 법 제9조제2항에 따라 전담기관을 지정하려면 다음 각 호의 사항을 고려하여야 한다. 〈개정 2013.3.23.〉

1. 지정분야와의 업무 관련성
2. 지정분야에서의 업무추진 실적
3. 지정분야에서의 업무수행을 위한 재정적·기술적·인적 능력
4. 그 밖에 지정분야에서의 효율적 업무수행을 위하여 미래창조과학부장관 또는 방송통신위원회가 필요하다고 인정하는 사항

④ 전담기관의 장은 지정분야별로 세부사업계획 및 자금집행계획을 수립하여 미래창조과학부장관 또는 방송통신위원회에 제출하여야 한다. 〈개정 2013.3.23.〉

⑤ 그 밖에 전담기관의 운영·관리 및 업무 등에 필요한 사항은 미래창조과학부장관 또는 방송통신위원회가 정하여 고시한다. 〈개정 2013.3.23.〉

제4조(경쟁상황평가) ① 미래창조과학부장관 또는 방송통신위원회는 법 제11조제2항에 따른 방송통신시장의 경쟁상황에 대한 평가(이하 "경쟁상황평가"라 한다)를 하기 전에 다음 각 호의 사항을 고려하여 단위시장을 획정하여야 한다. 〈개정 2013.3.23.〉

1. 방송통신서비스의 수요 대체성 및 공급 대체성
2. 방송통신서비스의 제공을 위한 지리적 범위
3. 방송통신서비스의 판매와 관련된 거래적 특수성
4. 방송통신서비스에 대한 이용자의 특성

② 미래창조과학부장관 또는 방송통신위원회는 제1항에 따라 획정된 단위시장을 대상으로 다음 각 호의 사항을 고려하여 경쟁상황평가를 하여야 한다. 〈개정 2013.3.23.〉

1. 시장구조 : 방송통신사업자의 수, 진입장벽, 시장점유율 등
2. 이용자의 대응력 : 방송통신서비스에 대한 정보접근의 용이성, 방송통신서비스 또는 방송

통신사업자에 대한 대체의 용이성 등

3. 시장성과 : 방송통신서비스의 요금 · 품질 수준, 방송통신사업자의 초과이윤 규모 등

4. 방송통신사업자의 행위 : 방송통신서비스의 요금 및 품질 경쟁의 정도와 기술혁신의 정도 등

③ 제1항 및 제2항에서 규정한 사항 외에 경쟁상황평가의 세부적인 절차 및 방법 등에 관하여 필요한 사항은 미래창조과학부장관이 방송통신위원회와 협의하여 정한다. 〈개정 2013.3.23.〉

제5조(한국정보통신진흥협회의 설립 및 사업 등) ① 미래창조과학부장관은 법 제15조제1항에 따른 한국정보통신진흥협회(이하 "진흥협회"라 한다)의 설립을 인가한 경우에는 그 사실을 관보 및 인터넷 홈페이지에 공고하여야 한다. 〈개정 2013.3.23.〉

② 진흥협회의 사업범위는 다음 각 호와 같다. 〈개정 2013.3.23.〉

1. 정보통신 관련 교육훈련 등 인력개발 및 홍보활동
2. 정보통신 관련 기술동향 조사 및 신기술 보급활동
3. 정보통신 관련 통계의 작성 및 관리
4. 국내외 정보통신 관련 기관과의 교류활동
5. 정보통신서비스 등과 관련된 이용자 보호 및 편익활동
6. 미래창조과학부장관이 위탁하는 사업
7. 그 밖에 정관으로 정하는 사업

③ 미래창조과학부장관은 법 제15조제5항에 따라 진흥협회의 감독을 위하여 필요하다고 인정하는 경우에는 다음 각 호의 자료를 요구할 수 있다. 〈개정 2013.3.23.〉

1. 해당 연도 사업계획서 또는 사업실적서
2. 해당 연도 예산서 또는 결산보고서
3. 그 밖에 진흥협회의 효율적 감독을 위하여 미래창조과학부장관이 필요하다고 인정하는 자료

제3장 방송통신의 진흥

제6조(연구기관 등의 지원) ① 법 제18조제2항에 따라 미래창조과학부장관 또는 방송통신위원회가 지원하는 연구기관 및 단체(이하 이 조에서 "연구기관"이라 한다)는 다음 각 호와 같다. 〈개정 2013.3.23.〉

1. 방송통신에 관한 연구 · 개발업무를 수행하는 연구기관
2. 방송통신에 관한 교육 · 인력양성업무를 수행하는 연구기관
3. 방송통신 기술보급 및 표준화에 관한 업무를 수행하는 연구기관
4. 전담기관

② 미래창조과학부장관 또는 방송통신위원회는 제1항에 따른 연구기관에 대하여 다음 각 호의 지원을 할 수 있다. 〈개정 2013.3.23.〉

1. 방송통신 관련 정책연구 및 조사활동을 위한 비용 지원

2. 방송통신 관련 교육·훈련비용의 지원
3. 방송통신 관련 기술정보의 제공
4. 방송통신 관련 국내외 연구기관과의 교류·협력 활동의 지원

③ 제1항 및 제2항에서 규정한 사항 외에 연구기관에 대한 지원 절차 및 방법 등에 관하여 필요한 사항은 미래창조과학부장관 또는 방송통신위원회가 정하여 고시한다. 〈개정 2013.3.23.〉

제7조(연구활동의 지원) ① 법 제19조제2항에 따라 미래창조과학부장관 또는 방송통신위원회가 지원하는 방송통신기술 관련 연구활동의 범위는 다음 각 호와 같다. 〈개정 2013.3.23.〉

1. 방송통신기술에 관한 정책과제의 연구
2. 방송통신기술에 관한 도서의 발간
3. 방송통신기술에 관한 학술회의의 개최
4. 그 밖에 방송통신기술의 연구·개발을 위하여 미래창조과학부장관 또는 방송통신위원회가 필요하다고 인정하는 사항

② 미래창조과학부장관 또는 방송통신위원회는 제1항에 따른 연구활동을 지원하려는 경우에는 다음 각 호의 기준을 종합적으로 고려하여야 한다. 〈개정 2013.3.23.〉

1. 연구활동의 필요성
2. 연구활동의 적정성 및 경제성
3. 연구결과의 활용가능성
4. 다른 연구활동과의 중복 여부

③ 제1항 및 제2항에서 규정한 사항 외에 연구활동의 지원 절차 및 방법 등에 관하여 필요한 사항은 미래창조과학부장관 또는 방송통신위원회가 정하여 고시한다. 〈개정 2013.3.23.〉

제8조(기술지도의 대상 및 방법) ① 법 제20조제2항에 따른 기술지도의 대상은 다음 각 호와 같다.

1. 방송통신기자재에 대한 기술표준의 적용
2. 방송통신기자재에 대한 생산기술의 효율화
3. 방송통신기자재의 기능 및 특성의 개선
4. 방송통신기자재의 설치 및 운영에 적용하는 표준공법
5. 방송통신기자재의 품질보증
6. 새로운 방송통신기술의 채택·응용 및 개발

② 미래창조과학부장관은 다음 각 호의 방법에 따라 기술지도를 할 수 있다. 〈개정 2013.3.23.〉

1. 기술정보의 제공
2. 기술훈련 및 기술전수
3. 국내외 기술협력의 지원

③ 제1항 및 제2항에서 규정한 사항 외에 기술지도의 절차·방법 및 관리 등에 필요한 사항은 미래창조과학부장관이 정하여 고시한다. 〈개정 2013.3.23.〉

제9조(교류추진위원회의 심의) 법 제22조제3항에 따른 남북방송통신 교류 추진위원회(이하 "교류

추진위원회"라 한다)는 다음 각 호의 사항을 심의한다.

1. 남북 간 교류 · 협력의 기본방향 및 주요정책의 추진에 관한 사항

2. 남북 간 교류 · 협력의 지원에 관한 사항

3. 남북 간 방송프로그램의 공동제작에 관한 사항

4. 주요 국제경기의 중계 지원에 관한 사항

5. 그 밖에 남북 간 교류 · 협력을 위하여 교류추진위원회 위원장이 필요하다고 인정하는 사항

제10조(교류추진위원회의 구성 및 운영) ① 교류추진위원회는 위원장 1명을 포함한 20명 이내의 위원으로 구성한다.

② 위원장은 방송통신위원회 위원장이 방송통신위원회 위원 중에서 지명하고, 교류추진위원회 위원은 다음 각 호의 사람 중에서 방송통신위원회 위원장이 임명하거나 위촉한다. 〈개정 2013.3.23.〉

1. 방송통신위원회의 고위공무원단에 속하는 일반직 공무원

1의2. 미래창조과학부 고위공무원단에 속하는 일반직 공무원

2. 통일부의 고위공무원단에 속하는 일반직 공무원으로서 통일부장관이 추천하는 사람

3. 그 밖에 남북관계 및 방송통신 분야에 대한 학식과 경험이 풍부하다고 인정되는 사람

③ 제2항제3호에 따른 위촉위원의 임기는 2년으로 한다.

④ 위원장은 교류추진위원회를 대표하고 그 업무를 총괄한다. 다만, 위원장이 부득이한 사유로 직무를 수행할 수 없는 경우에는 방송통신위원회 위원장이 지명하는 위원이 그 직무를 대행한다.

⑤ 위원장은 교류추진위원회의 회의를 소집 · 주재하며, 그 회의는 재적위원 과반수의 출석으로 개의(開議)하고, 출석위원 과반수의 찬성으로 의결한다.

⑥ 교류추진위원회는 그 업무를 효율적으로 수행하기 위하여 필요한 경우에는 분과위원회를 설치할 수 있다.

⑦ 제1항부터 제6항까지에서 규정한 사항 외에 교류추진위원회의 구성 및 운영 등에 필요한 사항은 교류추진위원회의 의결을 거쳐 위원장이 정한다.

제4장 방송통신발전기금

제11조(수입금) 법 제25조제1항제6호에서 "대통령령으로 정하는 수입금"이란 다음 각 호의 수입금을 말한다. 〈개정 2013.3.23.〉

1. 기금의 자산에 속하는 국유재산을 운용하여 발생하는 수익금

2. 법 제25조제6항에 따른 가산금

3. 차입금

4. 그 밖에 미래창조과학부장관과 방송통신위원회가 인정하는 수입금

제12조(분담금의 징수) ① 법 제25조제2항부터 제4항까지의 규정에 따른 분담금의 징수율은 다음

각 호와 같다. 이 경우 그 징수율을 정할 때에는 해당 사업자의 재정상태 및 방송운영의 공공성 등을 고려하여야 한다. 〈개정 2012.7.31., 2013.3.23., 2013.10.30.〉

1. 법 제25조제2항에 따른 지상파방송사업자 및 방송채널사용사업자 : 해당 연도 방송광고 매출액의 100분의 6의 범위에서 방송통신위원회가 정하여 고시하는 징수율
2. 법 제25조제3항에 따른 종합유선방송사업자, 위성방송사업자 및 인터넷 멀티미디어 방송 제공사업자 : 전년도 방송서비스 매출액의 100분의 6의 범위에서 미래창조과학부장관이 정하여 고시하는 징수율. 이 경우 종합유선방송사업자는 허가받은 사업구역별로, 인터넷 멀티미디어 방송 제공사업자는 허가받은 방송구역별로 매출액을 산정한다.
3. 법 제25조제4항에 따른 방송채널사용사업자 : 전년도 방송사업과 관련된 결산상 영업이익의 100분의 15의 범위에서 미래창조과학부장관이 정하여 고시하는 징수율

② 법 제25조제2항부터 제4항까지의 규정에 따른 지상파방송사업자, 방송채널사용사업자, 종합유선방송사업자, 위성방송사업자 및 인터넷 멀티미디어 방송 제공사업자는 다음 각 호의 자료를 매년 3월 31일까지 미래창조과학부장관과 방송통신위원회에 제출하여야 한다. 〈개정 2013.3.23.〉

1. 전년도의 재무상태표 · 손익계산서 및 그 부속명세서
2. 그 밖에 미래창조과학부장관과 방송통신위원회가 분담금의 산정을 위하여 필요하다고 인정하는 자료

③ 미래창조과학부장관과 방송통신위원회는 제1항에 따라 산정된 분담금을 징수하려면 납부금액, 납부기한 및 수납기관을 적은 납부통지서를 매년 6월 30일까지 해당 사업자에게 송부하여야 한다. 〈개정 2013.3.23.〉

④ 미래창조과학부장관과 방송통신위원회는 제1항에 따라 산정된 분담금이 1억원을 초과하는 경우에는 그 금액의 2분의 1씩 2회로 나누어 내게 할 수 있다. 이 경우 제1회의 납부기한은 7월 31일까지로 하고, 제2회의 납부기한은 9월 30일까지로 한다. 〈개정 2013.3.23.〉

⑤ 제1항부터 제4항까지에서 규정한 사항 외에 분담금의 산정 및 징수 등에 필요한 사항은 미래창조과학부장관과 방송통신위원회가 각각 정하여 고시한다. 〈개정 2013.3.23., 2013.10.30.〉

제13조(분담금의 면제 · 경감 및 가산금) ① 법 제25조제5항에 따른 분담금의 면제 · 경감은 다음 각 호의 기준에 따른다. 〈개정 2013.10.30.〉

1. 다음 각 목의 사업자 : 해당 사업허가를 받은 날부터 3년간 분담금 면제
   가. 「방송법」 제2조제3호다목에 따른 위성방송사업자
   나. 「인터넷 멀티미디어 방송사업법」 제2조제5호가목에 따른 인터넷 멀티미디어 방송 제공사업자
2. 재무상태표상의 결손금이 재무상태표상의 자본금(자본잉여금을 포함한다. 이하 제3호에서 같다) 총액 이상인 사업자 : 해당 연도의 분담금 면제
3. 재무상태표상의 결손금이 재무상태표상의 자본금 총액 미만인 사업자 : 해당 연도의 분담금을 결손금의 자본금 총액에 대한 비율만큼 경감

② 삭제 〈2013.10.30.〉

③ 법 제25조제6항에 따른 가산금은 체납된 분담금의 100분의 3에 해당하는 금액으로 한다. 다만, 납부기한 경과 후 1주일 이내에 납부하는 경우에는 체납된 분담금의 100분의 1에 해당하는 금액으로 한다. 〈개정 2011.3.29.〉

제13조의2(분담금에 대한 이의신청) ① 제12조제3항에 따라 분담금 납부 통지를 받은 자는 통지를 받은 날부터 60일 이내에 미래창조과학부장관 또는 방송통신위원회에 이의를 신청할 수 있다.

② 미래창조과학부장관 또는 방송통신위원회는 제1항에 따른 이의신청을 받은 경우에는 그 신청을 받은 날부터 30일 이내에 그 처리결과를 신청인에게 서면으로 통보하여야 한다.

③ 제12조제3항에 따른 분담금 납부 통지에 이의가 있는 자는 제1항에 따른 이의신청 여부와 관계없이 「행정심판법」에 따른 행정심판을 청구하거나 「행정소송법」에 따른 행정소송을 제기할 수 있다.

[본조신설 2013.10.30.]

제14조(방송통신발전기금운용심의회의 기능) ① 법 제27조제2항에 따른 방송통신발전기금운용심의회(이하 "심의회"라 한다)는 다음 각 호의 사항을 심의한다. 〈개정 2013.3.23.〉

1. 「국가재정법」 제66조제5항에 따른 기금운용계획안
2. 「국가재정법」 제70조제2항 및 제3항에 따른 주요항목 지출금액의 변경
3. 「국가재정법」 제73조에 따른 기금 결산보고서
4. 「국가재정법」 제79조에 따른 자산운용지침의 제정 및 개정
5. 그 밖에 미래창조과학부장관과 방송통신위원회가 기금의 운용과 관련하여 중요하다고 인정하는 사항

② 미래창조과학부장관이 방송통신위원회와 협의를 거쳐 제1항제1호에 따른 기금운용계획안을 작성하는 경우에는 법 제25조제1항제2호 및 제3호에 따른 기금의 재원이 방송 분야와 통신 분야의 사업에 적정하게 반영될 수 있도록 노력하여야 한다. 〈개정 2013.3.23.〉

제15조(심의회의 구성 및 운영) ① 심의회의 위원은 다음 각 호의 사람이 되며, 심의회의 위원장(이하 "심의위원장"이라 한다)은 제1호와 제2호의 사람 중에서 미래창조과학부장관이 방송통신위원회와 협의하여 지명하는 사람이 된다. 〈개정 2013.10.30.〉

1. 미래창조과학부 제2차관
2. 방송통신위원회의 위원
3. 「전파법」 제66조제1항에 따른 한국방송통신전파진흥원의 장
4. 문화체육관광부장관이 공무원이 아닌 사람 중에서 추천하는 사람 2명
5. 기금의 관리·운용 및 방송통신에 관한 전문지식 또는 학식과 경험이 풍부하다고 인정되는 사람 중에서 미래창조과학부장관이 방송통신위원회와 협의하여 위촉하는 사람

② 심의위원장은 심의회를 대표하고 업무를 총괄한다. 다만, 심의위원장이 부득이한 사유로 직무를 수행할 수 없는 경우에는 미래창조과학부장관이 방송통신위원회와 협의를 거쳐 지명하는 위원이 그 직무를 대행한다. 〈개정 2013.3.23.〉

③ 제1항제2호부터 제4호까지의 규정에 따른 위촉위원의 임기는 2년으로 하며, 한 차례만 연임할 수 있다. 〈개정 2013.10.30.〉

④ 심의회의 회의는 재적위원 과반수의 출석으로 개의하고, 출석위원 과반수의 찬성으로 의결한다.

⑤ 제1항부터 제4항까지에서 규정한 사항 외에 심의회의 구성 및 운영 등에 필요한 사항은 미래창조과학부장관이 방송통신위원회와 협의하여 정한다. 〈개정 2013.3.23.〉

제16조(기금에 관한 사무의 위탁 등) ① 미래창조과학부장관과 방송통신위원회는 법 제27조제5항에 따라 기금의 징수·운용 및 관리에 관한 다음 각 호의 사무를 「전파법」 제66조제1항에 따른 한국방송통신전파진흥원(이하 "진흥원"이라 한다)에 위탁한다. 〈개정 2013.3.23.〉

1. 기금의 수입 및 지출에 관한 사항
2. 기금의 운용·관리에 관한 회계업무
3. 기금의 여유자금의 운용
4. 기금의 융자사업의 수행
5. 그 밖에 기금의 징수·운용 및 관리와 관련하여 미래창조과학부장관과 방송통신위원회 위원장이 필요하다고 인정하여 위탁하는 사무

② 진흥원은 기금의 관리 및 운용을 명확하게 하기 위하여 기금을 다른 회계와 구분하여 처리하여야 한다.

③ 진흥원이 제1항에 따라 위탁받은 사무를 처리하는 데에 드는 비용은 기금의 부담으로 한다.

제17조(기금계정의 설치 및 회계기관) ① 미래창조과학부장관과 방송통신위원회는 기금의 수입 및 지출을 명확하게 하기 위하여 「한국은행법」에 따른 한국은행에 기금계정을 설치하여야 한다. 〈개정 2013.3.23.〉

② 미래창조과학부장관과 방송통신위원회 위원장은 기금의 수입과 지출에 관한 사무를 수행하기 위하여 그 소속 공무원 중에서 기금수입징수관, 기금재무관, 기금지출관 및 기금출납공무원을 각각 임명하여야 한다. 〈개정 2013.3.23., 2013.10.30.〉

③ 미래창조과학부장관은 방송통신위원회 위원장과 협의하여 진흥원의 임원 중에서 기금수입 담당 임원과 기금지출원인행위 담당 임원을, 그 직원 중에서 기금지출 직원과 기금출납 직원을 각각 임명하여야 한다. 이 경우 기금수입 담당 임원은 기금수입징수관의 업무를, 기금지출원인행위 담당 임원은 기금재무관의 업무를, 기금지출 직원은 기금지출관의 업무를, 기금출납 직원은 기금출납공무원의 업무를 각각 수행한다. 〈개정 2013.3.23., 2013.10.30.〉

제18조(기금의 운용·관리사항) ① 미래창조과학부장관과 방송통신위원회는 기금의 운용·관리 등에 필요한 세부사항을 정하여 고시할 수 있다. 그 사항을 변경하는 경우에도 또한 같다. 〈개정 2013.3.23.〉

② 기금을 출연하는 사업의 선정 및 평가 등에 필요한 사항은 미래창조과학부장관과 방송통신위원회 위원장이 정할 수 있다. 〈개정 2013.3.23.〉

제5장 방송통신 기술기준 등

제19조(방송통신설비 시험 등의 면제) 법 제28조제2항 단서에서 "대통령령으로 정하는 방송통신사업자"란 다음 각 호의 방송통신사업자를 말한다.

1. 「전기통신사업법」 제22조제1항 및 제2항에 따라 부가통신사업을 신고하거나 신고한 것으로 보는 전기통신사업자
2. 「방송법」 제2조제3호라목에 따른 방송채널사용사업자 및 같은 조 제12호에 따른 전광판방송사업자
3. 「인터넷 멀티미디어 방송사업법」 제2조제5호나목에 따른 인터넷 멀티미디어 방송 콘텐츠사업자

제20조(설계도서의 작성) ① 법 제28조제3항에 따른 설계도서는 다음 각 호의 어느 하나에 해당하는 자가 작성하여야 한다. 〈개정 2011.1.17.〉

1. 「엔지니어링산업 진흥법 시행령」 별표 1에 따른 통신ㆍ정보처리부문의 엔지니어링사업자
2. 「기술사법」 제6조제1항에 따라 기술사사무소의 개설 등록을 한 기술사로서 같은 법 시행령 별표 1에 따른 통신정보처리분야의 기술사
3. 「정보통신공사업법 시행령」 별표 6 제1호에 따른 기술계 정보통신기술자

② 미래창조과학부장관은 필요하다고 인정하는 경우에는 제1항제1호에 해당하는 자만이 설계할 수 있는 방송통신설비 설치공사의 범위를 정하여 고시할 수 있다. 〈개정 2013.3.23.〉

제21조(관리규정) ① 법 제30조에 따라 방송통신설비의 관리 규정(이하 "관리규정"이라 한다)을 정하여야 하는 방송통신사업자는 다음 각 호와 같다.

1. 「전기통신사업법」 제6조에 따라 기간통신사업의 허가를 받은 자
2. 「방송법」 제2조제3호가목부터 다목까지의 규정에 따른 지상파방송사업자ㆍ종합유선방송사업자 및 위성방송사업자
3. 「인터넷 멀티미디어 방송사업법」 제2조제5호가목에 따른 인터넷 멀티미디어 방송 제공사업자

② 관리규정에는 다음 각 호의 사항이 포함되어야 한다.

1. 방송통신설비 관리조직의 구성ㆍ직무 및 책임에 관한 사항
2. 방송통신설비의 설치ㆍ검사ㆍ운용ㆍ점검과 유지ㆍ보수에 관한 사항
3. 방송통신설비 장애 시의 조치 및 대책에 관한 사항
4. 방송통신서비스 이용자의 통신비밀보호대책에 관한 사항

제22조(표준화의 대상 및 절차) ① 법 제33조제1항 본문에 따른 방송통신 표준화의 대상은 다음 각 호와 같다. 〈개정 2013.3.23.〉

1. 방송통신기술에 관한 사항
2. 방송통신설비 및 방송통신기자재에 관한 사항
3. 방송통신망에 관한 사항
4. 방송통신서비스에 관한 사항

5. 그 밖에 미래창조과학부장관이 방송통신의 표준화를 위하여 필요하다고 인정하여 고시하는 사항

② 미래창조과학부장관은 제1항에 따른 방송통신 표준화에 관한 사항 및 「산업표준화법」에 따른 한국산업표준 간의 중복 방지를 위하여 필요하다고 인정되는 경우에는 산업통상자원부장관과 협의하여야 한다. 〈개정 2013.3.23.〉

③ 법 제33조제2항에 따라 방송통신 표준의 채택에 관한 사항을 심의하기 위하여 미래창조과학부에 방송통신표준심의회를 둔다. 〈개정 2013.3.23.〉

④ 제3항에 따른 방송통신표준심의회의 구성 및 운영 등에 필요한 세부사항은 미래창조과학부장관이 정하여 고시한다. 〈개정 2013.3.23.〉

제6장 방송통신재난의 관리

제23조(주요방송통신사업자) 법 제35조제1항에 따른 주요방송통신사업자(이하 "주요방송통신사업자"라 한다)는 다음 각 호와 같다.

1. 「전기통신사업법」 제6조에 따라 기간통신사업의 허가를 받은 자로서 그 가입자 수가 10만명 이상인 전기통신사업자
2. 「방송법 시행령」 제1조의2제1호에 따른 지상파텔레비전방송사업자. 다만, 「방송법 시행령」 제25조의2에 따른 지역방송을 하는 지상파텔레비전방송사업자는 제외한다.
3. 「방송법 시행령」 제1조의2제6호에 따른 텔레비전방송채널사용사업자 중 종합편성 또는 보도전문편성을 하는 텔레비전방송채널사용사업자

제24조(방송통신재난관리기본계획의 수립절차) ① 미래창조과학부장관 또는 방송통신위원회는 법 제36조제1항에 따라 매년 5월 31일까지 다음 연도의 방송통신재난관리기본계획의 수립지침을 작성하여 주요방송통신사업자에게 통보하여야 한다. 〈개정 2013.3.23.〉

② 주요방송통신사업자는 제1항에 따른 수립지침에 따라 다음 연도의 방송통신재난관리계획을 수립하여 매년 7월 31일까지 미래창조과학부장관 또는 방송통신위원회에 제출하여야 한다. 〈개정 2013.3.23.〉

③ 미래창조과학부장관 또는 방송통신위원회는 법 제36조제3항에 따라 다음 연도의 방송통신재난관리기본계획을 매년 9월 30일까지 확정하여야 한다. 〈개정 2013.3.23.〉

제25조(방송통신설비의 통합 운용) ① 미래창조과학부장관 또는 방송통신위원회는 법 제37조제1항에 따른 방송통신설비의 통합 운용을 위하여 다음 각 호의 조치를 할 수 있다. 〈개정 2013.3.23.〉

1. 방송통신사업자 및 방송통신사업용으로 사용되지 아니한 방송통신설비(이하 "자가방송통신설비"라 한다)의 보유자에게 각자가 운영하거나 보유하고 있는 설비에 관한 정보를 상호 교환하게 하는 조치
2. 미래창조과학부장관 또는 방송통신위원회가 지정하는 전담기관으로 하여금 방송통신사

업자 및 자가방송통신설비 보유자가 운영하거나 보유하고 있는 설비에 관한 정보가 수록된 데이터베이스를 구축하게 하는 조치

3. 미래창조과학부장관 또는 방송통신위원회가 지정하는 전담기관으로 하여금 제2호에 따른 데이터베이스의 정보를 공유하게 하는 조치

② 방송통신사업자는 법 제37조제1항에 따른 방송통신설비의 통합운용이 필요한 경우 다른 방송통신사업자 또는 자가방송통신설비의 보유자에게 방송통신설비의 통합 운용을 요청할 수 있다. 이 경우 방송통신설비의 통합 운용을 요청받은 자는 특별한 사유가 없으면 그 요청에 따라야 한다.

③ 방송통신사업자는 다른 방송통신사업자 또는 자가방송통신설비의 보유자가 제2항에 따른 방송통신설비의 통합 운용 요청에 따르지 아니하는 경우에는 미래창조과학부장관 또는 방송통신위원회에 조정을 신청할 수 있다. 〈개정 2013.3.23.〉

④ 미래창조과학부장관 또는 방송통신위원회는 직권으로 또는 제3항에 따른 조정신청에 따라 방송통신사업자 또는 자가방송통신설비의 보유자에게 방송통신설비의 통합 운용을 명할 수 있다. 〈개정 2013.3.23.〉

제26조(대책본부의 구성 · 운영) ① 법 제39조에 따른 방송통신재난 대책본부(이하 "대책본부"라 한다)는 방송통신재난복구와 직접 관련이 있는 중앙행정기관의 소속 공무원 및 주요방송통신사업자의 소속 직원으로 구성한다.

② 미래창조과학부장관은 방송통신재난에 신속하게 대처할 수 있도록 대책본부의 구성방법을 미리 정하여 제1항에 따른 중앙행정기관의 장과 주요방송통신사업자에게 알려야 한다. 〈개정 2013.3.23.〉

③ 대책본부의 장은 대책본부를 대표하고, 다음 각 호의 업무를 총괄한다.

1. 주요방송통신사업자의 긴급복구 물자동원 및 복구활동의 지휘 · 통제
2. 긴급복구체계의 정립 및 주요방송통신사업자 간 역할 분담 등 효율적인 긴급복구 활동을 위한 대책의 수립
3. 방송통신재난지역의 방송통신 지원
4. 그 밖에 대책본부의 장이 필요하다고 인정하는 사항

④ 대책본부의 장은 대책본부를 효율적으로 운영하기 위하여 주요방송통신사업자에게 소속 직원의 파견을 요청할 수 있다. 이 경우 주요 방송통신사업자는 특별한 사유가 없으면 파견 요청에 따라야 한다.

⑤ 제1항부터 제4항까지에서 규정한 사항 외에 대책본부의 구성 · 운영에 필요한 사항은 대책본부의 장이 정한다.

제27조(주요방송통신사업자의 보고) 주요방송통신사업자는 법 제39조제4항에 따라 방송통신재난이 발생한 때부터 종료될 때까지 피해상황, 복구상황 및 처리대책 등을 수시로 미래창조과학부장관(대책본부가 구성되지 아니하는 경우에만 해당한다) 또는 대책본부에 보고하여야 한다. 〈개정 2013.3.23.〉

제28조(재난방송 등) ① 미래창조과학부장관 또는 방송통신위원회는 법 제40조제2항 전단에 따라

방송사업자 또는 인터넷 멀티미디어 방송사업자에게 재난방송 또는 민방위경보방송을 요청하려는 경우에는 문서(전자문서를 포함한다)로 하여야 한다. 다만, 재해 또는 재난의 예방을 위하여 긴급한 사유가 있는 경우에는 전화·모사전송 등의 방법으로 할 수 있다. 〈개정 2012.7.31., 2013.3.23.〉

② 미래창조과학부장관 또는 방송통신위원회는 제1항에 따라 재난방송 또는 민방위경보방송을 요청하는 경우에는 다음 각 호의 사항을 명시하여야 한다. 〈개정 2012.7.31., 2013.3.23.〉

1. 재해, 재난 또는 민방위사태의 상황
2. 기상상황 및 기상특보 발표 내용(자연현상으로 인하여 발생하는 재해 또는 재난의 경우만 해당한다)
3. 재해, 재난 또는 민방위사태 유형별 국민행동요령
4. 그 밖에 재해, 재난 또는 민방위사태의 피해를 예방하거나 줄이기 위하여 필요한 사항

③ 법 제40조제4항에 따른 재난방송 및 민방위경보방송의 기준 및 방법은 다음 각 호와 같다. 〈개정 2012.7.31.〉

1. 「방송법」 제43조제1항에 따른 한국방송공사를 재난방송 및 민방위경보방송의 주관기관으로 지정할 것
2. 재난방송 및 민방위경보방송의 주관기관과 다른 방송사업자 간의 권한과 책임을 구분할 것
3. 재해, 재난 또는 민방위사태 관련 피해자의 사생활 보호에 유의할 것
4. 재해, 재난 상황 또는 민방위사태 및 그 복구상황을 정확하게 방송할 것
5. 재해, 재난 또는 민방위사태의 관리를 관장하는 행정기관의 장의 발표내용을 반영할 것

④ 제3항에 따른 재난방송 및 민방위경보방송의 기준 및 방법 등에 관하여 필요한 세부사항은 미래창조과학부장관 또는 방송통신위원회가 정하여 고시한다. 〈개정 2012.7.31., 2013.3.23.〉

⑤ 법 제40조제1항 및 제2항에 따른 재난방송 및 민방위경보방송의 방송시간은 「방송법 시행령」 제50조·제51조·제52조의2·제57조 및 제58조에 따른 방송프로그램 편성비율의 계산에 포함되지 아니한다. 〈개정 2012.7.31.〉

[제목개정 2012.7.31.]

제7장 보 칙

제29조(자료 제출) 미래창조과학부장관 또는 방송통신위원회는 법 제42조 본문에 따라 방송통신사업자에게 통계 등 관련 자료의 제출을 요청하는 경우에는 5일 이상의 제출기간을 두어야 한다. 다만, 방송 관련 각종 시책의 수립 및 시행을 위하여 긴급하거나 불가피한 사유가 있는 경우에는 그러하지 아니하다. 〈개정 2013.3.23.〉

제30조(권한의 위임·위탁) ① 미래창조과학부장관 또는 방송통신위원회는 법 제44조제1항에 따라 법 제33조제1항 및 제2항에 따른 방송통신 표준화의 추진, 그 표준화의 권고 및 방송통신 표준 채택의 고시에 관한 권한을 국립전파연구원장에게 위임한다. 〈개정 2011.8.19., 2013.3.23.〉

② 미래창조과학부장관 또는 방송통신위원회는 법 제44조제1항에 따라 다음 각 호의 권한을 중앙전파관리소장에게 위임한다. 〈개정 2013.3.23.〉

1. 법 제28조제5항에 따른 방송통신설비에 대한 조사 및 시험
2. 법 제31조에 따른 방송통신설비의 설치자에 대한 시정이나 그 밖에 필요한 조치의 명령
3. 법 제43조제1항에 따른 방송통신설비의 설치자에 대한 보고 요구 및 방송통신설비 등에 대한 검사
4. 법 제43조제2항에 따른 방송통신설비의 제거 및 그 밖에 필요한 조치의 명령
5. 법 제48조제2항제1호부터 제4호까지, 제8호 및 제9호에 따른 과태료의 부과·징수

③ 미래창조과학부장관 또는 방송통신위원회는 법 제44조제1항에 따라 다음 각 호의 업무를 진흥원에 위탁한다. 〈개정 2013.3.23.〉

1. 법 제16조에 따른 시책의 시행에 관한 업무
2. 법 제18조제1항에 따른 방송통신 연구기관 및 단체에 대한 지원업무
3. 법 제19조제1항에 따른 연구활동의 지원업무
4. 법 제21조에 따른 방송통신 전문인력 양성계획의 시행에 관한 업무

제30조의2(규제의 재검토) 미래창조과학부장관은 제19조에 따른 방송통신설비의 시험 및 기록·관리 의무가 면제되는 방송통신사업자의 범위에 대하여 2014년 1월 1일을 기준으로 3년마다(매 3년이 되는 해의 1월 1일 전까지를 말한다) 그 타당성을 검토하여 개선 등의 조치를 하여야 한다.

[본조신설 2013.12.30.]

제8장 벌 칙

제31조(과태료의 부과기준) ① 법 제48조제1항 및 제2항에 따른 과태료의 부과기준은 별표와 같다.

② 방송통신위원회는 위반행위의 정도, 위반행위의 동기와 그 결과 등을 고려하여 별표에 따른 과태료 금액의 2분의 1의 범위에서 그 금액을 늘리거나 줄일 수 있다.

[별표] 〈개정 2012.7.31〉

과태료의 부과기준(제31조제1항 관련)

(단위 : 만원)

위반행위	해당 법조문	과태료 금액
1. 법 제28조제2항에 따른 시험을 하지 않거나 그 결과를 기록·관리하지 않은 경우	법 제48조제2항제1호	500
2. 법 제28조제5항에 따른 조사·시험을 거부 또는 기피하거나 이에 지장을 주는 행위를 한 경우	법 제48조제2항제2호	500
3. 법 제30조에 따른 관리 규정을 정하지 않고 방송통신설비를 관리한 경우	법 제48조제2항제3호	500
4. 법 제31조에 따른 명령을 위반한 경우	법 제48조제2항제4호	500
5. 법 제36조제2항에 따른 방송통신재난관리계획을 제출하지 않은 경우	법 제48조제2항제5호	500
6. 법 제38조에 따른 방송통신재난의 보고를 하지 않거나 거짓으로 보고한 경우	법 제48조제2항제6호	500
7. 법 제39조제4항에 따른 피해복구 진행 상황 등의 보고를 하지 않거나 거짓으로 보고한 경우	법 제48조제2항제7호	500
8. 법 제40조제2항을 위반하여 특별한 사유 없이 재난방송 또는 민방위경보방송을 하지 않은 경우	법 제48조제1항	1,500
9. 법 제43조제1항에 따른 보고를 하지 않거나 거짓으로 보고한 경우	법 제48조제2항제8호	500
10. 법 제43조제1항에 따른 검사를 거부·방해 또는 기피한 경우	법 제48조제2항제9호	500

부 칙

〈제25393호, 2014.6.25.〉 (과학기술분야 정부출연연구기관 등의 설립·운영 및 육성에 관한 법률 시행령)

제1조(시행일) 이 영은 2014년 6월 29일부터 시행한다.

제2조(다른 법령의 개정) ①부터 ③까지 생략

④ 방송통신발전 기본법 시행령 일부를 다음과 같이 개정한다.

제3조제2항제3호 중 "「과학기술분야 정부출연연구기관 등의 설립·운영 및 육성에 관한 법률」 제2조제1호"를 "「과학기술분야 정부출연연구기관 등의 설립·운영 및 육성에 관한 법률」 제2조"로 한다.

⑤부터 ⑫까지 생략

[부록 3]

지능형 홈네트워크설비 설치 및 기술기준

국토교통부고시 제2013-889호

제1장 총 칙

제1조(목적) 이 기준은 「주택법」(이하 "법"이라 한다) 제2조제8호와 「주택건설기준 등에 관한 규정」(이하 "주택건설기준"이라 한다) 제32조의2에 따라 지능형 홈네트워크(이하 "홈네트워크"라 한다) 설비의 설치 및 기술적 사항에 관하여 위임된 사항과 그 시행에 관하여 필요한 사항을 규정함을 목적으로 한다.

제2조(적용범위) 이 기준은 법 및 주택건설기준에 따라 홈네트워크설비를 설치하고자 하는 경우에 적용한다.

제3조(용어정의) 이 기준에서 사용하는 용어의 뜻은 다음과 같다.

1. "홈네트워크망"이란 홈네트워크설비를 연결하는 것을 말하며 다음 각 목으로 구분한다.
   가. 단지망 : 집중구내통신실에서 세대까지를 연결하는 망
   나. 세대망 : 전유부분(각 세대 내)을 연결하는 망
2. "홈게이트웨이(홈서버를 포함한다. 이하 같다)"란 세대망과 단지망을 상호 접속하는 장치로서, 세대내에서 사용되는 홈네트워크 기기들을 유무선 네트워크 기반으로 연결하고 홈네트워크 서비스를 제공하는 기기를 말한다.
3. "월패드"란 세대 내의 홈네트워크 시스템을 제어할 수 있는 기기를 말한다.
4. "단지네트워크장비"란 세대 내 홈게이트웨이(단 웰패드가 홈게이트웨이 기능을 포함하는 경우는 월패드로 대체 가능)와 단지서버 간의 통신 및 보안을 수행하는 장비로서, 백본(back-bone), 방화벽(Fire Wall), 워크그룹스위치 등을 말한다.
5. "단지서버"란 단지 내 설치되어 홈네트워크설비를 총괄적으로 관리하며, 각종 데이터 저장, 단지 공용시스템 및 세대내 홈게이트웨이와 연동하여 단지 정보 및 서비스를 제공해 주는 기기를 말한다.
6. "예비 전원장치"란 전원 공급이 중단될 경우 무정전 전원장치 또는 발전기 등에 의한 비상전원을 공급하는 홈네트워크설비 등을 보호하기 위한 장치를 말한다.
7. "원격제어기기"란 주택 내부 및 외부에서 원격으로 제어할 수 있는 기기로서 가스밸브제어기, 조명제어기, 난방제어기 등을 말한다.
8. "감지기"란 가스누설이나 주거침입 상황 등 세대내의 상황을 감지하는데 필요한 기기로서 화재감지기(화재수신반 연동), 가스감지기, 개폐감지기, 동체감지기, 환경감지기(VOC, 온·습도, CO_2 감지) 등을 말한다.
9. "주동출입시스템"이란 비밀번호나 출입카드 등으로 출입문을 개폐할 수 있고, 관리실 또

는 세대와 통신하여 방문자의 출입 인가 여부를 결정할 수 있도록 주동출입구 및 지하주차장 출입구에 설치하는 시스템을 말한다.

10. “원격검침시스템”이란 세대 내의 전력, 가스, 난방, 온수, 수도 등의 사용량 정보를 네트워크 등을 통하여 사용자에게 알려주는 시스템을 말한다.
11. “차량출입시스템”이란 단지에 출입하는 차량의 등록여부를 확인하고 출입을 관리하는 시스템을 말한다.
12. “전자경비시스템”이란 세대 내에 침입자나 화재 등 비상사태가 발생할 경우 이를 자동으로 감지하여 신호를 경비실 또는 관리실 등에 자동으로 통보하는 시스템을 말한다.
13. “무인택배시스템”이란 택배화물, 등기우편물 등 배달물품을 서비스 제공자와 공동주택 입주자 사이에 직접적인 대면 없이 안전하게 주고받을 수 있는 시스템을 말한다.
14. “세대단자함”이란 세대 내에 들어가는 통신선로, 종합유선방송설비 또는 홈네트워크설비 등의 배선을 효율적으로 분배 · 접속하기 위하여 이용자의 전용공간에 설치되는 분배함을 말한다.
15. “세대통합관리반”이란 세대단자함의 기능을 포함하고 홈게이트웨이와 홈네트워크시스템의 중앙장치가 추가된 캐비넷이나 실 형태로 전유부분에 설치하는 공간을 말한다.
16. “통신배관실”(TPS실)이란 통신용 파이프 샤프트 및 통신단자함을 설치하기 위한 공간을 말한다.
17. “집중구내통신실”(MDF실)이란 국선 · 국선단자함 또는 국선배선반과 초고속통신망장비 등 각종 구내통신용 설비를 설치하기 위한 공간을 말한다.
18. “방재실”이란 단지 내 방범, 방재, 안전 등을 위한 설비를 설치하기 위한 공간을 말한다.
19. “단지서버실”이란 단지서버를 설치하기 위한 공간을 말한다.
20. “단지네트워크센터”란 집중구내통신실과 방재실, 단지서버실을 동일건물에 통합설치하기 위한 공간을 말한다.

제4조(홈네트워크설비 설치) ① 공동주택에 홈네트워크를 설치하는 경우에는 다음 각 호의 설비를 갖추어야 한다.

1. 홈네트워크망
   가. 단지망
   나. 세대망
2. 홈네트워크장비
   가. 홈게이트웨이
   나. 월패드
   다. 단지네트워크장비
   라. 단지서버
   마. 폐쇄회로 텔레비전장비
   바. 예비전원장치

3. 원격제어기기
   가. 가스밸브제어기
   나. 조명제어기
   다. 난방제어기
4. 감지기
   가. 가스감지기
   나. 개폐감지기
5. 단지공용시스템
   가. 주동출입시스템
   나. 원격검침시스템
6. 홈네트워크설비 설치공간
   가. 세대단자함 또는 세대통합관리반
   나. 통신배관실(TPS실)
   다. 집중구내통신실(MDF실)
   라. 단지서버실
   마. 방재실

② 제1항제6호 라목의 단지서버실을 위하여 독립된 공간을 확보할 수 없을 때에는 별도로 단지서버실을 설치하지 않고, 단지서버를 집중구내통신실이나 방재실 내에 설치할 수 있다.

③ 홈네트워크설비를 설치하고자 할 경우 구내의 배관, 배선, 종단장치 등은 산업통상자원부의 「전기통신설비의 기술기준에 관한 규정」에 따라 설치되어야 한다.

제2장 전유부분 홈네트워크설비의 설치기준

제5조(홈게이트웨이) ① 홈게이트웨이는 세대단자함 또는 세대통합관리반에 설치할 수 있다.

② 세대단자함 또는 세대통합관리반에 설치되는 홈게이트웨이는 벽에 부착할 수 있어야 하며 동작에 필요한 전원이 공급되어야 한다.

③ 홈게이트웨이는 이상전원 발생 시 제품을 보호할 수 있는 기능을 내장하여야 하며, 동작상태와 케이블의 연결상태를 쉽게 확인할 수 있는 구조로 설치하여야 한다.

제6조(월패드) ① 월패드에는 조작을 위한 전원이 공급되어야 하며, 이상전원 발생 시 제품을 보호할 수 있는 기능을 내장하여야 한다.

② 월패드는 사용자의 조작을 고려한 위치 및 높이에 설치하여야 한다.

③ 월패드에서 원격제어 되는 조명제어기, 난방제어기 등 모든 원격제어기기에는 수동으로 조작하는 스위치를 설치하여야 한다.

제7조(원격제어기기) ① 취사용 가스밸브는 원격제어가 가능한 가스밸브제어기를 설치하여야 한다. 단 취사용 가스밸브제어기가 여러개인 경우에는 이를 통합 제어할 수 있어야 한다.

② 원격제어가 가능한 조명제어기를 세대안에 1구 이상 설치하여야 한다.

③ 디지털 도어락은 월패드와 유선 또는 무선으로 연동시켜 설치하여야 한다. 이 때 유선인 경우는 배관·배선으로 하여야 한다.

제8조(감지기) ① 감지기에는 동작에 필요한 전원이 공급되어야 한다.

② 가스감지기는 사용하는 가스가 LNG인 경우에는 천장 쪽에, LPG인 경우에는 바닥 쪽에 설치하여야 한다.

③ 개폐감지지는 현관출입문 상단에 설치하며 단독배선하여야 한다.

④ 동체감지기는 유효감지반경을 고려하여 설치하여야 한다.

제9조(세대단자함) ① 세대단자함은 골조공사시 변형이 생기지 않도록 세대단자함의 재질 및 보강방법을 고려하여 설치하여야 한다.

② 세대단자함에는 전원 공급용 배관 및 배선을 설치하여야 하고, 내부발열 및 기기소음에 대한 사항을 고려하여야 한다.

③ 세대단자함은 유지보수를 고려한 위치에 설치하여야 한다.

④ 세대단자함은 500mm×400mm×80mm(깊이) 크기로 설치할 것을 권장한다.

제10조(세대통합관리반) ① 세대통합관리반은 실 형태나 캐비넷 형태로 설치하고, 실 형태로 설치하는 경우에는 유지관리를 고려한 위치에 설치하여야 한다.

② 세대통합관리반에는 전원을 공급하여야 하며, 내부발열 및 기기소음에 대한 사항을 고려하여야 한다.

제11조(예비전원장치) ① 세대 내 홈네트워크설비에는 정전 시 예비전원이 공급될 수 있도록 하여야 한다.

② 예비전원장치는 진동 및 발열로 인한 성능저하 등을 고려하여 설치하여야 한다.

제3장 공용부분 홈네트워크설비의 설치기준

제12조(단지네트워크장비) ① 단지네트워크장비는 집중구내통신실 또는 통신배관실에 설치하여야 한다.

② 단지네트워크장비에는 전원 공급을 위한 배관 및 배선을 설치하여야 한다.

③ 단지네트워크장비는 외부인으로부터 직접적인 접촉이 되지 않도록 별도의 함체나 랙(rack)으로 설치하며, 함체나 랙에는 외부인의 조작을 막기 위한 잠금장치를 하여야 한다.

제13조(단지서버) ① 단지서버는 단지서버실에 설치할 것을 권장하나 집중구내통신실 또는 방재실에 설치할 수 있다. 다만 집중구내통신실에 설치하는 때에는 보안을 고려하여 폐쇄회로 텔레비전 등을 설치하여야 한다.

② 단지서버는 랙 시스템의 보관장치에 설치하는 것을 권장한다.

③ 단지서버는 외부인의 조작을 막기 위한 잠금장치를 하여야 한다.

④ 단지서버는 상온·상습인 곳에 설치하여야 한다.

제14조(폐쇄회로 텔레비전장비) ① 폐쇄회로 텔레비전장비의 카메라는 주차장, 주동출입구, 어린이 놀이터, 엘리베이터 등에 설치할 것을 권장한다.

② 제1항의 규정에 의하여 폐쇄회로 텔레비전장비를 설치하는 때에는 설치되는 대상시설의 주요부분 등이 조망될 수 있게 설치하여야 한다.

③ 폐쇄회로 텔레비전의 영상은 필요시 거주자에게 제공될 수 있도록 관련 설비를 설치하여야 한다.

④ 렌즈를 포함한 폐쇄회로 텔레비전장비는 결로되거나 빗물이 스며들지 않도록 설치하여야 한다.

제15조(예비전원장치) ① 집중구내통신실, 통신배관실, 단지서버실 및 방재실, 주동출입시스템, 전자경비시스템 등에 설치하는 공용부분 홈네트워크설비에는 정전 시 예비전원이 공급될 수 있도록 하여야 한다.

② 예비전원장치는 진동 및 발열로 인한 성능 저하 등을 고려하여 설치하여야 한다.

제16조(주동출입시스템) ① 주동출입시스템은 지상의 주동 현관과 지하주차장과 주동을 연결하는 출입구에 설치하여야 한다.

② 주동출입시스템은 화재발생 등 비상 시 소방시스템과 연동되어 주동현관이나 지하주차장의 자동문의 잠김상태가 자동으로 풀려야 한다.

③ 주동출입시스템은 매립형으로 설치하고 주동설계시 강우를 고려하여 설계하거나 강우에 대비한 차단설비(날개벽, 차양 등)를 설치하여야 한다.

④ 자동문의 경우 프레임 내부에 접지단자를 설치하여야 한다.

⑤ 주동출입시스템과 세대의 월패드 사이에는 통신이 가능하도록 해야 한다.

제17조(원격검침시스템) ① 각 세대별 원격검침장치는 운용시스템의 동작불능 시에도 계속 동작이 가능하도록 하여야 한다.

② 세대별 원격검침장치의 전원은 정전 시에도 동작이 가능하게 구성하여야 하고, 그렇지 못한 경우를 대비하여 정전시 각 세대별 원격검침장치는 데이터 값을 저장 및 기억할 수 있도록 하여야 한다.

제18조(차량출입시스템) ① 차량출입시스템은 단지 주출입구에 설치하되 차량의 진·출입에 지장이 없도록 하여야 한다.

② 등록차량 확인과 문제발생시 관리자와 통화할 수 있는 설비(폐쇄회로 텔레비전장비와 인터폰 등)를 설치하여야 한다.

③ 차량출입시스템 서버와 단지서버간 통신배선을 연결하여야 한다.

제19조(무인택배시스템) ① 무인택배시스템은 휴대폰·이메일을 통한 문자서비스(SMS) 및 월패드 알림서비스를 제공하는 제어부와 무인택배함으로 구성하여야 한다.

② 무인택배함의 설치수량은 소형주택의 경우 세대수의 약 10~15%, 중형주택 이상은 세대수의 15~20%로 정도 설치할 것을 권장한다.

제20조(통신배관실) ① 통신배관실은 유지관리를 용이하게 할 수 있도록 하여야 하며 통신배관을 위한 공간을 확보하여야 한다.

② 통신배관실내의 트레이(tray) 설치용 개구부는 화재 시 층간 확대를 방지하도록 방화처리제를 사용하여야 한다.

③ 통신배관실은 외부인으로부터의 보안을 위하여 출입문은 최소 폭 0.7미터, 높이 1.8미터 이상(문틀의 외측치수)의 잠금장치가 있는 출입문으로 설치하여야 하며, 관계자외 출입통제 표시를 부착하여야 한다.

④ 통신배관실은 외부의 청소 등에 의한 먼지, 물 등이 들어오지 않도록 50밀리미터 이상의 문턱을 설치하여야 한다. 다만 차수판 또는 차수막을 설치하는 때에는 그러하지 아니하다.

제21조(집중구내통신실) ① 집중구내통신실은 「전기통신설비의 기술기준에 관한 규정」 제19조에 따라 설치하여야 한다.

② 집중구내통신실은 독립적인 출입구를 설치하여야 한다.

③ 집중구내통신실에는 보안을 위한 잠금장치를 설치하여야 한다.

④ 집중구내통신실에는 적정온도의 유지를 위한 냉방시설 및 냉방기 고장 시 실내온도 상승을 억제하기 위한 흡배기용 환풍기를 설치하여야 한다.

제22조(단지서버실) ① 단지서버실은 3제곱미터 이상으로 한다.

② 단지서버실의 바닥은 이중바닥방식으로 설치하여야 한다.

③ 단지서버실은 단지서버의 성능을 위한 항온·항습장치를 설치하여야 한다.

④ 출입문은 폭 0.9미터, 높이 2미터 이상(문틀의 외측치수)의 잠금장치가 있는 출입문으로 설치하며, 관계자 외 출입통제 표시를 부착하여야 한다.

제23조(방재실) ① 방재실에는 홈네트워크 관련 설비를 설치하기 위한 공간을 확보하여야 한다.

② 방재실 바닥은 이중바닥방식으로 설치하여야 한다.

③ 방재실은 공동주택의 각 세대 및 경비실 등과 유·무선통화를 할 수 있도록 하여야 한다.

④ 방재실에는 보안을 위한 잠금장치를 설치하여야 한다.

⑤ 방재실에는 방재실 내 장비들의 성능을 위한 항온·항습장치를 설치하여야 한다.

제24조(단지네트워크센터) 단지네트워크센터는 통합관리가 가능하도록 집중구내통신실, 단지서버실과 방재실을 인접시켜 설치하여야 한다.

제4장 홈네트워크설비의 기술기준

제25조(기기인증 등) ① 홈네트워크 기기는 산업통상자원부의 인증규정에 따른 기기인증을 받은 제품이거나 이와 동등한 성능의 적합성 평가 또는 시험성적서를 받은 제품을 설치하여야 한다.

② 기기인증 관련 기술기준이 없는 기기의 경우 인증 및 시험을 위한 규격은 산업표준화법에 따른 한국산업표준(KS)을 우선 적용하며, 필요에 따라 정보통신단체표준 등과 같은 관련 단체 표준을 따른다.

③ 홈네트워크 기기 중 홈게이트웨이는 세대 내의 홈네트워크 기기들 및 단지서버 간의 상호 연동이 가능한 기능(한국산업표준 KS X 4501에 적합한 기능)을 갖추어야 한다.

제26조(기기의 호환 등) ① 홈네트워크 기기 중 원격제어기기, 감지기는 기기간의 호환이 가능하도록 구성하여야 한다.

② 홈네트워크 기기는 하자담보기간과 내구연한을 표시하여야 한다.

③ 홈네트워크 기기의 예비부품은 5% 이상 5년간 확보할 것을 권장하며, 이 경우 제2항의 규정에 따른 내구연한을 고려하여야 한다.

제5장 행정사항

제27조(규제의 재검토) 국토교통부장관은 「행정규제기본법」 제8조 및 「훈령 · 예규 등의 발령 및 관리에 관한 규정」(대통령훈령 제248호)에 따라 이 고시에 대하여 2014년 1월 1일을 기준으로 매 3년이 되는 시점(매 3년째의 12월 31일까지를 말한다)마다 그 타당성을 검토하여 개선 등의 조치를 하여야 한다.

부 칙

제1조(시행일) 이 고시는 2014년 1월 1일부터 시행한다.

[부록 4]

방송통신기술기준에 사용하는 용어의 정의

1) 방송통신설비의 기술기준에 관한 규정에서 사용하는 용어

1. "사업용방송통신설비"란 방송통신서비스를 제공하기 위한 방송통신설비로서 다음 각 목의 설비를 말한다.
   가. 「전기통신기본법」 제7조에 따른 기간통신사업자 · 별정통신사업자 및 부가통신사업자(이하 "사업자"라 한다)가 설치 · 운용 또는 관리하는 방송통신설비
   나. 「방송법」 제2조제14호에 따른 전송망사업자가 설치 · 운용 또는 관리하는 방송통신설비(이하 "전송망사업용설비"라 한다)
   다. 「인터넷 멀티미디어 방송사업법」 제2조제5호가목에 따른 인터넷 멀티미디어 방송제공사업자가 설치 · 운용 또는 관리하는 방송통신설비
2. "이용자방송통신설비"란 방송통신서비스를 제공받기 위하여 이용자가 관리 · 사용하는 구내통신선로설비, 이동통신구내선로설비, 방송공동수신설비, 단말장치 및 전송설비 등을 말한다.
3. "국선"이란 사업자의 교환설비로부터 이용자방송통신설비의 최초 단자에 이르기까지의 사이에 구성되는 회선을 말한다.
4. "국선접속설비"란 사업자가 이용자에게 제공하는 국선을 수용하기 위하여 설치하는 국선수용단자반 및 이상전압전류에 대한 보호장치 등을 말한다.
5. "방송통신망"이란 방송통신을 행하기 위하여 계통적 · 유기적으로 연결 · 구성된 방송통신설비의 집합체를 말한다.
6. "전력선통신"이란 전력공급선을 매체로 이용하여 행하는 통신을 말한다.
7. "강전류전선"이란 전기도체, 절연물로 싼 전기도체 또는 절연물로 싼 것의 위를 보호피막으로 보호한 전기도체 등으로서 300볼트 이상의 전력을 송전하거나 배전하는 전선을 말한다.
8. "교환설비"란 다수의 전기통신회선(이하 "회선"이라 한다)을 제어 · 접속하여 회선 상호간의 방송통신을 가능하게 하는 교환기와 그 부대설비를 말한다.
9. "전송설비"란 교환설비 · 단말장치 등으로부터 수신된 방송통신콘텐츠를 변환 · 재생 또는 증폭하여 유선 또는 무선으로 송신하거나 수신하는 설비로서 전송단국장치 · 중계장치 · 다중화장치 · 분배장치 등과 그 부대설비를 말한다.
10. "선로설비"란 일정한 형태의 방송통신콘텐츠를 전송하기 위하여 사용하는 동선 · 광섬유 등의 전송매체로 제작된 선조 · 케이블 등과 이를 수용 또는 접속하기 위하여 제작된 전주 · 관로 · 통신터널 · 배관 · 맨홀(manhole) · 핸드홀(handhole) · 배선반 등과 그 부대설비를 말한다.
11. "전력유도"란 「철도건설법」에 따른 고속철도나 「도시철도법」에 따른 도시철도 등 전

기를 이용하는 철도시설(이하 "전철시설"이라 한다) 또는 전기공작물 등이 그 주위에 있는 방송통신설비에 정전유도나 전자유도 등으로 인한 전압이 발생되도록 하는 현상을 말한다.

12. "전원설비"란 수변전장치, 정류기, 축전지, 전원반, 예비용 발전기 및 배선 등 방송통신용 전원을 공급하기 위한 설비를 말한다.
13. "단말장치"란 방송통신망에 접속되는 단말기기 및 그 부속설비를 말한다.
14. "구내통신선로설비"란 국선접속설비를 제외한 구내 상호간 및 구내·외간의 통신을 위하여 구내에 설치하는 케이블, 선조(線條), 이상전압전류에 대한 보호장치 및 전주와 이를 수용하는 관로, 통신터널, 배관, 배선반, 단자 등과 그 부대설비를 말한다.
15. "이동통신구내선로설비"란 사업자로부터 이동통신서비스 및 휴대인터넷서비스 등을 제공받기 위하여 건축물에 건축주가 설치·관리하는 설비로서 관로·전원단자·통신용접지설비와 그 부대시설을 말한다.
16. "주거용건축물"이란 「건축법 시행령」 별표 1 제1호 및 제2호에 따른 단독주택 및 공동주택을 말한다.
17. "업무용건축물"이란 「건축법 시행령」 별표 1 제14호에 따른 업무시설을 말한다.
18. "정보통신설비"란 유선·무선·광선이나 그 밖에 전자적 방식에 따라 부호·문자·음향 또는 영상 등의 정보를 저장·제어·처리하거나 송수신하기 위한 기계·기구·선로나 그 밖에 필요한 설비를 말한다.
19. "저압"이란 직류는 750볼트 이하, 교류는 600볼트 이하인 전압을 말한다.
20. "고압"이란 직류는 750볼트, 교류는 600볼트를 초과하고 각각 7,000볼트 이하인 전압을 말한다.
21. "특고압"이란 7,000볼트를 초과하는 전압을 말한다.
22. "국선단자함"이란 국선과 구내간선케이블 또는 구내케이블을 종단하여 상호 연결하는 통신용 분배함을 말한다.

2) 접지설비·구내통신설비·선로설비 및 통신공동구 기술기준에서 사용하는 용어

1. "급전선"이라 함은 이동통신서비스 또는 휴대인터넷서비스 등에 사용되는 무선송수신기와 안테나간에 연결하는 선로를 말한다. 〈삭제〉
2. "통신선"이라 함은 절연물로 피복한 전기도체 또는 절연물로 피복한 위를 보호피복으로 보호한 전기도체 및 광섬유 등으로써 통신용으로 사용하는 선을 말한다.
3. "이격거리"라 함은 통신선과 타물체(통신선을 포함한다)가 기상조건에 의한 위치의 변화에 의하여 가장 접근한 경우의 거리를 말한다.
4. "강전류절연전선"이라 함은 절연물만으로 피복되어 있는 강전류전선을 말한다.
5. "강전류케이블"이라 함은 절연물 및 보호물로 피복되어 있는 강전류전선을 말한다.
6. "강풍지역"이라 함은 벌판, 도서 또는 해안에 인접한 지역 등으로서 바람의 영향을 많이 받는 곳을 말한다.
7. "회선"이라 함은 전기통신의 전송이 이루어지는 유형 또는 무형의 계통적 전기통신로를

말하며, 그 용도에 따라 국선 및 구내선 등으로 구분한다.

8. "기타건축물"이라 함은 업무용건축물 및 주거용건축물을 제외한 건축물을 말한다.
9. "이용자"라 함은 구내통신설비를 소유하거나 사용하는 자를 말한다.
10. "사업자"라 함은 방송통신서비스를 제공하는 방송통신사업자를 말한다.
11. "구내간선케이블"이라 함은 국선단자함에서 동단자함 또는 동단자함에서 동단자함까지(건물간 구간)를 연결하는 통신케이블을 말한다.
12. "건물간선케이블"이라 함은 동단자함에서 층단자함까지 또는 층단자함에서 다른 층의 층단자함까지(건물 내 수직 구간)를 연결하는 통신케이블을 말한다.
13. "수평배선케이블"이라 함은 층단자함에서 통신인출구까지(건물 내 수평 구간)를 연결하는 통신케이블을 말한다.
14. "홈네트워크 주장치(홈게이트웨이, 월패드, 홈서버 등을 포함한다)"라 함은 세대 내에서 사용되는 홈네트워크 기기들을 유·무선 네트워크 기반으로 연결하고 홈네트워크 서비스를 제공하는 기기를 말한다.
15. "동단자함"이라 함은 구내간선케이블 및 건물간선케이블을 종단하여 상호 연결하는 통신용 분배함을 말한다.
16. "층단자함"이라 함은 건물간선케이블 및 수평배선케이블을 종단하여 상호 연결하는 통신용 분배함을 말한다.
17. "세대단자함"이라 함은 세대 내에 인입되는 통신선로, 방송공동수신설비 또는 홈네트워크설비 등의 배선을 효율적으로 분배·접속하기 위하여 이용자의 주거전용면적에 포함되는 실내공간에 설치되는 분배함을 말한다.
18. "세대 내 성형배선"(이하 "성형배선"이라 한다)이라 함은 세대단자함 또는 이와 동등한 기능이 있는 단자함에서 각 인출구로 직접 배선되는 방식을 말한다.
20. "중계장치"라 함은 선로의 도달이 어려운 지역을 해소하기 위해 사용하는 증폭장치 등을 말한다.

3) 방송 공동수신설비의 설치기술기준에서 사용하는 용어

1. "방송 공동수신설비"란 방송 공동수신 안테나 시설과 종합유선방송 구내전송선로설비를 말한다.
2. "방송 공동수신 안테나 시설"이란 지상파텔레비전방송, 위성방송 및 에프엠(FM)라디오 방송을 공동으로 수신하기 위하여 설치하는 수신안테나·선로·관로·증폭기 및 분배기 등과 그 부속설비를 말한다.
3. "종합유선방송 구내전송선로설비"란 종합유선방송을 수신하기 위하여 수신자가 구내에 설치하는 선로·관로·증폭기 및 분배기 등과 그 부속설비를 말한다.
4. "수신안테나"란 지상파텔레비전방송, 위성방송 및 에프엠라디오방송의 신호를 수신하기 위하여 건축물의 옥상 또는 옥외에 설치하는 안테나를 말한다.
5. "보호기"란 벼락이나 강전류 전선과의 접촉 등에 따라 발생하는 이상전류 또는 이상전압이 수신안테나 등으로 흘러들어오는 것을 제한하거나 차단하는 장치를 말한다.

6. "레벨조정기"란 수신안테나로부터 들어오는 각 채널별 지상파텔레비전방송신호의 세기를 고르게 조정하는 장치를 말한다.
7. "증폭기"란 동축케이블 · 광케이블 · 분배기 및 분기기 등으로 인하여 발생한 신호의 손실을 회복하기 위하여 사용하는 장치를 말한다.
8. "분배기"란 입력신호에너지를 둘 이상으로 분배하는 장치를 말한다.
9. "분기기"란 입력신호에너지를 간선에서 지선으로 나누는 장치를 말한다.
10. "신호처리기"란 지상파텔레비전방송, 위성방송 또는 에프엠라디오방송의 신호를 수신하여 증폭하고, 불필요한 신호의 제거 등을 통하여 일정수준 이상으로 출력하여 주는 장치를 말한다.
11. "장치함"이란 지상파텔레비전방송, 위성방송, 에프엠라디오방송 및 종합유선방송의 신호를 각 세대별 또는 층별로 분배하기 위하여 증폭기와 분배기 등을 설치한 분배함을 말한다.
12. "세대단자함"이란 세대 안으로 들어오는 통신선로 또는 방송 공동수신설비 등의 배선을 효율적으로 분배 · 접속하기 위하여 이용자의 전용공간에 설치하는 분배함을 말한다.
13. "직렬단자"란 선로와 직렬로 접속되어 지상파텔레비전방송, 위성방송, 에프엠라디오방송 및 종합유선방송의 신호를 분배하거나 분기할 수 있으며, 그 내부에 텔레비전수상기 및 에프엠라디오수신기에 방송신호를 전달하여 주는 접속단자가 내장되어 있는 것을 말한다.
14. "성형(성형)배선"이란 세대단자함에서 각각의 직렬단자까지 직접 배선되는 방식을 말한다.
15. "방송 주파수대역"이란 방송을 수신하기 위하여 방송 공동수신설비에서 사용하는 주파수대역을 말한다.

    ② 제1항에서 정한 사항 외에 이 기준에서 사용하는 용어의 뜻은 「전파법 시행령」에서 정하는 바에 따른다.
16. "층 장치함"이란 "방송 공동수신 안테나 시설"의 출력신호의 분배 및 정보통신설비와 공용하여 각 세대별로 인입하기 위하여 각 층에 설치한 분배함을 말한다.

4) 방송통신설비의 안전성 및 신뢰성에대한 기술기준에서 사용하는 용어

1. "중요한 통신설비"라 함은 「전기통신사업법」 제62조제2항의 규정에 의하여 고시된 방송통신설비 및 교환기로서 그 설비의 고장 등으로 방송통신망의 기능에 중대한 지장을 초래하는 설비를 말하다.
2. "통신국사"라 함은 방송통신설비를 안전하게 설치 · 운영 · 관리하기 위한 건축물로서 통신기계실 등으로 구성되며 특히 중요한 방송통신설비를 수용하는 경우에는 중요통신국사라 한다.
3. "옥외설비"라 함은 중계케이블이나 공중선 설비 등 옥외에 설치되는 통신설비를 말한다.
4. "통신기계실"이라 함은 교환설비나 전송설비, 전산설비 등이 설치되는 장소를 말한다.

5. “중요 데이터”라 함은 시스템 데이터나 국 데이터 등 해당 데이터의 파괴 및 소실 등으로 통신망 기능에 중대한 지장을 주는 데이터를 말한다.
6. “응답스펙트럼”이라 함은 지진 운동의 진동주파수에 대한 지진가속도의 변화 특성을 말한다.
7. “지반응답스펙트럼”이라 함은 지반 자체의 응답스펙트럼을 말한다.
8. “층응답스펙트럼”이라 함은 건물의 층에 대한 응답스펙트럼을 말한다.

5) 인터넷 멀티미디어 방송사업의 방송통신설비에 관한 기술기준에서 사용하는 용어

1. “인터넷 멀티미디어 방송 제공사업자 설비”란 법 제4조제1항에 따라 허가를 받은 인터넷 멀티미디어 방송 제공사업자의 설비를 말한다.
2. “가입자 단말장치“란 인터넷 멀티미디어 방송사업자 설비를 통해 가입자에게 제공되는 인터넷 멀티미디어 방송서비스 시청 등을 지원하기 위한 장치를 말한다.
3. “핵심설비”란 인터넷 멀티미디어 방송 제공을 위해 필요한 설비 중 음성·영상의 부호화 설비 및 다중화 설비를 말한다.
4. “인터넷 멀티미디어 방송국사”란 인터넷 멀티미디어 방송 제공을 위한 핵심설비가 설치되어 있는 장소를 말한다.
5. “영상신호”란 정지 또는 이동하는 사물의 순간적 영상을 전송하기 위하여 주사에 따라 발생되는 직접적인 전기적 변화를 말한다.
6. “음성신호”란 음성 또는 기타 음향을 전송하기 위하여 음성 또는 기타 음향에 따라 발생하는 직접적인 전기적 변화를 말한다.
7. “MPEG(Moving Picture Experts Group)”이란 디지털 컬러 동화상 및 음성신호의 압축·부호화 방법 및 부호화된 신호를 다중화하는 방법의 국제 표준화 작업을 추진하는 그룹을 말하며, 이 그룹에서 정하는 국제표준을 MPEG 표준이라 부른다.
8. “AC-3”란 영화나 HDTV 등에서 사용하는 음성압축 기술 및 음성부호화 방식으로 북미 디지털 텔레비전 방송 표준 개발 위원회(Advanced Television Systems Committee, ATSC)의 A/52인 Digital Audio Compression Standard(AC-3, E-AC-3) Revision B의 규격을 말한다.
9. “프로그램과 시스템정보 프로토콜(PSIP)”이란 프로그램과 시스템에 대한 정보 프로토콜을 말하며 북미 디지털 텔레비전 방송표준개발위원회(Advanced Television Systems Committee, ATSC)의 A/65C인 Program and System Information Protocol for Terrestrial Broadcast and Cable, Revision C의 규격을 말한다.
10. “멀티캐스트(Multicast)”란 인터넷 프로토콜 방식으로 인터넷상에서 특정 다수에게 동일한 데이터를 전송할 수 있는 방식으로써 인터넷 멀티미디어 방송 제공을 희망하는 이용자에게 선별적으로 전송하는 방식을 말한다.
11. “불법복제방지”란 콘텐츠를 저작권자의 허락 없이 불법으로 복제하는 행위를 방지하는 것을 말한다.
12. “제한수신”이란 인터넷 멀티미디어 방송 콘텐츠의 시청 권한을 부여받은 사용자만이 이용할 수 있도록 제한함을 의미한다.

13. “프로토콜(Protocol)”이란 정보기기 사이 즉 컴퓨터 간 또는 컴퓨터와 단말기 사이 등에서 정보교환이 필요한 경우, 이를 원활하게 하기 위하여 상호간의 접속이나 절단방식, 통신방식, 주고받을 자료의 형식, 오류검출방식, 코드변환방식, 전송속도 등 여러 가지 통신규칙과 방법에 대해 약속한 통신규약을 말한다.
14. “인터넷 프로토콜(IP : Internet Protocol)”이란 OSI(Open Systems Interconnection) 모델의 제3계층(네트워크층)에 해당되는 프로토콜로 패킷의 전송·경로제어를 위한 규약을 말한다.
15. “패킷(Packet)”이란 광대역통합정보통신망 등을 통해 전송되는 인터넷 멀티미디어 방송 콘텐츠의 전송 단위를 말한다.
16. “패킷 전달지연(IP packet transfer delay)”이란 송신지점과 수신지점간의 시간차이를 말한다.
17. “패킷 손실률(IP packet loss ratio)”이란 패킷이 네트워크를 통해서 전송되는 동안에 손실되는 비율을 말한다.
18. “패킷 지연편차(IP packet delay variation)”란 임의의 시간을 기준으로 한 시간 변위로서 전송되는 패킷 상호간의 시간 차이를 말한다.

6) 유선방송국설비 등에 관한 기술기준에서 사용하는 용어

1. “신호레벨”이라 함은 채널의 신호의 세기를 1마이크로볼트를 기준으로 하여 데시벨로 나타낸 것을 말한다(이하 2.에서 같다).
2. “레벨안정도”라 함은 신호레벨이 단위시간(1분)동안 변동한 폭을 말한다.
3. “영상반송파 대 잡음비(C/N비)”라 함은 해당 채널잡음에 대한 반송파의 비율을 데시벨로 나타낸 것을 말한다(이하 2.에서 같다).
4. “비트방해비(D/U비)”라 함은 방해신호에 대한 영상반송파의 비율을 데시벨로 나타낸 것을 말한다.
5. “반송파”라 함은 방송신호정보를 전송로에 전송시키기 적합한 형태의 신호로 변조시킨 주된 주파수신호를 말한다(이하 2.에서 같다).
6. “수신단자 간 결합도”라 함은 수신단자에 전송되는 영상반송파가 다른 수신단자에 넘어 들어오는 비율을 데시벨로 나타낸 것을 말한다(이하 2.에서 같다).
7. “신호 대 잡음비(S/N비)”라 함은 잡음에 대한 유선방송신호의 비율을 데시벨로 나타낸 것을 말한다(이하 2.에서 같다).

저자약력

■ **채 해 수**

1. 대구광역시 방송통신기술직 공무원(달성군 통신팀장)
2. 아주대학교 대학원 졸업, 전자정부 전공(석사)
3. 정보통신 특급기술자, 정보통신 특급감리원
4. 영진전문대학 전자정보계열 외래교수(2001~2005)
5. 숭실사이버대학교 정보보안학과 외래교수(2011~2013)
6. 고려사이버대학교 전기전자공학과 외래교수(2013~현재)
7. 행정자치부 선정 한국신지식인(정보통신 인터넷방송분야, 2002)
8. 행정안전부 선정 지방행정의 달인(정보통신분야 제1호, 2011)
9. 한국정보통신산업연구원 공사비산정위원(2013~현재)
10. 방송통신설비 기술기준(구내통신설비 기술기준) 개정 검토위원(2008~현재)
11. 저자 홈페이지 http://telschool.com

〈저서〉

1. 정보통신감리실무(상학당)
2. 정보통신설비설계 공사실무(상학당)
3. 정보통신설비설계 해설(상학당)
4. 정보통신설비 기술기준(상학당)
5. 유비쿼터스 무선통신시스템 기술기준(상학당)

방송통신설비기술기준 이해

2015년 4월 25일 1판 1쇄 발행

저 자 채 해 수

발행인 남 승 우

발행처 도서출판 상尙 학學 당堂

서울시 동작구 사당로9가길 6(사당동)

TEL : 02) 595-1692~4

FAX : 02) 595-1394

E-mail : namdoo6@unitel.co.kr

신고 : 2-155호 (1968. 11. 29)

정가 20,000원

ISBN 978-89-6587-130-9 93560

※ 이 책의 저작권은 저자에게 있으며, 저자의 동의 없이 복사 · 인용 · 복제 · 전재를 금합니다.

〈디자인〉 편집 엄해숙 / 표지 나아기획